JN262078

アンダルシアの都市と田園

陣内秀信
＋法政大学陣内研究室＝編

鹿島出版会

アルコス・デ・ラ・フロンテーラ

カサレス

アンダルシアの魅力――序にかえて
陣内秀信

　ヨーロッパ南西部の先端にあるイベリア半島に位置し、西ヨーロッパのなかでもフランスに次いで2番目に大きな国スペイン。ジブラルタル海峡によってアフリカ大陸と海で隔てられたこの半島は、戦略的にも重要な地域だけに、さまざまな文明、民族の洗礼を受け、歴史の潮流の十字路といえる。また、いくつもの山脈と河川によって分断された58万km²にも及ぶ広大な面積をもつこの半島は、「ヨーロッパの縮図」と称される地勢の多様性を誇る(1)。

　そのスペイン南部に広がるアンダルシア地方は、国土全体の17%の面積を占め、青く澄んだ空と白壁の家々、フラメンコや闘牛など情熱の国スペインを想起させる。そして、起伏に富んだ地形の変化が、地域ごとに多様な自然環境をつくり上げている。グアダルキビル川が流れる低地は、冬は温暖だが、夏は焦げつくように暑い。その一方で、3,000m級の峰々からなるシエラ・ネバダ山脈は、その山頂に万年雪をいただくといった具合だ。

　こうした地理的条件から、大きくは低地アンダルシアと高地アンダルシアに分けられるが、そのどちらにも個性的で美しい街や村が存在し、人びとを魅了する。周辺に広がる田園もまた、アンダルシアならではの特徴あるランドスケープを見せる。

　そのアンダルシアを語るのに、最も魅力的かつ重要な切り口は、イスラーム文化との融合という視点である。長年にわたり地中海世界の都市調査を続け、オリエントとの交流をもったヴェネツィアやアマルフィなどのイタリア海洋都市に加え、イスラーム圏についてもトルコ、シリア、モロッコ、チュニジアを比較研究してきた私たちにとって、ヨーロッパでイスラーム文化の影響を最も強く示すアンダルシアを研究対象とすることは、長い間の願望だった。幸い、1999年にそれがかない、以後6年間に渡り法政大学陣内研究室として毎夏、現地でのフィールド調査を経験することができた。

　そもそも古来、さまざまな民族が行き交い、支配と交流を繰り返した地中海周辺のヨーロッパ地域を旅すると、イスラーム文化が混淆した興味深い建築や都市空間に出会える。ビザンツの文化と並び、東の世界から発信されたイスラームの高度な文化が西の世界に伝

1. アンダルシアの位置

播し、知的・文化的な刺激をもたらした。

とくに、スペインのアンダルシア地方には、シチリアのパレルモ、中世イタリアの海洋都市アマルフィ、ヴェネツィアなどと並び、イスラーム文化と混交したエキゾチックな香りを漂わせる魅力的な街がいくつも存在する。

中世のある段階まで、ビザンツやアラブの東方地域の方が、西欧よりずっと高い文化を誇った。とくにアラブ世界は、古代ギリシアを受け継ぎ、発展させ、高度な科学・技術、思想や文化を誇っていた。12世紀に、アラビア語で書かれたこうした文献が数多くラテン語に翻訳され、知的刺激が西欧にもたらされた。「12世紀ルネサンス」という言い方もなされる。こうしてイスラーム圏と西欧圏が交わり、文化交流の最大の窓口になったのが、後ウマイヤ朝の高度な文化を受け継ぐアンダルシアの諸都市、およびもうひとつの首都トレドだったのだ。

アンダルシアは地理的にアフリカ大陸に最も近く(その距離、最短14km)、歴史的にフェニキア人による沿岸都市の建設、ローマ帝国による支配など様々な民族と文化が交錯した。そして7世紀前半にアラビア半島で誕生したイスラーム教は、マグリブと呼ばれる北アフリカのアラブ世界にも急速に広がり、8世紀初頭には早くもアンダルシアにまで及んだ。以来、レコンキスタの完成する15世紀までの約800年近くもの間、アンダルシアは長らくアラブ支配のもとで文化を繁栄させた。アラブ世界からもたらされたイスラーム文化の素晴らしさは、アンダルシアを代表するコルドバ、セビーリャ、グラナダばかりか、小さな田舎町にもおおいに感じられる。

まず、宮殿や城、そして大モスクの跡に受け継がれたアラブ・イスラーム文化の代表例を見てみよう。アラブ諸国にももはや残っていない、中世イスラーム時代の貴重な宮殿が、グラナダにある。かの有名なアルハンブラだ。ほとんどの有名な街が低地アンダルシアに分類されるのに対し、グラナダだけが高地アンダルシアに属する。

1236年にコルドバがキリスト教徒に征服されてからは、グラナダは、スペイン最後のイスラーム王朝であるナスル朝(1230～1492年)の都として繁栄を続けた。この古都の中心の高台に、アルハンブラ(13～15世紀)がそびえる(2)。アラブの進んだ築城術に基づく

コルティホ（農場）からホテルへ

アルカサバと呼ばれる堅固な城砦から建設を開始し、やがてイスラーム世界らしい「地上の楽園」としての美しい中庭をもつ有名な宮殿へと展開していった。

中庭（パティオ）を中心とする閉じた心地よい小宇宙が迷宮的に結ばれ、意外性をもって次から次に出現する。柱廊が長方形のプールに美しい姿を映す「アラヤネスのパティオ」、そして宮殿の最も内奥に秘められた「獅子のパティオ」はわれわれの心を魅了する(3.4)。

2. アルハンブラ

水を遠くから引き、豊かな空間を造形する技術やセンスは、西アジアから地中海世界に古来伝わるもので、それを中世のアラブ・イスラーム文化が発展させ、素晴らしい庭園を実現してきた。アルハンブラも、その奥の山腹にあるヘネラリフェ離宮も、シエラ・ネバダ山脈の雪解けの水を川から引き、水の象徴的演出を見せる。西欧の勢いよく吹き上げる噴水とは異なり、ヘネラリフェでは柳の枝のような繊細な水が幾筋もクロスして立ち上がり、まわりの緑とともに涼しげな感じを与えるが、これは19世紀のもので、水の吹き出しは本来、控えめなものだったという。アルハンブラではさらに繊細で、細い水路と可愛い噴水を部屋の中まで取り込んでいる(5)。

アラブの宮殿の美しさは、レコンキスタ後のキリスト教徒の王の時代にも、受け継がれた。14世紀のセビーリャに、ペドロ王によって建設されたアルカサルと呼ばれる宮殿は、アラブ・イスラームの高度な建築技術をふんだんに取り入れたムデハル様式の傑作であり、中庭を囲う空間を連結させる手法やモザイクタイルの壁面装飾など、アルハンブラ宮殿に通ずる独特の美しさを誇る。本物のアラブの造形に比べ、

3. アルハンブラ宮殿のアラヤネスのパティオ

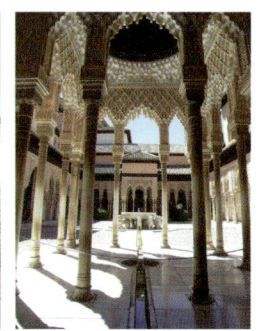

4. アルハンブラ宮殿の獅子のパティオ

5. ヘネラリフェ離宮

6. アルカサル（セビーリャ）

やや大味になったとはいえ、西欧の一般の文化にはない繊細な感覚に溢れている⟨6⟩。

　アンダルシアの小さい街のなかにも、高台のアラブ時代の城を中心に、その下の斜面に発達したところが多い。カサレスのような、白い壁の小さな住宅がピクチャレスクに連なる美しい街並みが各地にある。

　一方、イスラーム世界の都市には、信仰の中心、大モスクがかならずあった。かつてのモスクの姿をほぼ完璧に残すのが、コルドバのメスキータ（大モスク）だ。レコンキスタ以後もキリスト教の教会堂として使われ続けたため、その姿を今によく伝える。オレンジの中庭から礼拝空間に入る。半円アーチの下に馬蹄形アーチを配した独特の二重アーチを支える柱が林立する内部空間は、どこか樹木の生い茂るオアシスにさまよい込んだような気分にさせる。西アジアで発達し、北アフリカ（マグリブ）に広がった列柱ホール式のモスクの形式なのだ。赤と白のアーチも印象的だが、

2色をこのように組み合わせる手法は、イスラーム建築にしばしば見られる手法である。だが、馬蹄形のアーチは、いかにもアンダルシアらしい(7)。最奥のキブラ壁の手前の空間には、立体幾何学の発想を駆使したイスラーム建築ならではの見事なドームが架かる。

それに対し、セビーリャの大モスクは、キリスト教のカテドラル（大聖堂）にゴシック様式で建て替えられたが、その脇に聳える四角い平面の威風堂々たる鐘楼は、一部に改造の手が加わったものの、基本的にモスクのミナレットをそっくり継承している。繊細な壁面装飾、小さな馬蹄形アーチがそれをよく物語る。広々とした中庭にも、モスク時代の形態が受け継がれているという。いかに巨大なモスクであったか想像がつく(8)。

アンダルシアの都市そのものにも、イスラームの要素がたくさん発見できるのが嬉しい。グラナダでは、アルハンブラの丘の下の低地に、イスラーム時代の賑やかな都心が受

7. メスキータ（コルドバ）

8. カテドラル。鐘楼にミナレットの面影が残る（セビーリャ）

9. フンドゥクだった建物　　　　　　　　　　10. かつてのスーク（市場）を受け継ぐアルカイセリア（グラナダ）

け継がれている。カテドラルは大モスクのあったところにでき、マドラサ（イスラム学院）が今の大学となっている。アルカイセリアという商業ゾーンはかつてのスーク（市場）を受け継ぐし、その奥には、もともとムーア人の商人のための隊商宿（フンドゥク）だった、コラール・デル・カルボンと呼ばれる14世紀初めの建物がある。谷状の低地を流れるダロ川に沿った一画には、11世紀のアラブ式の公衆浴場の跡が残っている。グラナダにはまさに、アラブ・イスラーム都市を成立させるキーワードがすべて揃っていることになる(9-12)。

　アンダルシアでは、どの都市にも、かつてシナゴーグだった建物が見つかる。場所が変わればその形式も変化するが、キリスト教の教会とは異なる雰囲気を漂わせている。レコン

11. アラブ式の公衆浴場跡

12. 鐘楼に転用されたミナレット（グラナダ）

キスタ後、キリスト教徒による弾圧で大量のユダヤ人が追い出されたが、それまでのイスラーム社会はずっと寛容で、異なる宗教の人びとが共存できたのだ (13)。

　アンダルシアの都市は、街路が入り組み、袋小路も多く、アラブの都市を思わせる。石灰で塗った白い街並みは、モロッコのカサブランカやチュニジアのチュニス、カイラワンとも共通する。そして何と言っても、パティオを中心とする住宅のあり

13. シナゴーグ（コルドバ）

14. セビーリャの街路。細く入り組んだ街路が続くユダヤ人街

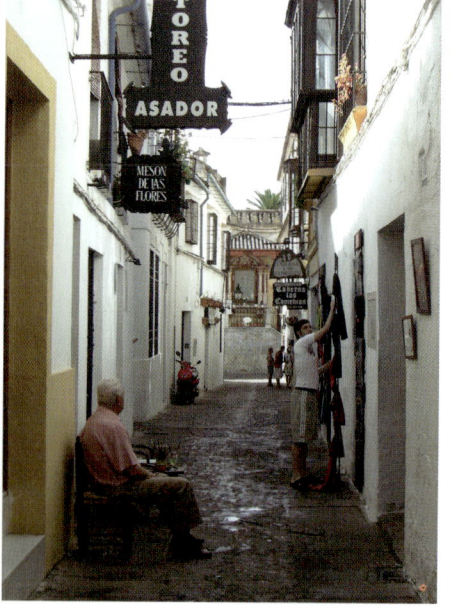

15. コルドバの街路

方が、アラブ世界の都市と相通ずる。コルドバやセビーリャの街を歩くと、家の内部の美しいパティオが見え隠れする。本当のアラブの街では、家族のプライバシーを重んじ、女性が外部の男性の目に晒されるのを避けるため、街路を歩いていても、中庭の様子がうかがえることはない。キリスト教の時代に変わり、アンダルシアの都市は、徐々にその中庭（パティオ）を外に向けて開いていったものと思われる。もとは、血のつながった大家族で住むのが普通だったアラブ式のやり方が崩れ、さまざまな家族が同じ中庭を囲んで一緒に住む集合住宅のような形式も増えていった（14-18）。

とはいえ、あいかわらず、中庭に面した一階に客間や居間をとり、そのまま外に椅子を出して戸外で寛ぐという、古代の地中海世界から持続する住まい方を今なお見せているのが面白い。アンダルシアのパティオの美しさの秘密は、地面を残さずすべて舗装されたその中庭にたくさんの鉢植えを置き、ある

16. パラシオの中庭（セビーリャ）

17. コルドバの中庭

18. コンサート会場として使われている中庭（コルドバ）

19. アルコス全景

いは壁から吊って、緑溢れる空間を生んでいることにある。

　アンダルシアでも、とびきり美しいパティオを誇るのは、セビーリャから南東にバスで2時間ほどの位置にある小都市、アルコス・デ・ラ・フロンテーラである。低地アンダルシアでも最もよく古い街並みが残り、モロッコにより近いだけに、アラブ色はさらに強い〈19〉。

　丘の高台に発達したアルコスの旧市街は、青空の下、白く輝く迫力のある姿を見せる。尾根を通る街道を中心軸とし、少し低い位置にほぼ平行に走るローカルな道を配しながら、北西―南東の方向に細長く伸びている。レコンキスタ以前、9～13世紀の長い期間、アラブの支配下に置かれていたアルコスだけに、その時代のイスラーム的な要素が色々なかたちで今の街に受け継がれている。

　街の南東部に、丘の上に立地する街をぐるりと囲んだアラブの城壁の一部と城門が残っている。尾根の主要道に沿い、街の中心の高台に聳えるサンタ・マリア教会は、かつての大モスクの位置に建てられ、その内陣奥には、ミフラーブ（メッカの方向に置かれる聖なる壁龕）の痕跡が残されているという。支配者の城も、イスラーム時代の要塞を受け継いでいる。

天空の街アルコス・デ・ラ・フロンテーラ

20. アルコスの中庭

　そして何よりも、この街の複雑に入り組んだ街路網と、美しいパティオを囲む住宅の構成に、中世のアラブ都市を下敷きに発展してきたアンダルシアの都市の特徴が見事に表れている。アルコスの中庭は、外からのぞかれないように入口を折り曲げたり、斜めにすることが多く、さらには階段で昇ってアプローチする工夫を見せている。内側に秘められた外の世界から侵されない緑溢れるパティオの居心地のよい生活空間は、われわれを魅了する(20)。
　16世紀から18世紀にかけて建設されたパラシオ(貴族の立派な邸宅)も数多く存在する。田園にコルティホ(農場)を経営する大地主でもある貴族階級の住まいとしてつくられた。
　アルコスの住宅の中庭には、地下深く貯水槽が掘られている。滑車を使いバケツで水を

ベヘール・デ・ラ・フロンテーラ

アンテケーラ

パンパネイラ

モンテフリオ

21. カサレス全景　　　　　　　　　　　　22. カサレスのエスパーニャ広場

　汲み上げる井戸は、中庭の壁の一画に設けられている。近代に水道が引かれてから、もちろん飲料水としては使わなくなったが、中庭一杯に並んだ植木への水遣のために、今も活発に機能している。
　アンダルシアには、パティオのあるアルコスとはまったく異なる風景を見せる都市も多い。小規模ながらも垂直方向に積み上げた住宅で構成されるもので、斜面にぎっしり連なる家々の瓦屋根と白壁が織り成すその美しさは、アンダルシアのもうひとつの大きな魅力である。コスタ・デル・ソルから少し山間部に入った所に位置するカサレスは、そのなかでも群を抜いて美しい (21.22)。高地アンダルシアの典型であるこの街の遠景は印象的である。小山の頂部に、アラブ時代の城塞が聳え、そのふもとを真っ白な家々が取り囲む。急斜面の地形に応じながら広がる市街地のダイナミックな姿は目を奪う。レコンキスタの後に、現在見る白い街が山裾に広がったのだ。そこにはもはやアラブと共通する中庭型住宅はない。田園の農場（コルティホ）で働く小作農たちの簡素な住居が連なり、ピクチャレスクな風景を生んでいる。
　このように、アンダルシアの小都市に関しては、住宅形式の比較を通して、アラブ支配下でつくられた都市をレコンキスタ後も受け継ぎ、今なお中庭型住宅の伝統を維持するアルコスのタイプと、レコンキスタ後に中庭をもたない積層型の住宅で新たな住宅地を周辺に

形成したカサレスのタイプの違いを、明確に読み取ることができるのである。
　こうしてさまざまな民族による支配を受け、歴史が重層するアンダルシアの街や住居の形態が、どのように構築され、変容し、現在に至るのか、また、地中海文化圏における他地域との共通点、差異をみることで、その特性について人びとの暮らしを交えて解明していくのが、この本の大きな目的である。

　ただ、忘れてはならないもうひとつの重要なポイントがある。アンダルシアを調べていると、南イタリアとも共通する特徴として、都市とその周辺に広がる田園との密接な結びつきが浮かび上がってくる。とくにこの地域では、都市の社会や文化を理解するには、じつは都市だけを見ていたのでは不十分であり、田園との関係、農業のあり方、それと結びついた地域社会の階級的な構造や土地所有などの経済背景についても理解することが必要なのだ(23)。
　レコンキスタ以後、中世末期から16世紀にかけて、大貴族に土地が集積し、ラティフンディオ（大土地所有制）の形成を強め、大量の日雇い農民を生んだ低地アンダルシアと、地形上も大きな土地をもちにくく、しかもレコンキスタ以後もモリスコ（名目的にキリスト教に改宗したイスラーム教徒）が残り、狭い土地でも灌漑を施し高い生産をあげるイスラーム農業を勤勉に続けた高地アンダルシアとでは、農業景観にも都市と田園との関係にも大きな違いが見られたのである◆1。本書では、このような都市と田園の関係にも注目していきたい。
　アンダルシアの田舎町では、暑い夏の時期、涼しくなる夕暮れ時から戸外に椅子を出し、くつろぐ習慣が今も見られる。人なつこい人びとだけに、隣近所の仲間とのおしゃべりも賑やかだ。街の中心の公的な広場に男たちが集まるのに対し、住宅地の近隣コミュニティの主役は女性と子どもである。南イタリアやギリシアなどとも共通する、地中海都市の伝統的なライフスタイルがそんなところにも見出せる。気候風土に見合う歴史の中で培われた人びとの暮しの伝統に目を向けるのも、この本の大きなねらいである。

23. 低地アンダルシアの田園風景（アルコス）

アルコス・デ・ラ・フロンテーラ

アンダルシアの都市と田園
目次

アンダルシアの魅力 —— 序にかえて　3

第1章　アンダルシアの歴史と風土
1　民族の往来　24
2　ローマ帝国と西ゴート王国　24
3　アラブ・イスラーム支配時代　26
4　スペイン帝国時代以降　30
5　現代のスペイン　34
6　都市の立地　45
7　多様な住宅形態　46
8　住宅形態の分布　54

第2章　アルコス・デ・ラ・フロンテーラ —— 天空の街
1　アルコスの魅力　58
2　アルコスの歴史　61
3　都市形成と都市構成　64
4　街路空間　76
5　歴史の重なりが生んだ住空間　82
6　都市と住宅の接続法　100
7　多様な住まい方　118
8　イスラーム都市との比較　124
9　現在のアルコス　126

アルコス住宅実測図集　133

第3章　カサレス —— 風情あふれる白い街
1　田舎町の魅力　172
2　カサレスの歩み　172
3　都市の形成過程と空間構成　176
4　カサレスの住宅　190
5　都市の発展における住宅の変遷　206
6　現在のカサレスと人びと　216

第 4 章　アンダルシアの外部空間
1　古代地中海世界における広場の誕生 —— 222
2　中世ヨーロッパとキリスト教スペインの広場 —— 228
3　ルネサンス・バロック広場とスペインのプラサ・マヨール —— 234
4　アル・アンダルスの都市広場とキリスト教化の影響 —— 244
5　街を使いこなす——広場の文化の現在形 —— 260
6　アンダルシアの広場・中庭・街路 —— 264

第 5 章　アンダルシアの諸都市
1　ふたつの都市空間を生み出した背景 —— 278
2　レコンキスタ後のアンダルシア —— 283
3　複雑なレコンキスタの歴史が生み出したアンダルシアの多彩な都市 —— 304

第 6 章　アンダルシアの都市と田園
1　田舎の再評価 —— 308
2　アンダルシアのアグロタウン —— 322
3　コルティホの空間構成 —— 334
4　都市と田園の関係 —— 346

COLUMN
ムデハルとモリスコ —— 37
シエサの遺跡 —— 92
ベヘールの街並み —— 115
ヒアリング調査 —— 130
アルコス——人と人とのつながり —— 169
スペイン一美しい村？ —— 184
おいしい食卓 —— 204
カサレスと芸術 —— 219
街歩き、食べ歩き —— 262
アンテケーラの思い出 —— 286
モンテフリオの案内人 —— 305
国際都市（?）ベヘールの人びと —— 320
コルティホからホテルへ —— 338

註
おわりに
参考文献
編者略歴
索引

第1章

アンダルシアの歴史と風土

1　民族の往来

　先史時代以来、イベリア半島には、ピレネー山脈以北、地中海、そして北アフリカから、じつにさまざまな民族が渡来した。とくに、半島南部に位置するアンダルシア地方では地中海を介して多様な民族の歴史が繰り広げられた。アンダルシアの都市の多様性を理解するには、地形や気候などの自然条件とともに、歴史的な背景を知ることが欠かせない。ここではスペインの歴史のなかでもとくにアンダルシアを取り巻く歴史を見ていく[1]。

　アンダルシアの歴史の端緒は、紀元前1000年ごろにグアダルキビル川の河口に花開いたタルテソス文明に遡る。西ヨーロッパにおける最初の君主国として知られるタルテソス王国は、産出する銅や錫で青銅を製造して繁栄した。地中海周縁では希少だったそれらの資源を求めて、東地中海から海洋交易民族であるフェニキア人とギリシア人がやって来ると、沿岸部にカディスやマラガなど多くの交易都市を建設した。これらの地中海諸民族はタルテソスと金属交易を行った他、イベリア半島の豊かな農産物や水産物の取引を行った。
　紀元前7世紀ごろになると、マグリブ（アフリカ北部）を支配していたフェニキア人の後継者カルタゴ人がイベリア半島の交易からギリシア人を締め出した。カルタゴ人は続いてギリシア人に友好的だったタルテソス王国を破壊すると、イベリア半島全土に帝国を築き、以後、カルタゴが西地中海交易を独占することとなった。
　しかし紀元前3世紀半ば、ギリシアを征服し、イタリアを平定した新興ローマがイベリア半島にも侵攻してくると、カルタゴと地中海の覇権をめぐって激しく争った。100年以上にも及ぶポエニ戦争の末、ローマがイベリア半島全域を制圧し、地中海世界を支配した。

2　ローマ帝国と西ゴート王国

　紀元前2世紀から始まるローマ支配下のイベリア半島は「ヒスパニア」と呼ばれ、イベリア半島南部には属州としてベティカ（バエティカ）州が置かれた。イベリア半島南部はローマ

以前から半島における先進地帯で、ローマ時代も引き続き栄え、とくにベティカ州の州都が置かれたコルドバやセビーリャ、カディスなどの諸都市は繁栄を極めた。

　この紀元前2世紀から700年に渡るローマ支配下では、属州統治のために新たな都市が多数建設され、それまでの古代都市もローマ的特徴をもつものへと変わっていった。その他、700年に渡るローマ支配下でラテン語の公用化が圧倒的になり、このころキリスト教も伝来した。

　5世紀になると、ゲルマン諸部族の民族大移動に伴い、イベリア半島にもピレネー山脈を越えてゲルマン諸部族が押し寄せてくる。6世紀後半には西ゴート族がトレドに首都を置いてイベリア半島全土を支配し、西ゴート王国を成立させた。西ゴートによる支配は、8世紀初頭のイスラームの侵攻を受けるまで続いた。

1. 1705年のアンダルシア
[©BIBLIOTECA VIRTUAL DE ANDALUCÍA]

3 アラブ・イスラーム支配時代

　7世紀から始まったアラブ・イスラーム軍の大征服による地域拡大に伴い、711年に北アフリカのムスリム（イスラーム教徒）たちがイベリア半島に上陸すると、トレドは陥落し西ゴート王国を崩壊に導き、イスラーム王朝による支配が始まった。
　8世紀以降のイスラーム支配下のイベリア半島では、幾多のイスラーム王朝が興隆することとなる。イスラーム支配下のイベリア半島は、アラビア語で「アル・アンダルス Al-Andalus」と呼ばれた。「アンダルシア」という地名はこの呼称に由来する。

イスラームの都市建設

　北アフリカからやってきたムスリムたちは、地域拡大を進めながら、各地に軍営都市を築いていった。新たに築くこともあれば、既存の都市の上に建設することもあった。7、8世紀にアラブの指導者たちによって建設された多くのイスラーム都市はそのまま城砦の役割を担っており、新たに建設される都市は防御を目的とし、自然の要塞を生かした高台などに築かれた。これらの軍営都市が、アンダルシアの多くの都市において、現在にまで続く直接的な素地となっている。
　アラブ・イスラームの軍営都市の構造的特徴は、街の中央部に大モスクが置かれ、そのそばに牢獄と庁舎を併設した軍事司令官の館が置かれたことである。この館の前に大通りが通され、市場や広場など公的空間が配置された。その周辺を私的空間として各部族集団が占有し、各居住区の中にモスクや集会所が設けられた。
　時代が進むにつれ次第に軍営地的性格の他に、政治・経済・文化の中心としての性格を強めていき、居住性も高まっていった◆1 (2)。

アル・アンダルスの文化

　アンダルスは当初、北アフリカを勢力下に置いたウマイヤ朝の属州として存在したが、ウマイヤ朝が崩壊し、ウマイヤ家の後継者のひとりがアンダルスに逃れてコルドバに後ウマイ

ヤ朝を再興すると、東方のイスラーム世界から政治的に独立を果たす。権力強化による国内体制の安定を背景に産業や文化が振興し、10世紀に後ウマイヤ朝は最盛期を迎える。西地中海の覇権国家の首都となったコルドバは西方イスラーム文化の中心地となり、多数の知識人や文化人が集まった。

　アンダルスの繁栄の基盤は、農業や工業、およびそれらの輸出にあった。西ゴート王国時代に経済は衰退していたが、アラブによってもたらされた灌漑技術と米、綿花、サトウキビをはじめとする豊富な品種を駆使した農業改革が行われると、豊かな田園が再興された。優れた農業技術による農地の拡大や集約農業の発展とともに絹織物や綿織物工業も栄え

2. 1851年のコルドバ。アンダルシアのイスラーム都市の骨格をよく残す
［出典：C. MARTÍN LÓPEZ, *CÓRDOBA EN EL SIGLO XIX. MODERNIZACIÓN DE UNA TRAMA HISTÓRICA*, CÓRDOBA, 1990.］

た。こうして生産活動が盛んになると、取引の舞台となる都市も栄え、高度な都市文化が花開くこととなったのである。

　この時代、アンダルスは芸術・文化の面においても、東方イスラームから独立した独自の高度な文明を築いた。とくに古典の知識や哲学の保存が積極的に行われ、人文、社会、自然科学など多様な領域で知的営為が蓄積された。中世イスラームや古代ギリシアのさまざまな文物、技術、哲学・思想、芸術がアンダルスを経由して中世ヨーロッパ世界にもたらされ、東西交流におおいに貢献した。医学、天文学、数学、音楽、地理学、植物学などに著しい発展を見せたのがアンダルス文化の特徴であった。

アル・アンダルスの社会

　後ウマイヤ朝が繁栄した背景には、イスラームの統治下でさまざまな宗教・民族が共存できたことにあると考えられている。当時のイスラーム支配は一般的に寛容で、宗教・思想の多様性が認められていた。一部のキリスト教徒は北方に移住したが、大部分はイスラーム統治下で信仰の自由を許されており、モサラベ（イスラーム支配下のキリスト教徒）やムラディー（イスラーム支配下でイスラーム教に改宗したキリスト教徒）、ユダヤ人が共存していた。モサラベはキリスト教徒ではあるが、アラビア語を話し、ムスリムの生活習慣を身につけアラブ文化に親しんだ。マグリブ・アンダルス世界に豊かなイスラーム文明が開花したのは、地中海周辺に生活していたさまざまな民族の交流と共存の成果であったといえる。

レコンキスタの開始

　しかし、後ウマイヤ朝による統一政権が1031年に崩壊すると、各地に群小王朝（タイファ）が出現した。他方、イベリア半島北部の山岳地帯には、イスラーム勢力の支配をまぬがれたキリスト教勢力が残存しており、タイファの時代になると、この北部のキリスト教徒の君主たちが勢力を拡大し始め、イスラーム君主たちはその支配域を大幅に減少させていった。キリスト教徒たちは、この勢力の拡大過程を、本来キリスト教徒のものであったイベリア半島をムスリムから取り戻す戦いとして「レコンキスタ Reconquista（再征服活動、国土

回復運動)」と呼んできた。

　北方キリスト教勢力の攻勢で、イスラームの政治的衰退が始まると、これに対抗するため、北アフリカからベルベル人のムラービト朝とムワッヒド朝が相次いでイベリア半島に渡り、権力を維持しようとした。両王朝は宗教的排他主義に基づく不寛容な体制を取ったため、この時代にはムスリムとキリスト教徒との関係は悪化することとなった。

　アル・アンダルスにおけるイスラーム勢力後退の決定的契機になったのは、1212年のラス・ナバス・デ・トローサの戦いであるとされる。カスティーリャ王フェルナンド3世を盟主とするキリスト教勢力はこの勝利をきっかけに、アンダルスの中枢であるアンダルシア諸都市への大規模なレコンキスタを展開した(3)。

レコンキスタの進展とラティフンディオの形成

　レコンキスタの進展とともに、有力貴族によるアンダルシアの大土地所有の形成が進んだ。アンダルシア特有の農業形態として近代まで続くラティフンディオ（大土地所有制）は、このレコンキスタ期に由来している。レコンキスタの進展とともに小土地所有者が放棄したり、低価格で売却した土地の集積、王権による裁判権の恵与などにより、大土地所有化が進んだのである。14世紀後半から15世紀前半の封建制社会の危機と再編が進むなかで、地域差はあるが、貧民の増加や社会的対立の激化も顕在化した。

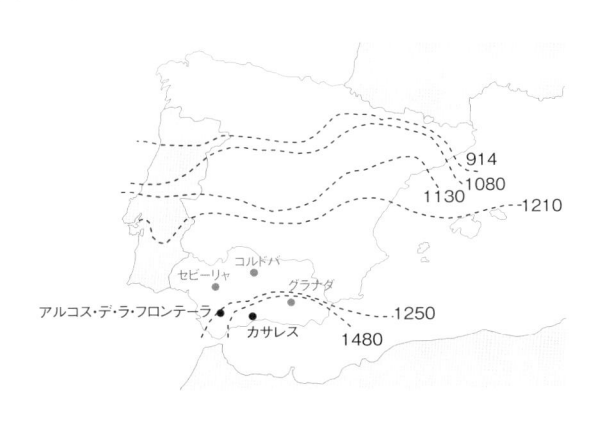

3. レコンキスタの過程

イスラーム王朝最後の牙城

ムワッヒド朝が衰退するとイスラーム勢力は再び多くの小国（タイファ）に分裂した。

キリスト教勢力による内紛に揺れるタイファ諸王国への攻勢が強まると、1236年にコルドバ、43年にムルシア、46年にハエン、48年にはセビーリャが攻略された。コルドバとセビーリャは国王都市とされ、積極的な再入植活動が行われた。こうしてアンダルスの主要都市が次々に陥落すると、レコンキスタは最終局面に入った。

1230年、シエラ・ネバダ山脈のふもとのグラナダに拠点を置いたナスル朝は、キリスト教勢力に包囲されながらもイベリア半島におけるイスラーム王国最後の牙城として存続した。

しかし内紛や外圧に抗しきれず、1492年にはアラゴン・カスティーリャ連合軍に無血開城で降伏し、レコンキスタは終止符を打った。こうしてイスラームの政治勢力はイベリア半島から完全に追い出されることとなったのである(4)。

4 スペイン帝国時代以降

キリスト教国家の樹立

1492年にレコンキスタを完了させたカスティーリャ王国のイサベルと、アラゴン王国のフェルナンドのカトリック両王は、法律や税制に手をつけぬまま、ひとつの王権が諸王国に君臨する複合王政を誕生させた。そして、言葉や習慣の異なる諸地域の統合手段として国家の宗教的統一を模索した。

15世紀後半には、改宗を装う隠れユダヤ教徒の取り締まりを目的として異端審問制を創設し、異教徒の存在を許さない風潮が高まった。寛大な降伏協定を結んだムスリムに対しても改宗勅令が公布され、国外退去も迫った。

征服後、キリスト教徒の地に住んだムスリムはムデハルと呼ばれた。都市に住み、陶工、染物職人として独自の社会を形成した者もあったが、大多数は農村に住み、果樹栽培などに従事した。そして改宗や国外退去を迫られると、多くは表向きの改宗を行い、モリスコと呼ばれた（★コラム「ムデハルとモリスコ」参照）。

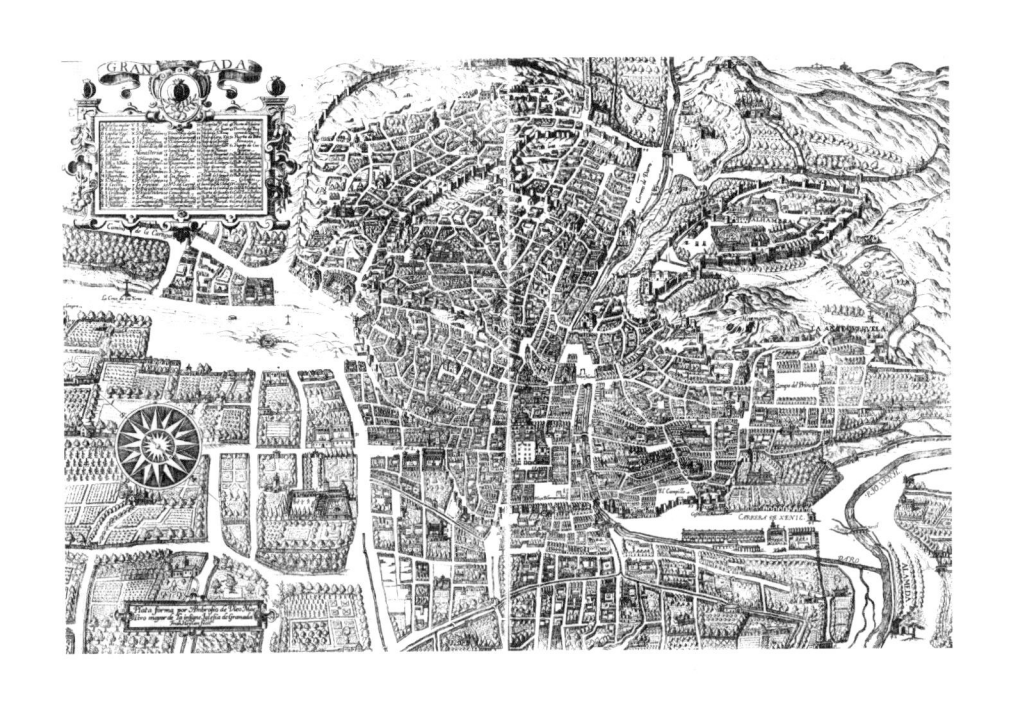

4. 17世紀初頭のグラナダ
［出典：AMBROSIO DE VICO, *PLATAFORMA PERSPECTIVA DE GRANADA*, 1609 ©BIBLIOTECA VIRTUAL DE ANDALUCÍA.］

黄金世紀、セビーリャの繁栄

　1492年にコロンブスがアメリカ大陸を発見し、大航海時代が幕を開ける。スペインは「太陽の沈まぬ帝国」となり、経済発展が国内安定の大きな支えとなった。16世紀から17世紀にかけて、スペインは「黄金世紀」と称されるほどの繁栄を誇った。

　それを現していたのがセビーリャである。防衛上の理由もあって、グアダルキビル川の河口から100kmに位置するセビーリャは、大航海時代の新大陸との交易を独占し、何隻もの船が新大陸からの金銀を積み入港した。河港は、かつてない繁栄を謳歌し、多くの文人、芸術家も集まった〈5.6〉。

　しかし、その活況も1609年のモリスコ追放や洪水、ペスト流行、カディス港の台頭などで衰退を始める。

ラティフンディオによる農業経営

　アンダルシアは、先史時代からローマ時代、イスラーム時代を通じてイベリア半島の先進地域として高度な文化を築いたが、近世は、セビーリャを除き、スペイン各地方のなかで経済的に最も貧しい地域のひとつとなった。近世以降のアンダルシアは主に農業を基盤とした。

　レコンキスタ以後、中世末期から16世紀にかけて、大貴族に土地が集積し、ラティフンディオが形成された。レコンキスタの進展とともに形成されたラティフンディオは、旧グラナダ王国を除いた地域においてより顕著に、大規模に展開した。シエラ・ネバダ山脈のふもとに築かれた旧グラナダ王国は、アンダルシアのなかでも高地に位置したが、それ以外の地域は比較的低地に位置したこともラティフンディオの形成に大きく寄与した。ラティフンディオが大規模に進展した地域は低地アンダルシアと分類することができ、旧グラナダ王国にあたるグラナダ、マラガ、アルメリアは高地アンダルシアと区分できる（★ p.4 参照）。

　13世紀までにレコンキスタを受けた低地アンダルシアでは、イスラーム時代の集約的な農業が途絶え、土地を粗放的に利用する傾向が強まり、牧畜業に力点が置かれた。そのなかから、小土地所有者や小借地農に代わって登場した大借地農が中間階級として力をも

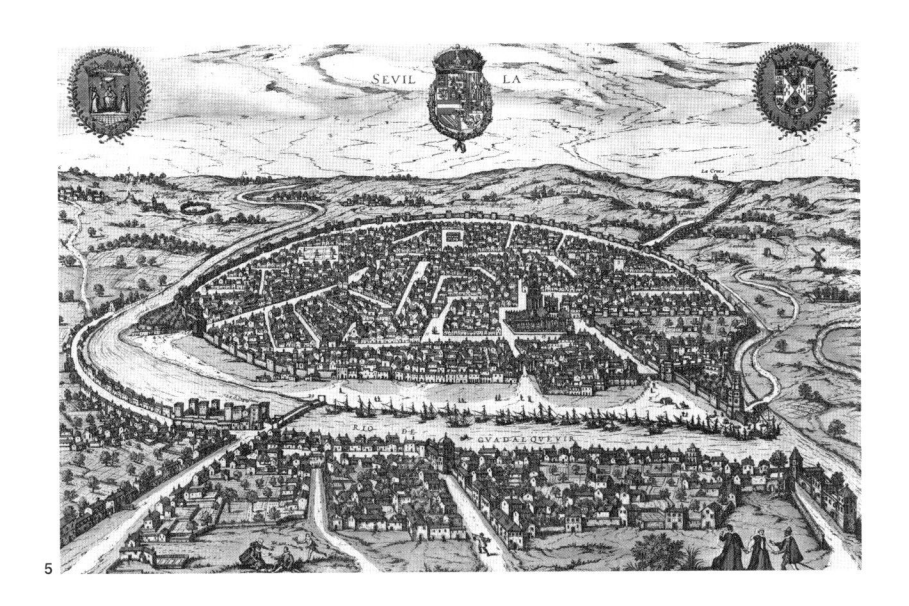

5. 16世紀のセビーリャ［出典：G. BRAUN & F. HOGENBERG, *CITIVATIS ORBIS TERRARUM*, VOL.4, 1588 © HISTORIC CITIES RESEARCH PROJECT (HISTORIC-CITIES.HUJI.AC.IL).］

6. セビーリャの黄金の塔［出典：P. TORTOLERO, *VISTA DE SEVILLA DESDE TRIANA*, 1738 © UNIVERSIDAD DE SEVILLA.］

ち、貴族や教会の所領の運営を任され、日雇い農民を支配した。

　ラティフンディオの下で大量に必要とされた日雇い農民が集まって住む場所として、コルティホ（農場）の比較的近くに街や大村落が形成される傾向が強まった。こうして低地アンダルシアは、かつて田園にまんべんなく存在した小さな居住地が消滅し、ある程度の規模をもつ街のみが集中的に発展するという、現在に続く地域構造をつくり上げた。

　一方、旧グラナダ王国の領域にあたる高地アンダルシアには、レコンキスタ以後、キリスト教徒が入植したが、モリスコがイスラーム農業を勤勉に続けた。また、イスラーム時代からの土地所有関係の影響もあって、小中の土地がかなり受け継がれ、ラティフンディオもあまり大規模なものは形成されなかった◆2。

　本書で注目するアンダルシア内陸部の「白い街（ロス・プエブロス・ブランコス）」は、こうした農業経済構造のなかでアグロタウン（農村都市）として発展したものである。

　1830年代から60年代にかけて自由主義国家が確立すると、アンダルシアでは土地を求める農民のデモが続き、封建的土地所有をブルジョワ的土地所有に転換しようと財産の国有化・売却が行われたが、土地売却の対象が従来からの土地所有者に限られたことから、大土地所有構造はより一層拡大することとなった。

5 現代のスペイン

観光産業による地中海沿岸部の飛躍的発展

　1910～1920年代は第1次世界大戦を契機に、大規模な都市化と工業成長の時代となった。そして1950年代後半に、経済政策において封建経済から開放経済へと大転換を図ったスペインの経済は、観光産業の繁栄とあいまって、飛躍的に発展した。

　なかでも1960年代の第1次観光ブームは、アンダルシア、とくに地中海沿岸地域に大きな影響を与えた。もともとスペインは、南欧特有の陽光、長い海岸線といった自然条件に恵まれている他、イスラーム文化の影響を強く受けた特有の歴史文化に由来する遺産に富み、闘牛やフラメンコなどの民族芸能をはじめ、観光的誘因を多数内在していた。そこへ

1960年代初頭から急速に高まったヨーロッパの観光ブームを受けて、観光産業がスペインにおける経済産業のひとつの柱となった。スペイン側も需要に対応するため、観光産業を戦略的産業と位置づけた。1970年代に入ると観光収入は著しく伸び、スペインの高度経済成長を支えた。

観光客と巨額の観光収入を得たスペインにおいては、観光ブームの創出した需要は大きく、ホテル、レストラン産業を拡大させた他、公的資金を投入した上下水道、道路、空港、輸送機関などのインフラの改善も積極的に行われた。その結果、アンダルシアの沿岸部の伝統的な寒村が、ホテルの林立する観光リゾート地へと様変わりした。なかでもコスタ・デル・ソル（太陽の海岸）は、スペインでも最大規模のリゾート地として知られ、ヨットやクルーザー遊びの他、年間を通して温暖な気候を活かし、周辺にゴルフ場を建設するなど、アウトドアスポーツの需要も創出した。また、マラガから北へ155kmのシエラ・ネバダ山脈にはスキー場があり、ウィンタースポーツも人気となっている。

社会の変化により過疎化する農村

1950年代以降、経済の飛躍的発展により、スペイン国内の情勢も大きく変わった。農村から都市への人口移動が激しくなり、就業人口は第1次産業が急速に減り、第2次、第3次産業が増え、大都市マドリッドやバルセロナへの人口集中が目立つようになる。経済政策の重点も商工業へ移動した。

経済成長の影で農村では過疎化が始まり、小規模経営の農家が多い地方では兼業化や高齢化が顕著になった。1960年代になると、農業の合理化が急速に進み、灌漑地の拡大、機械化の進行、栽培作物の転換などにより、農業の収益は増大したが、他方で日雇い農民の失業問題が深刻化した。

内陸部の丘上の白い街が再び注目されるようになるには、時代の価値観が大きく動く1990年代を待たねばならない。

ルーラル地域の再評価

　地中海沿岸部の開発が一段落した近年では、内陸部のルーラル・ゾーンに人びとの目が向けられつつある。その背景には近年、世界各地で注目を集めているグリーン・ツーリズムがある。田園地帯や農村、漁村に滞在し、豊かな自然や地域文化に触れる観光スタイルにより、時代に取り残されていた過疎村や農業景観が、かつての姿そのままに注目されているのである。田園の中に建つかつての富農の邸宅は、ホテルやワイナリー、レストランに改装され、地域の採れたての食材を使った料理が振る舞われたり、プライベート・プールで休んだり、乗馬でのどかな田園風景を散策できる場として、都市部に暮らす人びとにアンダルシアの豊かな自然の恵みを提供している。

　内陸部の「白い街」の数々も街自体がグリーン・ツーリズムの対象として評価されている。街中の家に滞在し、周囲の田園をめぐるツアーを楽しむレジャーが主流となっている。

　生産の場としての機能が弱まった田園は、現代の都市部では得ることができない時間とサービスを提供する場として再起しようとしている。社会構造の変化に伴い、その役割を少しずつ変化させながら、都市と田園は新たな関係性を再び構築しつつあるのである。

COLUMN
ムデハルとモリスコ

　8世紀初頭にイベリア半島へ入り、西ゴート王国を滅ぼしたイスラーム勢力は、コルドバを首都として半島の大半を支配した後ウマイヤ朝（756-1031）から、半島最後のイスラーム王国となったグラナダのナスル朝（1238-1492）まで、イベリア半島の歴史に大きな足跡を残した。異なる宗教・文化が対立したこの時代は、最終的に勝利を収めたキリスト教側からは「レコンキスタRecoquista」、すなわち領土奪還の歴史として描かれることが多い。だが、ヨーロッパのキリスト教文化とアラブ・イスラーム文化がつねに接触していたこの時代、両者の関係は単純な敵対関係とはいえない〈1.2〉。それぞれ内部に火種を抱えたキリスト教勢力

1. キリスト教徒とムスリムの戦い
[出典：*CANTIGAS DE SANTA MARÍA*, 13世紀．エスコリアル図書館蔵]

2. チェスに興じるキリスト教徒とムスリム
[出典：*LIBRO DE AJEDREZ, DADOS Y TABLAS*, 1283．エスコリアル図書館蔵]

37

COLUMN

とイスラーム勢力との間には、宗教的差異を越えたさまざまな従属・協力関係が成り立つこともあった。こうした異文化接触の舞台となったのは、両勢力間の軍事・外交関係にとどまらない。どちらかの勢力が相手の領土を奪うたびに、新しい支配者は宗教的・文化的に異なった背景をもつ領民を抱えることになったからである。

西ゴート王国がイスラーム軍に滅ぼされたとき、その住民の多くはキリスト教の信仰を保ったままイスラームの支配を受け入れた。これらイスラーム支配下イベリア半島（アル・アンダルス）のキリスト教徒を「モサラベ mozárabe」と呼ぶ。アル・アンダルスのイスラーム化が進むにつれ、モサラベはマイノリティとして徐々に孤立していく一方、アラビア語をはじめアル・アンダルスの文化を吸収した独自のコミュニティを形成した。1085 年にトレドがキリスト教勢力のカスティーリャ王国によって制圧された際には、トレドのモサラベの文化は他のキリスト教徒のそれとはかなり異なったものになっており、そのため同じキリスト教を信奉する国家に組み込まれたのちも、マイノリティとしての性格を保ち続けることになった。

イスラーム勢力下で官吏・医者・学者としてモサラベ以上に存在感を発揮し、キリスト教勢力に入ったあともしばしば重用されたのがユダヤ人であった。10 世紀の名医でコルドバのカリフに仕え、レオン国王サンチョ 1 世の肥満を治したとされるハスダーイ・イブン・シャプルート、中世思想史に大きな影響を残した 12 世紀コルドバの哲学者で医者のマイモニデス、14 世紀にカスティーリャ国王ペドロ 1 世に重用されたサムエル・レビなど、歴史に名を残す人物も多い。

レコンキスタが進むにつれ、イスラーム勢力とキリスト教勢力の関係は逆転し、キリスト教勢力下に取り込まれるムスリムが増えていく。ちょうどモサラベとは逆の立場である、キリスト教治下にありながらイスラームの信仰を保ったのが「ムデハル mudéjar」、キリスト教に改宗した（させられた）ムデハルが「モリスコ morisco」である。ムデハルという呼称は、

納税者、被支配者、残留者などの意味をもつアラビア語"mudayyan"に由来するとされ、中世後期の文献に散見される。キリスト教徒がイスラーム勢力の領土を本格的に手にするのは、古都トレドがアルフォンソ6世の手に陥落した1085年で、これが、まとまった人数のムデハルが登場した最初の瞬間といってよいだろう。その後レコンキスタが進むにつれ、各地で多くのムスリムがキリスト教治下に入ったが、決定的転機となったのがカトリック両王による1492年のグラナダ攻略である。これにより、800年近くの間アラブ・イスラーム文化圏にあったグラナダがカスティーリャ王国に組み込まれることとなり、これを最後にムデハルが大量に生じたのである。

当初ムデハルたちは、宗教、言語、法、その他の慣習の維持を保障されていたが、異端審問が猛威をふるうなかでこの約束はたちまち反故にされ、強制改宗が始まった。これに不満を爆発させたグラナダのムデハルたちが、1499年に蜂起。とくに山岳地帯のアルプハラス地方で激しい抵抗が続いたものの、1502年についに力尽き、反乱は鎮圧された。この反乱を受けて同年、ムデハルの存在を否定する勅令が下される。グラナダ地方のみならずカスティーリャ王国内のムデハルは、国外退去かキリスト教への改宗を選ばなければならないというものであった。こうして、カスティーリャ王国内に残ったムデハルはみな、新キリスト教徒、すなわちモリスコとなったのである。

カスティーリャ王国領内の各地に居住していたモリスコは、定住せず仕事を求めて移動する職人や労働者が多かったようで、各都市内ではモレリアと呼ばれるゲットーに集まって住んだ。キリスト教徒とは分かれて独自のコミュニティを形成し、人口比は小さく、摩擦も少なかった。唯一の例外が、勅令の直前までイスラーム文化の下にあった旧グラナダ王国のモリスコたちで、絹の生産による経済力を後ろ盾に固く結束し、キリスト教徒の入植を阻んでいた。政府は、迫り来るオスマン・トルコの脅威に対し、グラナダから内通者が出てはた

COLUMN

まらないと、モリスコに目を光らせ、また、モリスコを非国民と弾劾することで、オランダでの軍事・外交的失敗や経済的破綻から国民の目をそらせようとした。再びアルプハラスでおきた 1568 年からの大規模な反乱を 1570 年にようやく鎮圧すると、政府はグラナダのモリスコをカスティーリャ各地に強制移住させた。

一方、アラゴン、カタルーニャ、バレンシアの各地方からなるアラゴン王国でも、1520 年代にムデハルはモリスコとなったが、カスティーリャよりも全体の人口がはるかに少ないため、モリスコの比重は非常に大きかった。とくにバレンシア地方とアラゴン地方に集中していたモリスコの大半は、カスティーリャの場合とは異なり、農奴として大土地所有者の大貴族に臣従していた。これらの地方では、大土地所有を基盤とする貴族と、都市部に生まれつつあったブルジョアが鋭く対立しており、モリスコは貴族側に庇護されるかたちでこの対立に巻き込まれた。グラナダでの反乱のあおりも受けて、モリスコの立場は徐々に悪化していったのである。

そして 1609 年、フェリペ 3 世の下、スペイン両王国からすべてのモリスコを追放するという宣言が出された。モリスコ追放は、多くの人口を擁するカスティーリャ王国にはそれほど影響を与えなかったが、20 万人程度と推計されるモリスコが全人口の約 20% を占めていたアラゴン王国には、少なからぬダメージを与えた。とりわけ多くのモリスコが住んでいたバレンシアの経済・農業が受けた打撃は大きく、以後の停滞の原因となった。

以上のように、「ムデハル」という語は、スペインのキリスト教社会におけるマイノリティだったムスリムを指して中世から用いられていた。一方、19 世紀後半になると、この語が建築・美術を示す形容詞として用いられるようになってくる。ただし、「ムデハル建築」といっても、実際にムスリムの職人が関わったかどうかよくわからない場合も多く、また造形的にも地域や時代による相違が著しい。したがって、ムデハル建築の範囲はかなり広く、その指し示

すところも曖昧である。キリスト教徒の王や貴族が、異国趣味的にイスラーム建築の技術や様式を採用した宮殿や邸宅。イスラーム文化圏で培った建築技術をもつ職人集団が、ある特定の地域に建造した一連の教会堂や鐘塔群。ゴシック様式をベースに、イスラーム建築由来の装飾モチーフが断片的に組み込まれた例。一般的にはこうした多様な事例をすべて含め、イスラーム由来の建築文化が応用・折衷された12〜16世紀のイベリア半島のキリスト教建築を、広くムデハル建築と呼ぶことが多い。スペインのムデハル建築から影響を受けた新大陸の建築を包括する場合もある。構造は煉瓦造、木造天井のものが多く、漆喰細工、煉瓦やタイル、象嵌(ぞうがん)などの装飾をその最大の特徴とする。

　最も壮麗で、かつイスラーム建築を意図的に模倣したものとしては、カスティーリャ王ペドロ1世(在位1350-69)がつくらせた一連の建造物がある。「残酷王」の異名をもつこの型破りな王の波瀾万丈の人生は、青池保子のマンガ『アルカサル―王城』によって日本でも比較的知られている。彼は、ユダヤ人の大臣を重用し、ナスル朝グラナダ王国中興の祖、ムハンマド5世と友好関係をもち、宮廷にイスラーム文化を積極的に取り入れた。ムハンマド5世は、「獅子のパティオ」の建設によってアルハンブラ宮殿の建築を洗練の極みに導いた人物である。ペドロ1世は、王権を象徴する装置として、とりわけ建築を積極的に利用した。なかでもセビーリャのアルカサルには、漆喰細工が施されたアーチが連続するパティオや、幾何学文様で覆い尽くされた天井など、グラナダからもたらされた技術や手法が縦横に用いられている。繊細優美なアルハンブラ宮殿をやや大味にしたようなセビーリャのアルカサルは、施主がキリスト教王であるとはいえ、ナスル朝グラナダ王国というイスラーム建築文化の文脈で語ることができるのだ(3)。

　ペドロ1世の建築に見られる権力の象徴としての豪華絢爛なムデハル建築とは対照的に、トレドの煉瓦造教会堂群や、ミナレットの技法を継承して建てられ続けたアラゴン地方の

COLUMN

鐘塔群などは、大衆化し、地方化したムデハル建築文化だといえよう。

　1085年という比較的早い段階でキリスト教徒の手に渡ったトレドは、ムスリム（ムデハル）、ユダヤ人、北方から移入したキリスト教徒、さらにモサラベが混在する多文化都市であった。だが現在トレドに残るモスクやシナゴーグはわずかで、再征服以前のモスクは1棟しか現存しない(4)。

　迷宮都市トレドに非ヨーロッパ的な雰囲気を付与している、尖頭馬蹄形アーチや多葉アーチで壁面を飾った煉瓦造建築群の多くは、ゴシック様式の大聖堂の建設と同時期、13世紀ごろから建てられ始めたキリスト教建築である。イスラーム建築文化は、トレド再征服を経てそのまま継承されたのではなく、キリスト教支配になって2世紀を経たのち、改めて参照・模倣されたものなのである(5)。

　ムデハル、モリスコの割合が多かったアラゴン王国のテルエル県やサラゴサ県には、ムスリムの職人集団によってつくられたことがわかっている一連の教会堂・鐘塔群が点在する。装飾を重視するイスラーム建築の精神を受け継ぐこれらの建築には、ペドロ1世のような有力な施主がいたわけでも、アンダルシア諸都市のようにイスラーム建築文化の中心に近かっ

3. セビーリャのアルカサル「乙女のパティオ」

4. バーブ・アル・マルドゥームのモスク（トレド、999年建造）

たわけでもない。しかしむしろその無名で周縁的な性格のなかに、ムデハル建築の特質が最もよく表れているといえ、世界遺産にも登録されている。アーチ、リボン模様、ジグザグ、縞模様など、レンガの特徴を生かした多種多様な外壁面の処理は、アラゴン・ムデハル建築の大きな特徴である。とくに後期の作品に見られる、カラフルな釉薬タイルを交えた幾何学模様が、壁面全体を覆い尽くす様は圧巻である(6)。

　広義のムデハル建築文化としては、教会堂や宮殿の天井を覆っていた木造天井も忘れてはならない。ひと言でムデハルの木造天井といっても、梁や垂木を現しただけのシンプルなものから、複雑なレース模様を施したり、折り重なった幾何学模様を構成するものまでさまざまなものがある。これら木造天井の祖型はアラブ・イスラームが起源とはいえないが、イベリア半島南部のムスリムの間で発展を遂げ、その特徴的な建築技術のひとつとなった。ナスル朝グラナダ王国がカトリック両王の手に陥落し、新大陸が発見された1492年以降、旧グラナダ王国や新大陸にキリスト教徒の手によって建造された修道院や教区教会堂の多くは、この「ムデハル」天井を用いたものが多い(7)。

　さて、「ムデハル建築」の概念が初めて提唱された19世紀後半は、ネオ・ゴシックやネオ・

5. サンタ・レオカディア教会（トレド、13世紀末）

6. マグダレーナ教会（サラゴサ、14世紀）

COLUMN

バロックなど建築様式リバイバルの最盛期であった。当時黎明期の建築史学は、単に過去の建築を分析するだけでなく、建築家にデザインのアイデアを提供するものであった。そしてムデハルもひとつの様式として認識されてリバイバルが始まる。ネオ・ムデハルの誕生である。幾何学的な装飾パターンをもつレンガ壁面、馬蹄形や多葉形のアーチ、タイル装飾などの特徴が抽出されて再構成・再解釈された19世紀後半から20世紀初頭のネオ・ムデハル建築は、もちろん中世のムデハル建築とは全く別物である。だがそこには、他の西洋諸国には見られないスペイン独自の建築に想を得たという自負によって、特別な意味が与えられた。1889年パリ万博のスペイン館や、各地の闘牛場の様式として採用されるなど、近代国家スペインの国民様式とみなされるようになったのだ。このように「ムデハル」という言葉は、その語源がもつ特殊性から早々と逸脱し、さまざまなニュアンスを纏いながら、中世後期から近世初期にかけてのスペインの多様性を象徴するキーワードとなった。「ムデハル都市」など、個別の建築研究を超える試みも近年ますます盛んになっており、目が離せない(8)。（伊藤喜彦）

7. サンタ・アナ教会（グラナダ、16世紀）

8. 旧アギーレ学園（マドリッド、1881年設計）

6 都市の立地

　長い侵略と奪還の歴史を繰り返してきたアンダルシアにおいて、防衛機能としてはたらく地形は都市を発展させるうえで非常に重要であった。山や丘が広がるスペインの国土には、起伏に富んだ地形をもつ地域が多く、それがアンダルシアの特徴にもなっている。

立地条件

　すでに見たとおり、セビーリャやコルドバといった内陸部に位置する大都市は、グアダルキビル川という主要な川の流域に形成された。セビーリャではその川の河港を利用し、大航海時代には新大陸との交易で何隻もの船が入港し、街は大きく発展を遂げた。セビーリャのように内陸部において貿易港をもつ事例はスペインでは珍しく、カディスやマラガのような沿岸都市が貿易港として発展し、成長を遂げている。

　内陸部では、丘陵の起伏に富んだ地形を生かし、街を形成してきた例が数多く見受けられる。起伏に富んだ地形は防衛の姿勢に適している。アンダルシア地方では、山の斜面に隠れるように立地する街、崖の上に立地する街など、他民族の侵略から街を守るようにして大地に張り付く白い街がいくつも見られる。ブローデルも指摘しているように山や斜面は戦争や海賊からの避難場所であったと聖書にも多く記されている◆3。中世に形成されたイタリアの山岳都市の多くも、防衛のために厳しい地形の上に街がつくられている。このように起伏に富む地形は天然の要塞となり、街を侵略から守ってくれるのである。

　街を築くうえで、水利の面も必要不可欠な要素として挙げられる。水は、飲用、灌漑用など、人びとの生活に深い関わりをもつ。水を地中に溜め込む山の斜面では、その水が湧き水となって地上に溢れ出し、人びとの暮らしを支えた。しかし、水は、ときに洪水などの災害も引き起こす。川の流れが滞り湿地帯をつくり出すとき、夏には危険な湿気をもち、疫病などの被害を及ぼす◆4。水害から守るためには川からある程度の高さを取った場所に街を築く必要性があったのである。アンダルシアの起伏に富んだ地形の上にある街は、このような条件をクリアし、今も生き続けている。

各都市の立地

アンダルシアの都市の立地は、内陸部と沿岸部に大別され、次のように分類することができる。

内陸：①平野、②谷・盆地、③川のある高い場所、④田畑に囲まれた高い場所、⑤山岳地帯、⑥崖地、⑦斜面地

沿岸：A 平地、B 斜面、C 岬

また、その分布は〈7〉のようになる。図が示すように、多くの街は平野部よりも起伏に富んだ地形の上に立地していることがわかる。また、内陸部に位置する多くの街は、地形を生かし、山の斜面や、丘の上、崖地といった自然の要塞のような立地条件のところに市街地を築き上げている。長い侵略と奪還の歴史を繰り返してきたアンダルシアにおいては、防衛機能を発揮する地形は都市の発展にとって極めて重要であった(8-13)。

7 多様な住宅形態

アンダルシアの起伏に富んだ地形や地域ごとに異なる風土や自然環境が、個性豊かな住宅形態を生み出している。コルドバやセビーリャに見られるパティオ（中庭）を囲んだ住宅から、斜面のきつい土地に縦に積層して建てられた小さな住宅、イタリアやチュニジアなど地中海沿岸の街でも見られる洞窟住宅、そして山の斜面に階段状に建ち並ぶ陸屋根の住宅まで多様である。アンダルシアの白い街は、遠くからはどこも同じように見えるが、その内部はじつにバラエティに富んでいる。地形や地質、気候の特徴を生かした土着的な住宅は、その地方で生産される建築材料を用い、住宅の規模や屋根の形状などにもそれぞれ異なる表情を見せる。ここでは、アンダルシアで見られる特徴的な住宅の形態を紹介する◆5。

中庭型住宅

中庭を中心にすべての居室がその周りに配置され、中庭が生活の拠点となる住宅。

外界に対する閉鎖性と防御性が強い形式で、中庭が住宅全体を統合する役割を担い、

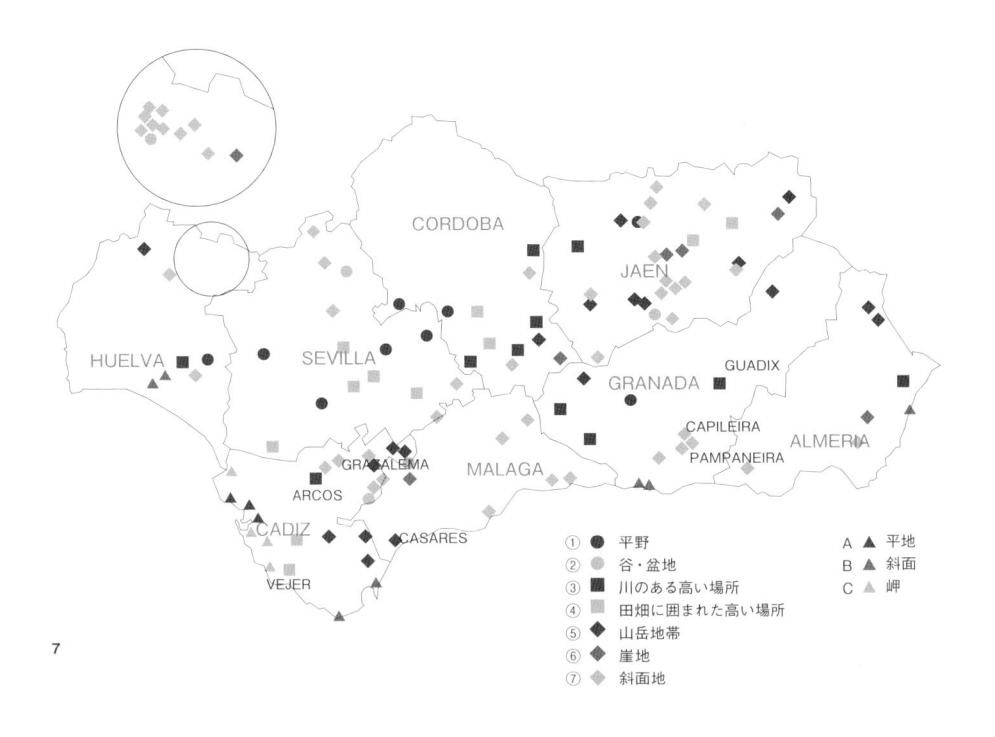

7. 都市の立地分布図 [ANÁLISIS URBANÍSTICO DE CENTROS HISTÓRICOS DE ANDALUCÍA, 2002 をもとに作成]

8. 川のある高い場所に立地するアルコス・デ・ラ・フロンテーラ。街の南側が自然の要塞ともいえる断崖となっている。頂上付近には教会や城がそびえたち、その周りに白壁の住宅が密集する姿は圧巻である。街の北東にはアルコス湖があり、街を囲むように崖下をグアダレーテ川が流れている

47

9

10

11

9. 田畑に囲まれた高い場所にあるベヘール・デ・ラ・フロンテーラ。3つの丘の上に
またがるように街が張り付き、高台には教会や城が立地している
10. ベヘールを描いた16世紀の版画。特異な立地からレコンキスタの国境陣営として、
後にはベルベル人の海賊船を監視する要塞として戦略的色彩の強い街であった
［出典：G. BRAUN & F. HOGENBERG, *CITIVATIS ORBIS TERRARUM*, VOL.2, 1575
© HISTORIC CITIES RESEARCH PROJECT (HISTORIC-CITIES.HUJI.AC.IL).］

11. グアディクス。川の流れる高地に位置するものの、頂部が平らな薄茶色の山々が取り囲む盆地に位置している。100万年前、このあたりは湖の底であったといわれ、粘土質の地質をもつ
12. 崖地に立つ街ロンダ
13. 山の斜面に張り付くパンパネイラ。グラナダ県の高地1,500mほどにあるアルプハラス地方の街。身を隠すように起伏の富んだ山の斜面に白い街が張り付いている

各部屋へのアクセスも中庭側から取られる。外敵の侵入に備えるため、分厚い強固な外壁で囲まれ、主要な出入口は通常1ヵ所に限られる。アンダルシア地方では、中庭はパティオ patio と呼ばれる。中庭型住宅の歴史は古く、紀元前 2000 年ごろの古代都市ウルにもその存在が確認されている他、中国から西アジア、さらに北アフリカ、ヨーロッパの地中海沿岸へと、その性格に差はあるもののこの住宅形式は世界各地に分布している〈14.15〉。

裏庭型住宅

　住宅の核としての中庭をもたず、居室の奥に庭が配置される住宅。

　街路からエントランス、リビングなどの居室を通り抜けて庭へと続く平面構成をもつ。住宅の奥に庭をもつため、庭が各居室の動線の要となることはなく、中庭型住宅とは区別される。中庭型住宅に比べて、住宅の形が街路に対して垂直に細長く、街路側が居住ゾーン、その奥が家畜用やサービスゾーンとして確保される〈16〉。

切妻屋根をもつ住宅

　住宅の基本プランが1部屋で、それが2層3層と縦に積層している住宅。

　これらの住宅は、山岳地帯の斜面地に位置する街で見られ、上階へアクセスするには、部屋の中にある階段を利用する。部屋の構成は、1室をプランの基本形とするが、敷地の規模や立地条件によって、その構成が組み合わさり、ふたつ、3つとその数を増し、多様なタイプをつくり出す。部屋と部屋をつなぐ廊下はなく、街路からサロン、食堂、寝室という動線で各部屋が上方または下方につながる〈★第3章を参照〉〈17〉。

洞窟住居

　崖地や斜面、隆起した小山を横に掘り込んだ住居。

　洞窟住居（クエバ Cuevas）を構築するための自然条件などが成立した場所に見られる。住居に入るとそこは玄関兼居間であることが多く、右または左に続く部屋に台所、そしてそれらの奥に寝室が配置される。また、規模が大きくなるにつれ、その機能と配置に変化が

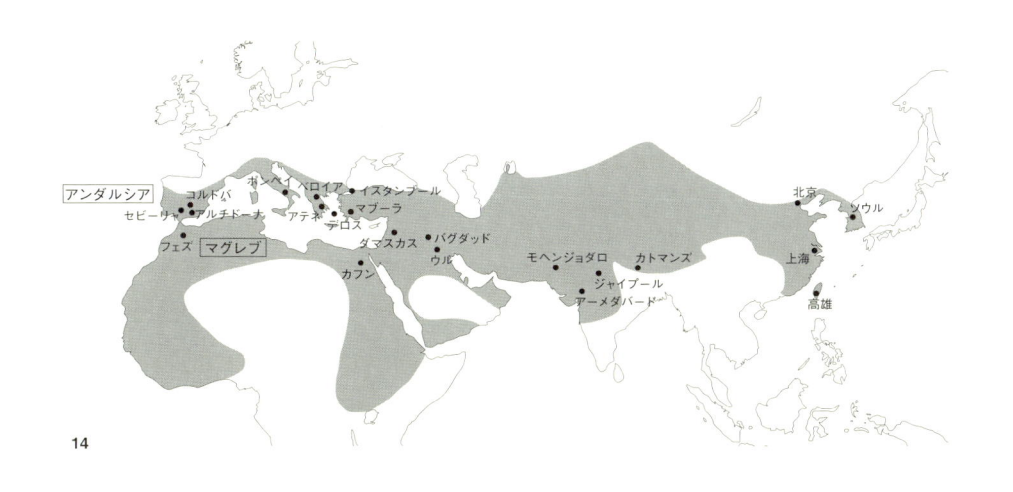

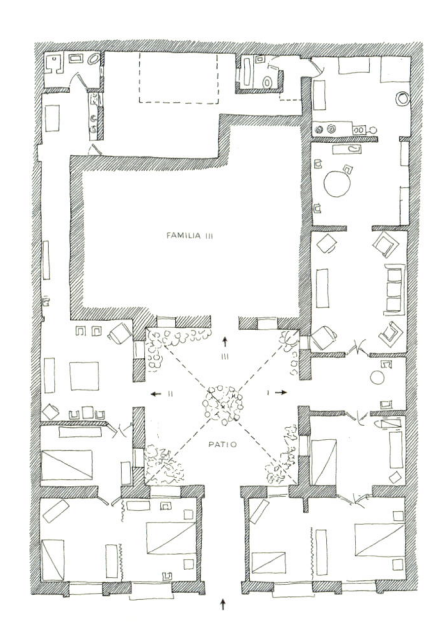

14. 中庭型住宅の分布域 [出典:畑聰一『エーゲ海・キクラデスの光と影―ミコノス・サントリーニの住まいと暮らし』建築資料研究社、1990]
15. 中庭型住宅 [出典:C. FLORES, *ARQUITECTURA POPULAR ESPAÑOLA*, VOL.4, 1973]

現れる。部屋と部屋を明確に仕切る扉は少なく、プライベート性の高い寝室との間にだけカーテンや扉などの仕切りが設けられることが多い。部屋と部屋の間に廊下はないため、奥に行くにしたがって、プライベート性が高まる構成となっている。

　洞窟住居があることで知られるグアディクス Guadix では、崖や凹凸のある丘を人工的に掘り込み住居を形成している。また、地中のみならず、外部に部屋を増築するものや、外塀をまわして前庭を形成しているものも見られる(18)。

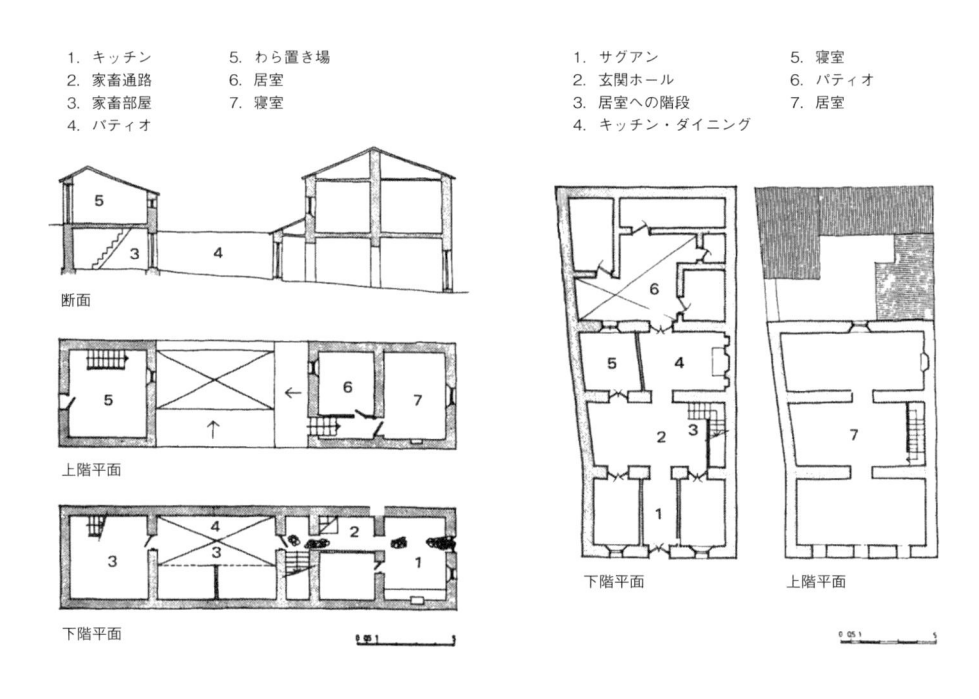

1. キッチン
2. 家畜通路
3. 家畜部屋
4. パティオ
5. わら置き場
6. 居室
7. 寝室

1. サグアン
2. 玄関ホール
3. 居室への階段
4. キッチン・ダイニング
5. 寝室
6. パティオ
7. 居室

断面

上階平面

下階平面

下階平面

上階平面

16. 裏庭型住宅（平面図） ［出典：L. FEDUCHI, *ITINERARIOS DE ARQUITECTURA POPULAR ESPAÑOLA*, VOL.4, 1974.］

上階平面

下階平面

1. キッチン
2. 寝室

17

1. 玄関（入口）　4. 物置
2. 居間・客間　　5. 寝室
3. キッチン　　　6. パティオ

1. 玄関（入口）
2. 居間
3. キッチン
4. 寝室

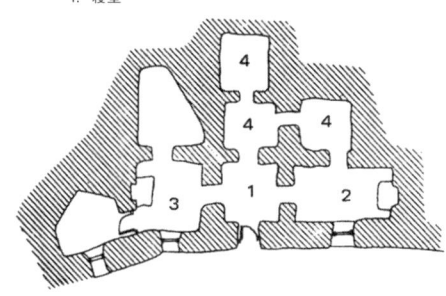

18

17. 切妻屋根をもつ住宅
18. 洞窟住居 ［ともに出典：L. FEDUCHI, *ITINERARIOS DE ARQUITECTURA POPULAR ESPAÑOLA*, VOL.4, 1974.］

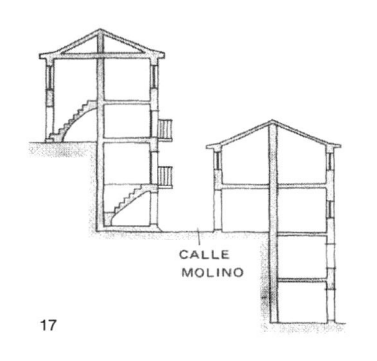

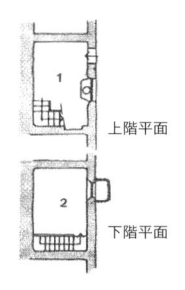

陸屋根をもつ住宅

　陸屋根の住宅が山の斜面に階段状に配置され、各住宅がテラスのように並ぶ⟨19⟩。

　この住宅は、アルプハラス Las Alpujarras 地方のパンパネイラ Pampaneira などに見られ、住宅は2層のものが主流である。街路から戸口、台所、寝室へと部屋がつながる。上部へは、居室内にある階段で上がり、屋根裏部屋は、穀物の保存場所として利用される◆6。屋根は、粘板岩スレートの上に土をのせて陸屋根とし、円筒形の煙突が顔を出す⟨20⟩。窓の小さい閉鎖的な住宅で、居間には暖炉が設けられ、この地方の冬の寒さや朝晩の冷え込みを感じさせる。街路に不規則に張り出されるテラスや部屋が特徴的であり、その梁のかかった外部空間はティナオ tinao と呼ばれる。パブリックな街路空間に影を落とすことで、よそ者の通りにくい空間へと様相を変化させる⟨21⟩。

　この地方には高地民族のベルベル人が中世に住みついたといわれ、アンダルシアで多く見られる切妻の瓦屋根をもつ住宅とは異なる。砂と粘土で防水された屋根は北アフリカのベルベル人集落に近い印象を与える。

8 住宅形態の分布

　カルロス・フロレスによって書かれた『スペインの民家』◆7 を参考に、現地調査およびその他の参考文献を加味して、アンダルシアの各都市に見られる住宅形態を地図にプロットすると⟨22⟩の図のようになる。

　この図を見ると、グラナダ県とアルメリア県に洞窟住居と陸屋根をもつ住宅が特徴的に見られ、他の県にはほとんど存在しないことがわかる。

　グアディクスの洞窟住居が広がる地帯は、粘土質の地質をもつ。この地質は、穴を掘るのに適しており、空気に曝されると釘を打ち付けられるまでの剛性をもつため◆8、洞窟状の住宅をつくることを可能にした。また、陸屋根をもつ住宅が分布するアルプハラス地方も、この地方特有の風土、自然環境の上に形成されている。アルプハラス地方は、シエラ・ネバダ山脈の高地に位置し、その標高は約1,200mにも及ぶ。街の周りには栗林が広がり、

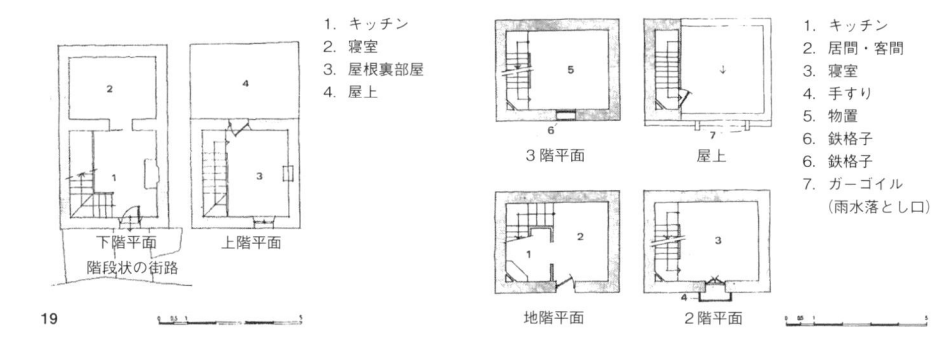

| 1. キッチン
| 2. 寝室
| 3. 屋根裏部屋
| 4. 屋上

3階平面　　屋上

1. キッチン
2. 居間・客間
3. 寝室
4. 手すり
5. 物置
6. 鉄格子
6. 鉄格子
7. ガーゴイル
　（雨水落とし口）

地階平面　　2階平面

下階平面　　上階平面
階段状の街路

19

20 　　　　**21**

22

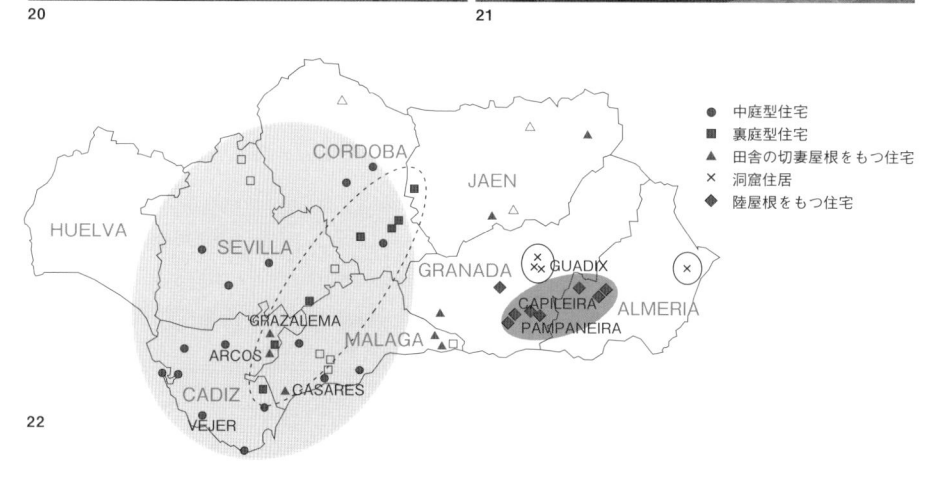

- ● 中庭型住宅
- ■ 裏庭型住宅
- ▲ 田舎の切妻屋根をもつ住宅
- × 洞窟住居
- ◆ 陸屋根をもつ住宅

HUELVA　CORDOBA　JAEN　SEVILLA　GRANADA　GUADIX　CAPILEIRA　ALMERIA　PAMPANEIRA　GRAZALEMA　MALAGA　ARCOS　CADIZ　CASARES　VEJER

19. 陸屋根をもつ住宅［出典：L. FEDUCHI, *ITINERARIOS DE ARQUITECTURA POPULAR ESPAÑOLA*, VOL.4, 1974.］
20. 陸屋根の住宅と煙突
21. 梁のかかった外部空間
22. 住宅形態の分布［*ANÁLISIS URBANÍSTICO DE CENTROS HISTÓRICOS DE ANDALUCÍA*, 2002 をもとに作成］

栗の梁で住宅の骨組みがつくられる。そのため、住宅の奥行きは栗の梁の大きさで決められ、正方形に近い部屋の形状となっている。そして粘板岩スレートと土でつくられる平屋根とあいまってこの地方特有の景観をつくり出している。異なる気候風土と建築材料が、地方特有の住居形態を生み出すひとつの要因となっている。

中庭型住宅は、アラブ・イスラーム支配時代の遺産として考えられているが、アンダルシア全域にそれが定着したわけではない。スペインの地形図と照らし合わせてみると、比較的平らな地形をもつ街など、低地アンダルシアに多く見られる。内陸部に位置するセビーリャやコルドバ、沿岸部に位置するカディスやタリファ Tarifa には中庭型住宅が特徴的に見られ、いずれも平らな地形に位置している。また、中庭型住宅のあるアルコス・デ・ラ・フロンテーラ（★第2章参照）やベヘール・デ・ラ・フロンテーラ Vejer de la Frontera は起伏の激しい地に位置しているものの、街の中心部は比較的緩やかな地形をもつ高台の上である。さらに、図からはコルドバ、セビーリャ、カディス県に中庭型住宅がより多く分布する傾向が読み取れる。

裏庭型住宅は、中庭型住宅が分布する範囲内に見られ、両者は比較的、同様の条件下で形成されたものと考えられる。ここで、中庭型住宅のあるアルコスと裏庭型住宅のあるグラサレーマ Grazalema を比較すると、いくつかの違いが明らかになる。周囲を緑豊かな木々で囲まれ、山裾に身を潜めるように位置するグラサレーマの街は荒涼とした大地に囲まれたアルコスよりも、年間の降水量が多く、冬の気温が5℃程度低い。乾燥した暑い大地の上では、オアシスのような快適な戸外空間を生活空間の中心に取り入れたが、暖炉のある居間をもつようなグラサレーマではその必要がなかったのであろう。農業と牧畜という生業の違いなど生活様式の違いも、庭の配置に影響を与えたと考えられる。

切妻屋根をもつ住宅は、ある地域に特徴的な形態ではなく、山岳地帯や急な斜面地などに多く見られる。このような立地条件の差は、異なる住宅形態を生んだひとつの要因ではあるが、歩んできた歴史や文化、生活慣習の違いなども強く影響していると考えられる。

第 2 章

アルコス・デ・ラ・フロンテーラ
天空の街

1 アルコスの魅力

　アンダルシアの州都セビーリャから、南西に車で2時間。カディス県の大平原を進むと、ひときわ目につく小高い丘の上にアルコス・デ・ラ・フロンテーラが美しい姿を見せる。人口3万人程度の小さな街で、高台には教会や城がそびえたち、その周囲に白壁の住宅が密集する姿は圧巻である(1)。

イスラームの痕跡

　白く輝くアルコスの街の中には、中世のイスラーム支配時代の痕跡があちこちに残り、過去へのイメージをふくらませてくれる。街の中心にあるサンタ・マリア教会はかつての大モスクの跡であり、今でもイスラーム支配時代の城壁や城門が一部残っている。白壁の続く細く曲がりくねった迷宮的な街路。その迷宮空間の中にひしめき合う素朴で美しいパティオを秘めた住宅が、訪れる者の好奇心を刺激する。

　パティオの宝庫ともいえるアルコス。その住宅には、アラブの中庭文化が色濃く受け継がれている。植栽によって彩られた中庭は「地上の楽園」を想起させ、素朴ではあるが感動を呼ぶ。また、生活の中心である中庭を外部から守ろうとするアラブ的な思想が、住空間にさまざまなかたちで見受けられる。さらに、斜面という立地条件を巧みに生かしていることが、都市空間をいっそう個性的なものにしている(2)。

住文化に合わせて変容する住空間

　アラブ・イスラームの文化を下敷きとしながら、レコンキスタ(キリスト教徒による国土回復運動)以後、キリスト教の価値観のなかでヨーロッパ化していったアルコス。異なる文化の混淆が住空間、そして都市構造に興味深いかたちで表れている。そのひとつに、中庭型住宅の集合住宅化現象が挙げられる。アラブ・イスラーム世界では、血のつながった大家族がパティオを囲んでともに暮らす形式が一般的である。しかし、現在のアルコスには、血縁関係にない複数の家族がひとつのパティオを囲んでともに生活している例が多く見られ

1. 天空の街アルコス
2. 緑あふれるパティオ

る。レコンキスタ以後、キリスト教社会に移行し、徐々に家族の構成単位が小さくなり、パティオを媒介とした複数家族間での近隣コミュニティが育まれてきたと考えられる。また、ラティフンディオ（大土地所有制）の形成とともに大量に生まれた日雇い農民たちが、住まいを求めてこうした中庭型住宅の一画を借りて住み始めたものと想像される。そして時代とともに、集合住宅化はさらに進んだのだろう。このように、集合して住む経験を蓄積してきた姿は、今日の日本における集合住宅のあり方を考えるうえで、極めて示唆的である。

今を生きる街の魅力

　異文化の混淆のなかで生まれたアルコスは、その都市構造、住空間にさまざまな魅力が詰まっている。それは単に、空間のみが魅力的なのではない。その空間を守り、更新してきた、そこに生きる人びとの意識や心があってこそであることも忘れてはならない。地元の人たちが自らの街を誇りに思い、愛する気持ち。住宅のみならず街路にまであふれ出す鉢植えなどによる空間への彩り。これらの要素の集合が、訪れるものを魅了してやまないひとつの理由であろう(3.4)。

　この数年で、ようやく歴史的街区の古い住宅群が再評価され始めている。アンダルシア

3. 鉢植えがリズミカルに並ぶ通称「花の道」

州政府による古い住宅の修復再生に向けた資金援助も開始され、積極的に活用されている。

2 アルコスの歴史

　アンダルシアの都市は、丘陵の起伏に富んだ地形を生かし、変化のある空間を形成しているものが多い。その特徴を理解するうえで、歴史的にどのように都市が変容してきたかという視点が重要になる。アンダルシアの都市空間の特質は、つねに深い関わりをもってきた北アフリカとヨーロッパの歴史なくしては語れない（★第1章参照）。

歴史の重なりが生んだ都市構造
　ARCOS はかつて ARKUS と称された。ローマ時代からあったラテン語の地名がアラビア語化し、そこから現在の地名ができあがったという。ここには、旧石器時代の終わりごろから人が住み着いていたが、都市としての起源はローマ時代にある。イスラームによる支配は 8 世紀から始まり、11 世紀に街は拡大し、城門・城壁もこの時代につくられた。旧市街と呼ばれる範囲は、ちょうどここにあたり、イスラーム支配時代の都市構造が現在の街

4. 道に椅子を出してくつろぐ人びと

の骨格を成している(5)。

　そして、スペイン北部から始まったレコンキスタによって、イスラーム勢力は13世紀半ば（1255～64年）にアルコスから追い出された。レコンキスタの過程において、アルコスは「フロンテーラ（境界）」という名が示すとおり、キリスト教勢力とイスラーム勢力の攻防の境界における重要な軍事都市であった。アルコスの周辺にフロンテーラと名がつく街がいくつも分布しているのは、同様の背景による。このことは、宗教間の領土をかけた争いが、いかに激しいものであったかを物語っている。

　街はやがてキリスト教の価値観のなかでヨーロッパ化していくが、イスラーム支配で与えられた文化の影響は大きく、大モスクのあった場所に13～14世紀に建てられたサンタ・マリア教会には、アプス（後陣）の背後に現在もメッカの方向を示すミフラーブの跡が残っている。また、アラブ時代の城壁とともに残る城門のなかには、マリア像が祀られ、その両文化の混在した造形は面白さを見せる(6)。イスラーム文化の影響は、モニュメンタルな建物だけでなく、都市空間や住空間にまで反映していると考えられる。

　街の発展は城門の外側の地域にも広がり、18世紀の終わりには、とくに西側に新しい市街が拡張された。教会、パラシオpalacio（貴族の邸宅）の建設・再建年代が15～18世紀にかけて多く、このころ、経済的に繁栄していたことが推測される。19世紀に

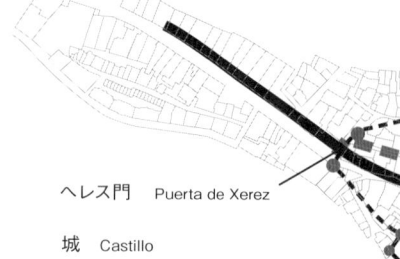

ヘレス門　Puerta de Xerez

城　Castillo
アラブ支配時代はタイファ（群小王国）のアルカサル（要塞）であった。レコンキスタ後、キリスト教徒たちによって1430年に再建され、アルコス公の住まいになった。現在でも私人館であり続けている

サンタ・マリア教会
Iglesia de Santa María

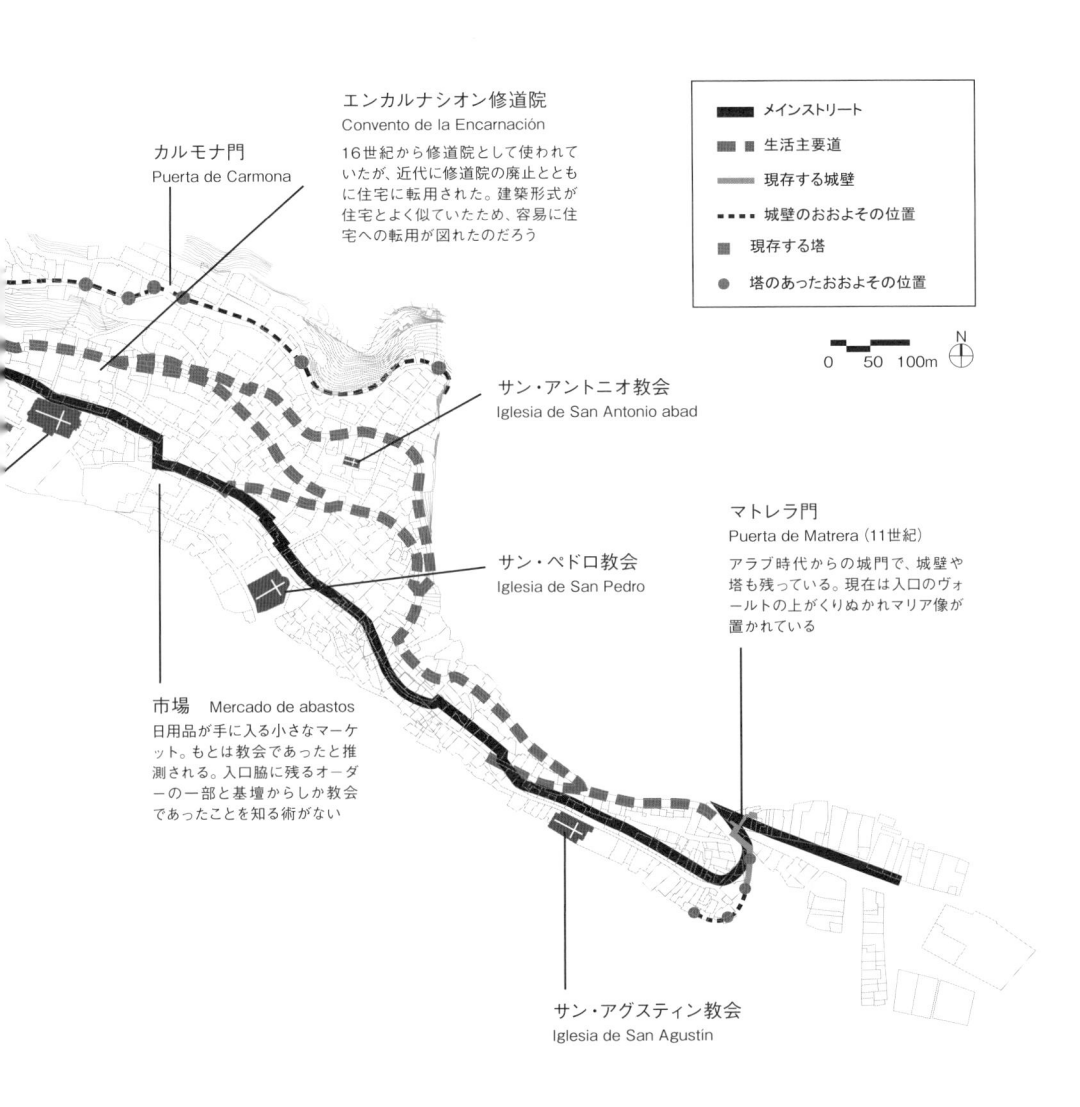

カルモナ門
Puerta de Carmona

エンカルナシオン修道院
Convento de la Encarnación
16世紀から修道院として使われていたが、近代に修道院の廃止とともに住宅に転用された。建築形式が住宅とよく似ていたため、容易に住宅への転用が図れたのだろう

サン・アントニオ教会
Iglesia de San Antonio abad

サン・ペドロ教会
Iglesia de San Pedro

市場　Mercado de abastos
日用品が手に入る小さなマーケット。もとは教会であったと推測される。入口脇に残るオーダーの一部と基壇からしか教会であったことを知る術がない

マトレラ門
Puerta de Matrera（11世紀）
アラブ時代からの城門で、城壁や塔も残っている。現在は入口のヴォールトの上がくりぬかれマリア像が置かれている

サン・アグスティン教会
Iglesia de San Agustín

- メインストリート
- 生活主要道
- 現存する城壁
- 城壁のおおよその位置
- 現存する塔
- 塔のあったおおよその位置

0　50　100m　N

5. アルコスの都市構造

63

なると、修道院などの宗教施設が修復・転用される一方、道には敷石が施され注目を集めたという◆1。

3 都市形成と都市構成

斜面に住み始めた理由 —— 都市形成1

　巨大な崖の上に街が形成されたアルコス。その頂上には、象徴的な教会の鐘楼が青い空にすっと伸び、見るものの心に鮮烈な印象を与える。丘の上のアルコスは、片流れの斜面に中庭型住宅が連なり、道のすべてが坂といっても過言ではない。平地に住み慣れた私たちの目にこの地形は不便そうにうつるが、アルコスではこの斜面を巧みに利用し、生活のクオリティを効果的に高めている。人びとの長い歴史が生み出したこの街は、細部までじつに無駄のない空間をつくり上げている⟨7⟩。

　アルコスの街は、南側が高さ約100mの断崖となった高い丘の上に位置し、街の下方にはグアダレーテ川が流れる。このため、軍事上の都合からも水利の面でも地理的条件に恵まれていた。宗教勢力の争いなど周囲との攻防が絶えなかった地中海地域では、山や斜面は天然の要塞として用いられ、ここも都市を築くのに絶好の場所だったのである。この険しい地形が自然の要塞となり、争いの絶えない土地から街を守ってきた⟨8⟩。

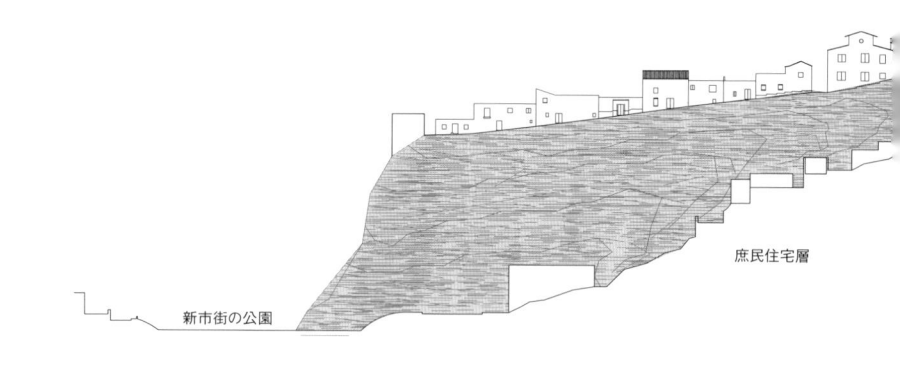

新市街の公園　　　庶民住宅層

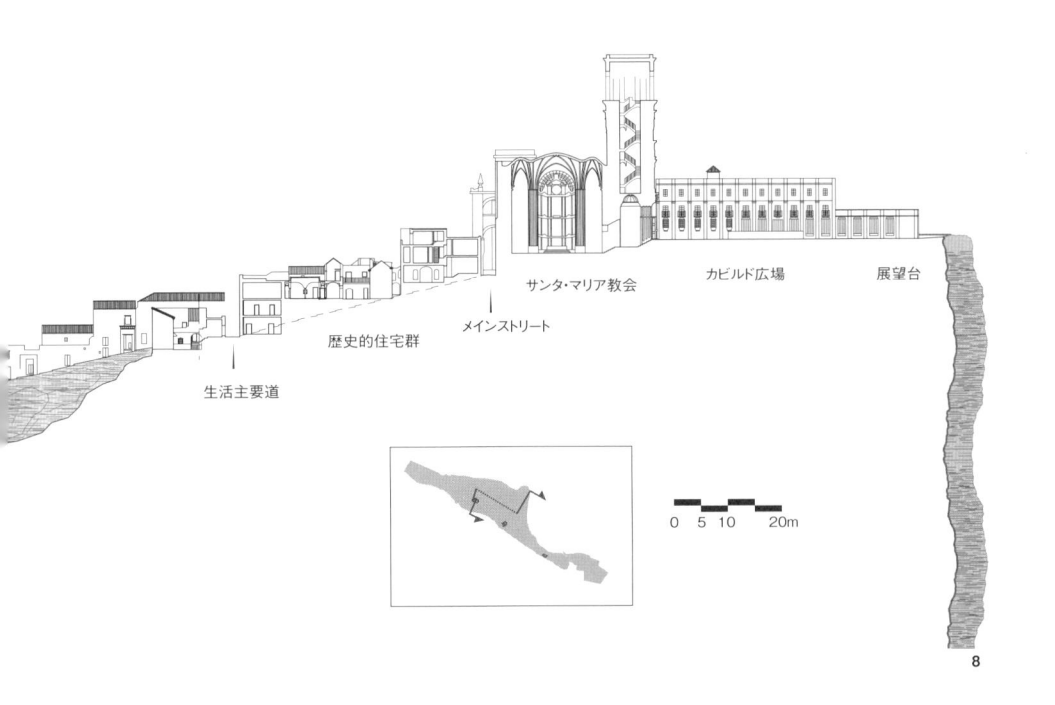

6. マトレラ門に飾られたマリア像
7. アルコス全景
8. サンタ・マリア地区〜サラオンダ地区の連続断面図。高台にはサンタ・マリア教会とカビルド広場があり、広場の展望台からは、崖の下に広がる田園風景を眺めることができる。南側斜面を下っていくほど建物の規模が小さくなっていく

水が留まらないことも斜面の利点だった。雨水が留まってよどむこともなく、湿気も少なく清潔であるから、疫病などから街を守ることができる。唯一の不都合は、水の確保である。生活用水は雨水を利用すればよいが、飲料水だけは低地の泉まで汲みに行ったという。この点さえ我慢すれば、高台は人びとに安全な生活を保障してくれる土地であった。

アルコスの骨格ができるまで —— 都市形成 2

アルコスの歴史家ペレス・レゴルダン氏によると、旧市街の中心にあるサンタ・マリア教会が建つ場所には、もともと西ゴート時代のバシリカが建っていた可能性があるという。アルコスのなかで最も高くて見通しがよく、周辺は比較的傾斜がなだらかで広い敷地を確保しやすい場所に、街の象徴としてバシリカが建設され、周辺に住宅が広がっていたと考えられる。

8世紀から始まったイスラーム支配により、バシリカは、イスラームのモスクへと姿を変えた。そして、その西側にはアルカサル（要塞を兼ねた居城）、東側には周辺の監視を担う要塞が、見晴らしがよく外からの敵を監視しやすい場所につくられた (9)。

11世紀から13世紀にかけて、イスラーム支配下のアルコスは大きく発展し、現在の街の骨格が形成された。街の東、西、北側には城門が築かれ、外敵が侵入するのが困難な南側の断崖部分を除いて、街を囲うように城壁も建設された。この城門と城壁に囲われた一帯が、現在アルコスの旧市街とされている部分である。

13世紀のレコンキスタ後、アルコスは再びキリスト教徒の街に戻った。大モスクはサンタ・マリア教会に建て替えられ、要塞があった場所にはサン・ペドロ教会がつくられた。また、マトレラ門付近の小高い場所には、後にサン・アグスティン教会となる修道院が建設された。

経済的な繁栄期 —— 都市形成 3

15世紀から18世紀にかけて、アルコスでは数多くのパラシオが建設された。教会の増築も盛んに行われ、サンタ・マリア教会では、16世紀半ばに西側の新しいファサードが、18世紀には天に伸びるほどの鐘楼が増築された。

スペイン黄金時代の流れとともに経済的な勢いのあったアルコスの街は、18世紀終わり

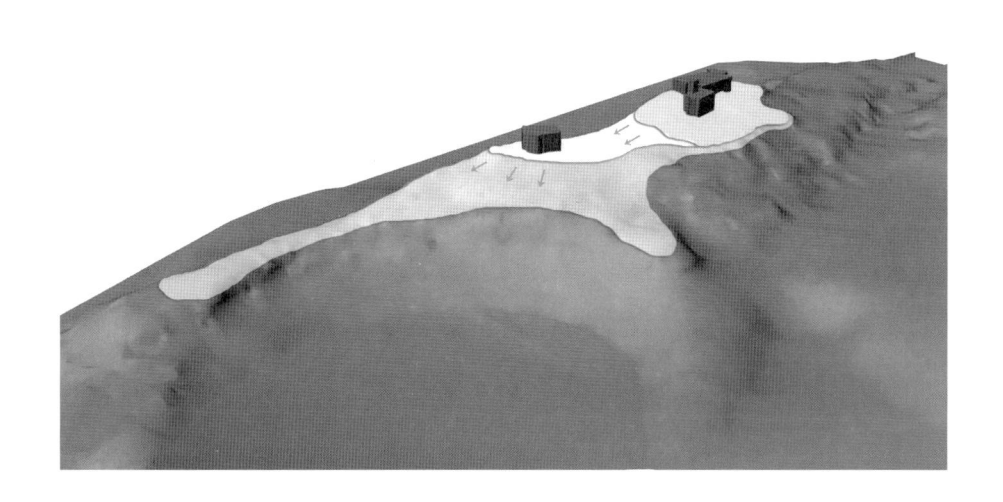

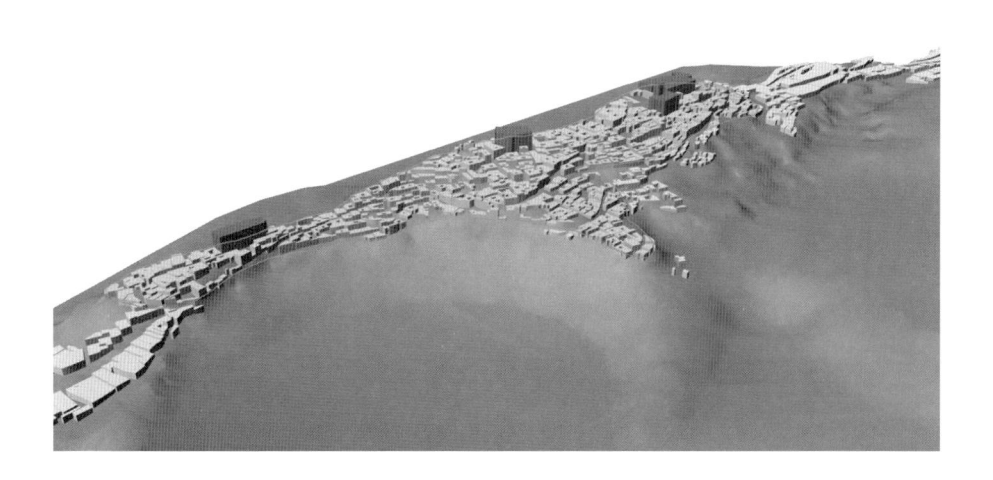

9. 都市の起源と拡張のイメージ。高台の平坦な場所から街が拡張していった

には人口が約1万人となり、城壁の外側に街を拡大していった。現在、新市街と呼ばれる城壁外側のエリアは、旧市街に比べて道幅が広く、整然としているのが特徴である。19世紀になると、旧市街西側の要であったヘレス門が取り壊され、アルコスから近隣の街ヘレス・デ・ラ・フロンテーラへの道路がつくられた。

50年前と現在──都市形成4

1950年ごろに撮影されたアルコスの写真集『ARCOS NEVADO』を見ると、その後、街の様子が大きく変化していることがわかる◆2。

50年前、マトレラ門の付近は、道に面して崖が切り立っており、穴を掘れば簡単に住空間を確保することができることから、多くのクエバcueva（洞窟住居）の入口が並んでいた。しかし現在は、2階建ての住宅が建ち並んでいる⟨10⟩。人口の増加に伴い、居住空間が不足すると、急斜面や崖ぎわにも住宅がつくられるようになった⟨11⟩。また、2、3階が増築されたり、崖に張り出してバルコニーやテラスがつくられたり、限られた敷地の中で住空間が拡張されていった。建物が密集した街の中心部では、平面的に増築をする余地がないため、垂直方向に空間を築き、さらに高密な街並みが形成されていった。この50年の間に、アルコスの景観はいっそう高密になったのである。

地形による街路のヒエラルキー──都市構成1

丘の裾の新市街から旧市街に入ると、街の表情が一変する。石灰で外壁を白く塗った住宅群の間を、蛇行した道が延びる。旧市街は、東のマトレラ門と西のヘレス門（現存せず）を両端とし、東西に細長く広がっている。これらを結ぶ尾根沿いの道がメインストリートであり、主要な3つの教会（サンタ・マリア教会、サン・ペドロ教会、サン・アグスティン教会）がこれに面して建つ。また、ホテルやレストラン、市場、商店が建ち並び、住民や観光客の人通りが多く、まさにアルコスの背骨のような最も華やかな通りである。メインストリートと並行して北に下った斜面中腹にも、数本の道が通るが、メインストリートに比べて人通りが少なく落ち着いている。住宅にまざって、雑貨屋やバル（BAR）など地元住民が日常的に

10. マトレラ門付近。50年前(左)と現在(右)
[出典：V. F. MARÍN SOLANO, *ARCOS NEVADO (FEBRERO DE 1954)*, AYUNTAMIENTO DE ARCOS DE LA FRONTERA, 1997.]
11. サン・アグスティン教会付近。50年前(左)と現在(右)
[出典：*ARCOS NEVADO.*]

利用する店が並ぶ。比較的なだらかな東西の通りに対して、これと交差する南北の通りは勾配がきつく、しばしば階段状になっている。今でこそ自動車が使えず不便に感じられるが、かつてロバや馬の時代には、問題なかった。また、主要な街路から枝分かれする道幅が狭く、よそ者があまり通らない街路に住宅の入口を取ろうとするのもアルコスの特徴のひとつである(12.13)。

旧市街の4つの教区——都市構成2

アルコスの旧市街は、教会を中心とした4つの教区に分かれている。丘の最も高い位置にあるのがサンタ・マリア地区とサン・ペドロ地区で、中心部から少し下った位置にあるのがサン・アグスティン地区とサラオンダ地区である(14)。

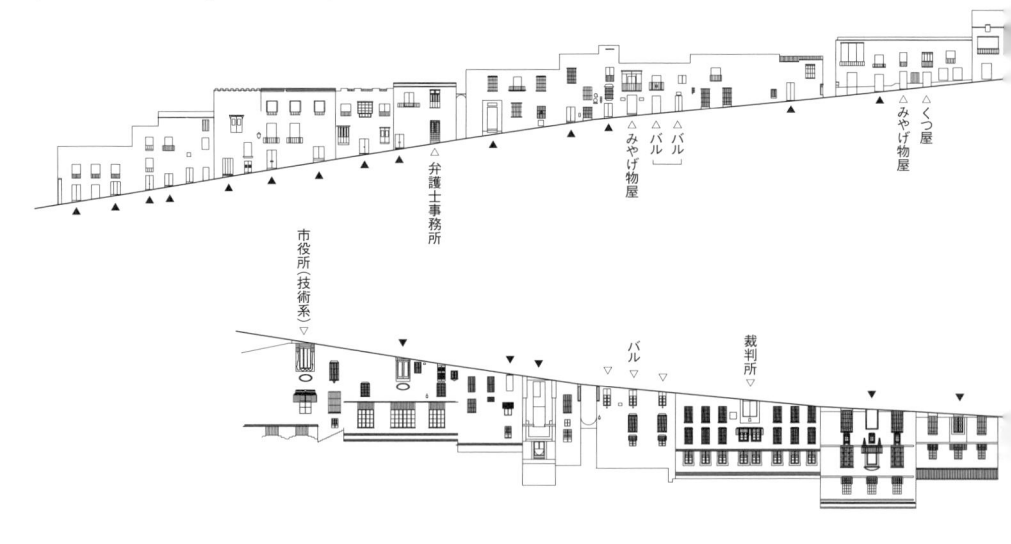

サラオンダ地区

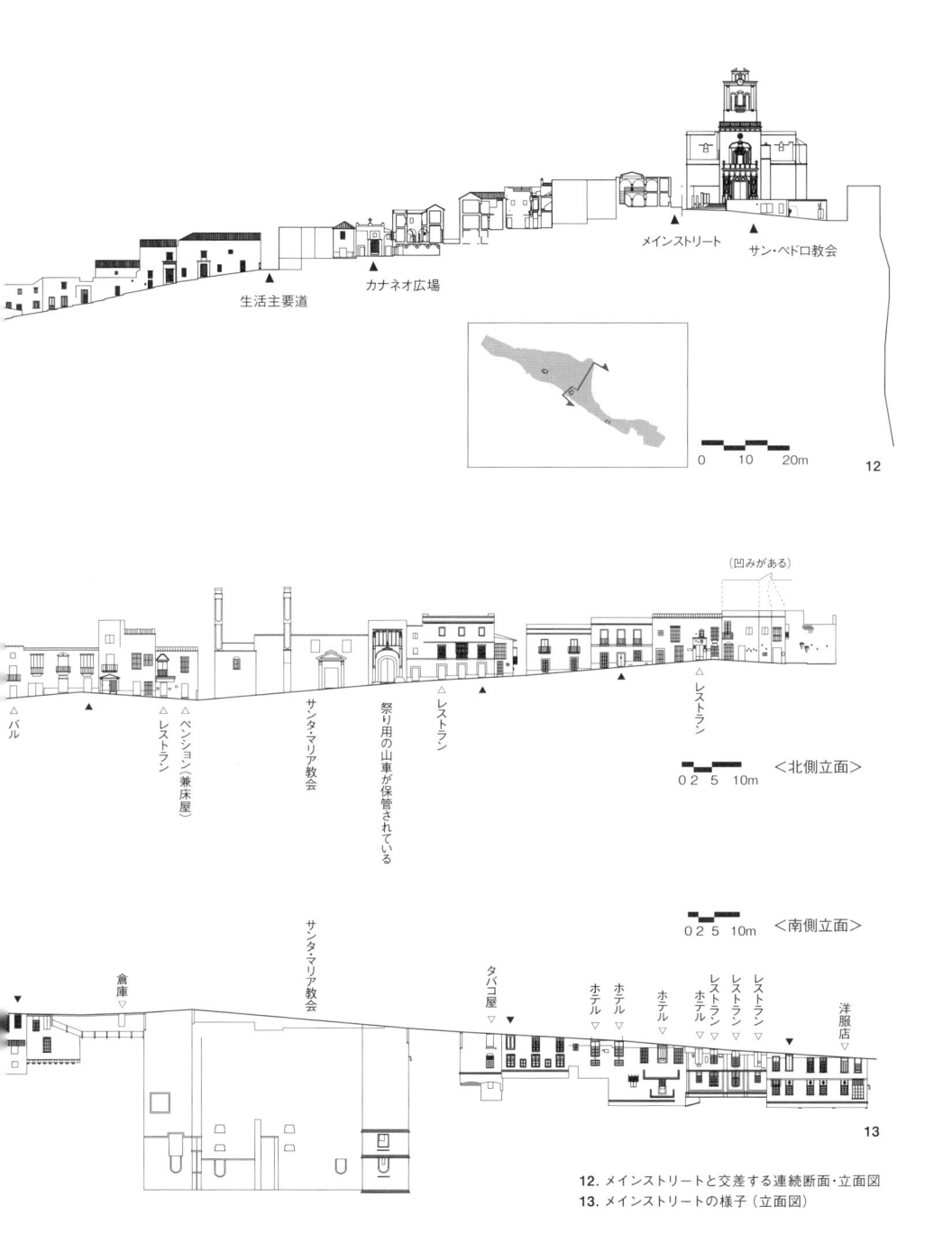

生活主要道　　　カナネオ広場　　　　　　　　　　　　　　　　　メインストリート　サン・ペドロ教会

0　10　20m

12

〈北側立面〉
0 2 5 10m

バル　レストラン　ペンション（兼床屋）　サンタ・マリア教会　祭り用の山車が保管されている　レストラン　レストラン　（凹みがある）

〈南側立面〉
0 2 5 10m

倉庫　サンタ・マリア教会　タバコ屋　ホテル　ホテル　レストラン　レストラン　ホテル　レストラン　洋服店

13

12. メインストリートと交差する連続断面・立面図
13. メインストリートの様子（立面図）

サンタ・マリア地区には、アルコスのシンボルであるサンタ・マリア教会があるほか、教会前のカビルド広場周辺には城や市役所、エンカルナシオン修道院跡などの主要な建物が集まっている。カビルド広場はかつて城塞の中庭であったとされるが、現在は住民が集まって過ごす姿はあまり見られず、普段は駐車場として活用されている◆3。しかし、毎夏、教会を背後にステージが設けられ賑やかなフラメンコの祭りが催される。街の中心を通るメインストリート沿いには、14世紀につくられたゴシック様式のファサードを残すパラシオをはじめ、歴史を物語る建物が数多く残っている(15)。

　サンタ・マリア地区の東に位置するサン・ペドロ地区では、サン・ペドロ教会を中心にそ

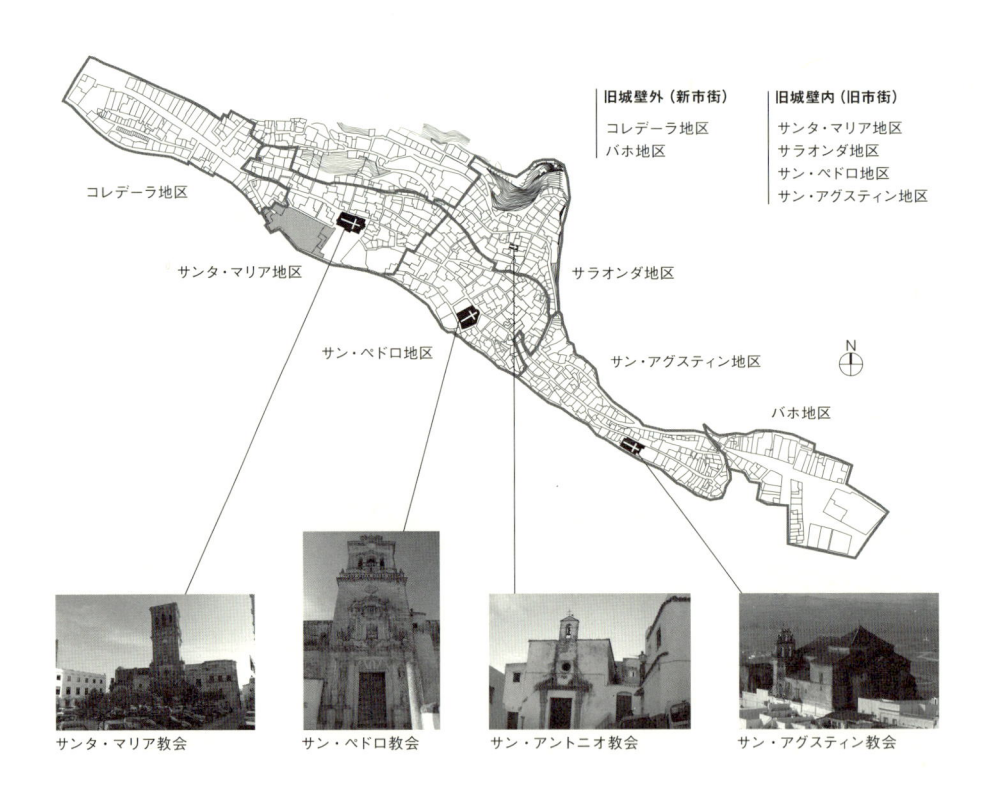

旧城壁外（新市街）
コレデーラ地区
バホ地区

旧城壁内（旧市街）
サンタ・マリア地区
サラオンダ地区
サン・ペドロ地区
サン・アグスティン地区

コレデーラ地区
サンタ・マリア地区
サン・ペドロ地区
サラオンダ地区
サン・アグスティン地区
バホ地区

サンタ・マリア教会　サン・ペドロ教会　サン・アントニオ教会　サン・アグスティン教会

14. 教会と教区

72　　2 アルコス・デ・ラ・フロンテーラ──天空の街

の周囲に歴史的価値の高い建築物やパラシオが集まっている。これらのパラシオは、アルコス・デ・ラ・フロンテーラ市「歴史地区特別保護計画」において、保護対象と定められた文化財である。サン・ペドロ教会は、城塞やマトレラ門と並んで、最高グレードの「特急保護」に指定されている。いる。アルコスの人びとは、この保存規定に従って、可能な範囲で建物の改修を行い、暮らしやすいようにつくり替えながら古い建物に住み続けている。この地区には、カナネオ広場というアルコスには数少ない広場があり、夏にはフラメンコの宴が開催される(16)。比較的傾斜が緩やかな広場の周辺は建物の敷地を広く確保することができるため、1軒ごとの規模が大きい。

15

16

15. 14世紀につくられたゴシック様式のファサード
16. フラメンコの宴が催されるカナネオ広場

中心部から東に向かって下ると、サン・アグスティン地区がある。地区の中心にあるサン・アグスティン教会は、1586年にサン・アグスティン修道院として建設されたものである。尾根道の両脇に険しい崖がすぐひかえ、平坦な部分が非常に狭いため、教会は東西に敷地を延ばすことで内部空間を確保している。周囲の住宅は、細長い短冊状になっているのがひとつの特徴で、中庭のための十分な敷地を確保することが難しい。そのため、住民たちはコラールcorralと呼ばれる裏庭や屋上など、中庭とは別に居心地のよい空間をつくって生活している(17)。

　サラオンダ地区は、旧市街の北側に突き出した位置にある。地区の中心には現在は廃墟となったサン・アントニオ教会があり、かつてサン・ペドロ教会の小聖堂として日曜礼拝のために使用されていた。教会前の傾いた広場に象徴されるように、サラオンダ地区の地形は全体的に北下りの斜面になっている。崖ぎわに建つ住宅では、街路や入口から視線が届きにくい場所に広々とした眺めのよいコラールを確保し、居心地のよい空間として利用している(18)。

住宅地の形成と高密化の仕組み——都市構成3

　市役所が保有している建築空隙部を記した図を見ると、住宅の規模や中庭の広さが場所によって大きく異なっていることがわかる。丘の上のなだらかな場所に教会などの重要施設が建てられたように、パラシオなどの規模の大きな住宅も丘の上に集まっている。一方、北側の急斜面や細い尾根沿いには、短冊のような細長い住宅や小さな住宅が連なっている(19)。

17

17. サン・アグスティン教会とその下の尾根に密集する住宅

18

北側崖付近
北側の急斜面地では細長い敷地の崖側に広い裏庭を設けている

サンタ・マリア教会周辺

細い尾根沿いには短冊状の細長い住宅が連なる

サン・ペドロ教会周辺

マトレラ門周辺

19

18. 広々とした眺めのよいコラール
19. アルコス旧市街の建物空隙図

そもそもアルコスを含む低地アンダルシアには、ラティフンディオが行き渡り、広大な土地を所有しコルティホ（農場）を営む貴族階級と、その土地の運営を任された中間階級としての大借地農、そして彼らの下で働く大勢の日雇い農民が存在した。レコンキスタ後、中世末から16世紀にかけて、ラティフンディオが形成され、それに伴い大量の日雇い農民が集住してアグロタウンをつくったというプロセスは、アルコスでも典型的に進んだと思われる。立派な中庭型の住宅が内部で分割を受け、賃貸されたり分譲され、複数の家族が住む形式へ移行したのも、そのことと関係しているものと想像される。

　住宅の規模や形式、それらの分布等は、この階級的ヒエラルキーと結びついていた。田園に広大な農地をもつ裕福な貴族が高台に広い敷地を確保して大きな邸宅を築き、下級の日雇い農民などの庶民は広い敷地を確保しづらい斜面地にコンパクトな住居を構えた。急斜面や緩斜面、細い尾根や広い高台といったさまざまな地形条件と社会階層が密接な関わりをもっていたのである。

4　街路空間

リズミカルなアルコスのファサード——街並みの構成要素1

　真っ白な壁に、不揃いの窓や扉がまるで楽譜の音符のように高さを変えて並んでいる。可愛い花が咲いた植木鉢が、そのリズムにスタッカートのように彩りを添える。アルコスの街路に見られる建物のファサードは、じつにリズミカルだ。

　急斜面やくねくねと曲がる細い尾根沿いに建物が並ぶアルコスでは、複雑に高低差を利用しながら住宅が高密化しているため、その窓や扉は壁面のさまざまな高さに設けられている。一方、同じアンダルシアでもセビーリャの街路は土地が平坦なため、大きな窓や扉が各建物のほぼ同じ高さに一直線に並んでいる[20]。

白壁の続く街路——街並みの構成要素2

　夏の青い空の下で、白く輝く街並みは、アルコスの最も印象的な光景である。白い壁は、

石材やレンガを積んで壁を築いた後、その表面に石灰と砂を混ぜたものを塗り、さらに再び水で溶いた石灰を塗って仕上げられている。街を歩いていると、住民が自分たちで住宅の外壁を石灰で塗っている場面に遭遇する(21)。彼らは、年中行事のような感覚でこの作業を定期的に行っている。この白い壁は、建材が直接雨風にさらされないための建材保護の役割に加え、地中海性気候の強い日差しを反射して周囲の温度が上がるのを防ぐための実用的な役割を果たしている。また、石灰に含まれる成分には防虫効果もあるため、外壁に限らず住宅内部の壁にも多用されている。

　街のなかにある建物すべてが白いわけでなはい。象徴的な教会や修道院の外壁は、漆喰が塗られることなく、装飾が施された黄土色の石のテクスチャーが、白い街のなかで象徴的にその威厳を示している。パラシオのファサードは、建物全体は漆喰で白く塗られているが、

20
21

20. ふたつの街の街路。セビーリャ(上)とアルコス(下)
21. 外壁に漆喰を塗る住民

入口には、茶色い石の扉口装飾が施されている。これらの茶色のファサードや装飾は、単調な白壁の続く街路の立面にアクセントを与えるとともに、そこが格式の高い特別な場所であることを示している。なお、かつての修道院が部分的に用途を変えて住宅や商業施設として使われている建物の場合、その住宅や商業施設となった部分のみ、壁には漆喰が塗られている(22)。

大小さまざまな扉——街並みの構成要素3

アルコスの扉は、住人や訪問客に加え、家畜や荷車が出入りするところでもあった。パラシオでは、左右それぞれに小さな扉が組み込まれた木製両開きの巨大な扉が使われている。扉が巨大なのは、貴族が乗っていた馬車を中庭まで引き入れるためであった。普段、住人が出入りする際は、高さ2mほどの小さな扉を片方だけ開閉し、大勢の客人を迎えるときは小さな扉を両方開けるというような使い分けをしていた(23)。一般の住宅には、小さな扉が付いていない木製の扉が多く使われている。扉に取り付けられた鉄製の輪は、住宅内部まで家畜を引き入れる十分なスペースがない場合に、荷物の搬出入を行う間、家畜を扉の前でつなぎとめるために使われていた。現在でもロバやポニーが鉄の輪につながれている光景を目にすることがあるが、今では、呼び鈴代わりに輪で扉をたたく使い方がポピュラーのようである(24)。

外部への意識と窓——街並みの構成要素4

アルコスで見られる窓の形は、埋め込み窓、出窓、バルコニーの3つに分類できる。開口部に鉄格子がはめ込まれ、内側にガラス窓が取り付けられているのが埋め込み窓である。出窓やバルコニー、格子に装飾が施されたり、その上下にモールディング（帯状の装飾部材）がつくられていたりと、人の目を意識したデザインが施されている。メインストリートのような賑やかな通りには、大きく飾られた窓が並び、一歩奥に入った裏通りでは、小さな埋め込み窓がぽつりぽつりと並んでおり、その違いがはっきりと表されている(25)。

建物の集合住宅化は、ファサードにも変化をもたらした。血縁者だけで暮らしていたと

22. 住居や商店になって壁を白く塗られた元修道院
23. 小さな扉のあるパラシオの木製扉
24. かつて家畜をつなぎとめていた鉄の輪が取り付けられた扉

きは、中庭を家族のプライベート空間として利用することができた。しかし、集合住宅化に伴って中庭を利用しづらい、あるいはプライバシーを保ちにくくなってくると、彼らはその機能をバルコニーに求めるようになった。街路から視線が届かない高さに大きな開口部を設け、植物を育てたり、人びとの往来を眺めながらくつろぐのである〈26〉。

アーチの演出効果──演出的な街路空間1

アルコスの旧市街内には、路上に合計23個のアーチが架かっている。

連続して並ぶアーチは、街を歩く者の目を楽しませてくれる。サンタ・マリア教会東側の

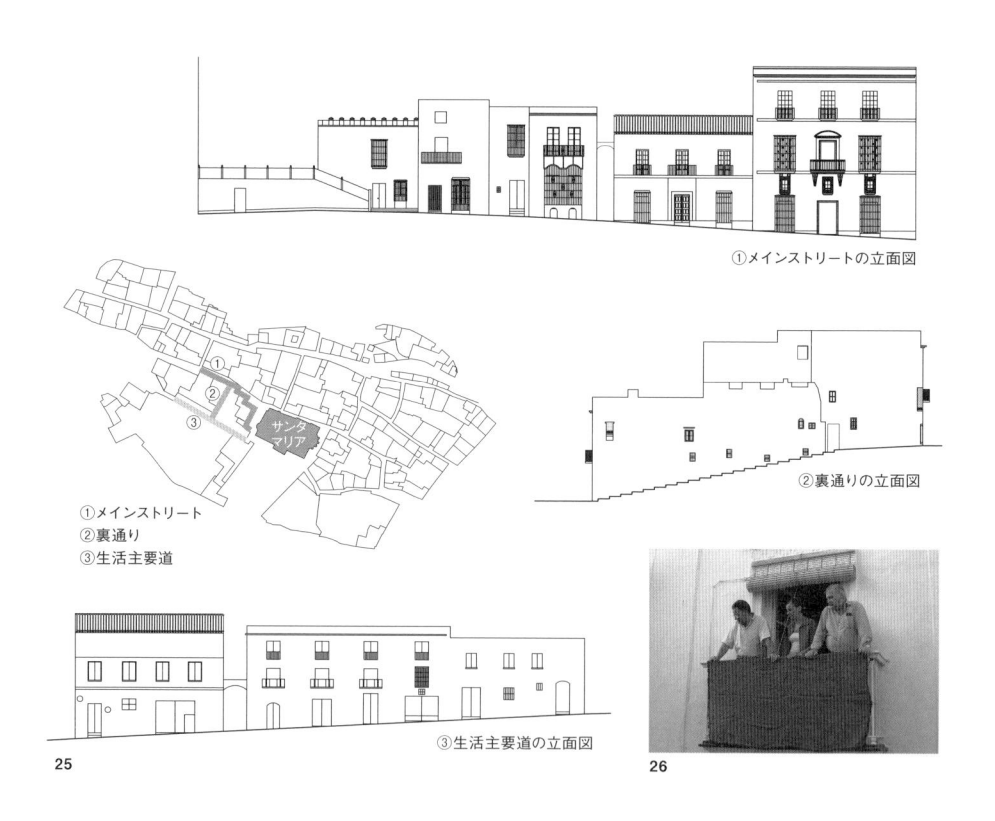

①メインストリートの立面図

①メインストリート
②裏通り
③生活主要道

②裏通りの立面図

③生活主要道の立面図

25
26

25. 通りごとに見る窓の違い
26. バルコニーから通りを眺める住民

細い通りには連続してアーチが３つ架かっている。教会の鐘楼がアーチによって見え隠れしながら徐々にその姿を現すシークエンスの変化は、歩く者の好奇心をくすぐる〈27〉。クナ通りに連続して架かる三葉アーチとふたつの半円アーチは、幅も高さもバラバラで、一見無造作につくられているように思えるが、坂の下から見上げると３つのアーチの軸がピッタリと重なり合う。かつての職人たちは、アーチがより美しく見えるように歩く人の視線を考慮して造ったのだろう〈28.29〉。

　アーチはときに額縁となって風景を切り取る。細い路地に架けられたアーチは、はるか遠くまで広がる田園を切り取り、そこから見える景色をまるで風景画のように演出する〈30〉。

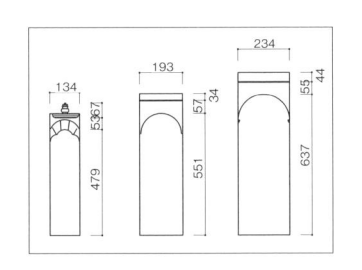

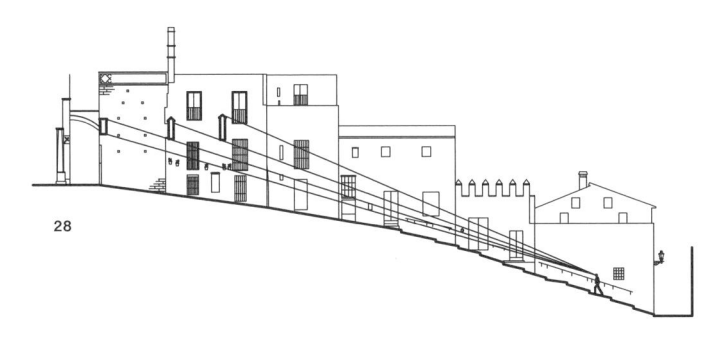

27. 鐘楼を見え隠れさせる連続的なアーチ
28. クナ通りのアーチ実測図
29. ピッタリ連なる３つのアーチ

街角の柱——演出的な街路空間 2

　街角でささやかに存在を主張する石柱にも注目したい。コリント式の柱頭が付いた柱からシンプルな石の角材も含めて、旧市街で建物の角に取り付けられた石柱は約80本ある。

　地元の歴史家ペレス氏や市役所の建築課によると、この石の柱が建物の角に付けられるようになった理由は、農具や収穫物を運ぶ荷車の車輪（の突起部分）が建物の角に当たって削り取ってしまうのを防ぐためだという。万が一ぶつかっても壁が破損しないように、ローマ時代の遺跡から発掘した硬い石の柱が補強材として建物の角に取り付けられた(31)。

5　歴史の重なりが生んだ住空間

パティオを囲む住空間——住宅の空間構成 1

　アルコスの住宅は、貴族の館であったパラシオから庶民の住宅まで、一般にパティオと呼ばれる中庭を中心としてその周りを居室で取り囲む形式になっている。16～17世紀に建てられた建物が何棟も確認でき、古くは14世紀に遡るものもある。中世の壁を受け継ぎながら、後の時代に再構成を繰り返してきたものと思われる。どの住宅もその場に応じた空間的特徴が見られ、社会的ニーズや変化に応じて住空間を変容させていることが窺える。長い歴史のなかで蓄積された人びとの生活の知恵が空間構成に現れている。

　街路からパティオへは、サグアン zaguán と呼ばれる玄関ホールを通り、パティオから各居室へとアクセスする。そのため、パティオは住宅のなかで最も重要な位置を占める。採光や換気、貯水槽としての役割を果たすエコロジカルな環境装置にもなっており、伝統的な瓦葺きの切妻屋根でも、近年増えた陸屋根でも、そこに降った雨はパティオに落ち、その下にある巨大な貯水槽へと貴重な水が集まる仕組みとなっている。植栽やタイルで彩られたパティオは、素朴で美しく、空に向かって開かれているため、心地よい開放感を感じさせる。多くの住宅のパティオは、土を露出させず舗装されていることが多い。植物は鉢植えに植えられており、住民は毎日熱心に、貯水槽に溜まった水などを使って鉢植えに水やりをしている(32)。

30. 田園風景を切り取る額縁のようなアーチ
31. 街角をささやかに飾る石の柱
32. 貯水槽と洗濯桶

中庭を囲む居室の配置──住宅の空間構成 2

　中庭と居室の位置関係を見ると、アルコスの中庭型住宅の構成は、おおまかに「ロの字型」「コの字型」のふたつに分けられる。ロの字型は、中庭を囲む 4 面が居室で構成されるもので、敷地の大きな住宅、階層の高い住宅によく見られる。中庭型住宅として最もバランスがよく理想的なタイプである。しかし、密集した住宅地では、4 面に居室が取れないことも多く、その場合には、中庭の 3 面を居室、1 面を壁で囲うコの字型が採用される。街区の大きさや立地条件から街路に対して敷地が縦長になることも多く、この基本的構成にプラスアルファの居室が付加された構成を取る場合もある(33)。

　居室の配列は、中庭から居間へ入り、居間の奥に寝室がある。レコンキスタ後、アラブ的な大家族居住から小家族へと変化したことにより、集合住宅化が進み、中庭が半公共空間化したことで、寝るという最も私的な行為を奥にしまおうとする意識が生まれたのであろう。

　アンダルシア州の北東部、ムルシア州にあるシエサ Cieza という街に、13 世紀の住宅群の遺跡がある。シエサの住宅はアルコスと同じく、各居室が中庭を囲む形式としているが、居間の両隅に、小さなパーティションで仕切られた寝室がある。アルコスに比べて、寝室の独立性は低く、居間と寝室は空間的に同じ部屋の中にある。イスラーム諸国の中庭型住宅では、1 室で食事、睡眠といったさまざまな行為に対応できる多機能空間となっている。シエサは 13 世紀にレコンキスタを迎えた後、キリスト教圏に入ったが、住民は他の場所に移り、都市は廃墟となった。そのため、シエサの遺跡には、13 世紀のスペインに存在していたアラブ都市の様子が見て取れる。こうしたことから、イスラーム支配時代には、すぐ近くのアンダルシアにも、アラブ・イスラーム世界に見られるような多機能型居室と似た形式が中庭を囲んで存在していたことが想像される(★コラム「シエサの遺跡」参照)。

中庭をめぐる柱廊と階段の系譜──住宅の空間構成 3

　中庭はさまざまなかたちで演出され、パラシオや比較的規模の大きな住宅のパティオには、アーチの連なる柱廊がめぐる。それは、中庭を美しく飾ると同時に中間領域を生み出し、

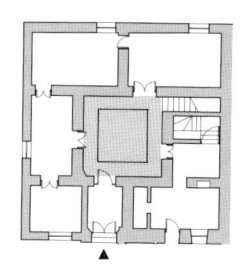

理想的な「ロの字型」の中庭型住宅

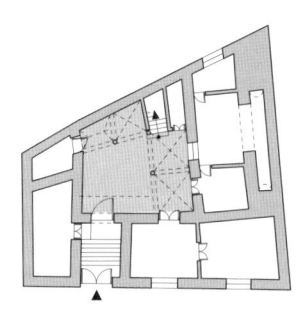

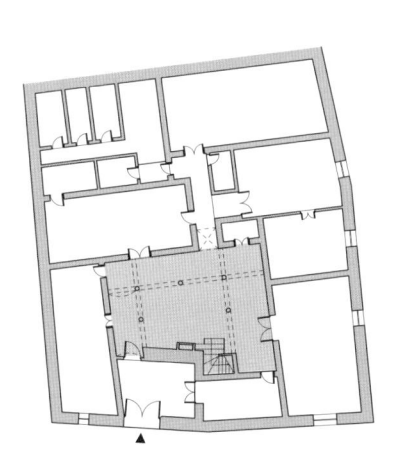

「コの字型」の中庭型住宅

「ロの字型＋1」の中庭型住宅
敷地に余裕があるため、敷地の奥に
さらに1列居室がめぐっている。

33. 中庭型住宅のタイプ

85

居室をより快適な空間へと導く。反対に、住宅の規模が小さくなるにつれ、限られた敷地の中で居室部分の確保が優先されるため、柱廊が見られなくなる。

　柱廊のめぐり方を分類すると、柱廊の上を通路状のギャラリーとするもの、2層目にも連続アーチで飾られた屋根付きギャラリーを配するもの、さらには、その2層目のギャラリーにガラス窓を入れて室内化した比較的新しいものが挙げられる。このような手法を用いることで中庭は、視覚的にも機能的にも演出される (34.35)。

　このような柱廊がある場合、上層へ上がる階段は柱廊の下やその奥に引き込まれた位置にあることが多い。この階段の配置に注目すると、内階段と外階段のふたつに分けられる。内階段は、建物内部に階段が入りこむため、比較的、敷地に余裕のある大規模な住宅でよく用いられる。中庭の造形的な演出効果を高めるように入口正面に置かれたり、1階の居間から2階にある寝室へ向かうなど、プライベート性が高い場合には、入口からの視線が届かない位置に置かれるといった工夫がなされたりする (36)。

　外階段は、庶民の住宅に多く見られ、中庭の隅に置かれる。中庭に外階段が置かれることは地中海ではごく自然な発想であり、居室部分をできるだけ確保する面でも、階段を中庭に張り出すのは理にかなっている (37)。大家族がひとつの建物に住んでいたころはひとつで十分であった階段も、集合住宅化が進むなかで、2階に住む各家族専用の階段として、ふたつの外階段が置かれることもある。

　このようにアルコスでは、アラブ・イスラーム都市の住宅を基層に、社会の要請や暮らしの変化に応じて、さまざまなバリエーションを生み出し、中庭を中心とする豊かな居住文化を継承、発展させてきた。

異なる中庭の形態とその役割――住宅の空間構成 4

　同じ中庭を囲む住宅であっても、地区や地形などの諸条件によって中庭の形態や中庭に求められる機能・役割が異なる。

　大規模な住宅やパラシオでは、中庭の大きさを十分に確保しながら正方形に近い整形を取り、居室を四周に配し、さらに柱廊で飾ることにより、中庭をより象徴的な空間へと演

34. 2層に渡って架けられるアーチ
35. 室内化された2階のギャラリー
36. 中庭の隅にある内階段
37. 外階段のめぐる中庭

出する。一方、庶民の住宅においては、敷地が小さくても中庭を取ろうとするが、居室部分の確保が先決であるため、その規模は小さくなり、敷地の条件に制約され、形にこだわらなくなる。これらの違いは、街の中心部と周縁部という地区や、平坦地と斜面地という地形、そして過去の社会階層の違いを反映している。

　かつて農業を経済基盤としていたアルコスには、アンダルシアのアグロタウンに共通した社会階層ごとに住み分ける都市構造が見られる◆4。街の中心部であるサンタ・マリア地区やサン・ペドロ地区の主要な通り沿いに教会、修道院や商店などの施設が集まり、パラシオも教会の周りを囲むように分布している(38)。

　比較的傾斜の緩やかな街の中心部には、整形で格の高い中庭をもつパラシオや大規模な邸宅に上流階級が居住したのに対して、街の周縁部などでは、通路のように細長い中庭や、大きさの異なるふたつの中庭が融合したような不整形な中庭をもつ住宅が見られ、最小限の機能があれば用を満たした日雇い農民などの庶民層の暮らしが窺える。街の周縁部にある短冊状の敷地割のなされた崖地に建つ住宅では、通路のような中庭よりも、その奥に位置するコラールの方が広く使い勝手がよいため、オレンジやレモンの木を植えたり、洗濯物を干したりと多機能空間として利用される場合も多い。このように都市構造と立地条件、人びとの社会階層と暮らしに適合した個性豊かな戸外を囲む住空間が形成されているのである(39.40)。

サービス空間──住宅の空間構成 5

　アグロタウンであるアルコスでは、農業に不可欠な家畜や農機具を収納するためのサービス空間が多くの住宅に存在していた。サービス空間の配置は大きく3つに分類することができる。まず、パティオを通過して奥の部屋やコラールをサービス空間として利用するタイプが挙げられる。庶民の住宅で見られ、家畜の姿は見られないが現在でも飼葉桶が残っている家がある。ふたつ目に、サグアンの横に小さな部屋を設けるタイプがある。不衛生なものをパティオなどの生活空間に持ち込まないための工夫がなされている。3つ目に、サービス空間と生活空間の入口を明確に使い分けるタイプが挙げられる。このタイプは、大規

パラシオ
一般住宅(パティオあり)
一般住宅(パティオなし)

柱廊
中庭

38. パラシオ分布図
39. 周縁部にある住宅の中庭（上）と街の中心部にある住宅の中庭（下）
40. コラールに植えられたオレンジの木

89

模な住宅で見られ、直接農作業に関わることの少ない大土地所有者などがそこに住んでいたことを想像すると、この構成は理にかなっていたといえる。斜面を巧みに利用し上下で空間を分節するなど、生活の質を向上させる方法には、限られた斜面都市の中で培われてきた人びとの暮らしの知恵が感じ取れる⟨41⟩。

1960年代に入って車が普及し始めると、移動手段であった馬が人びとの生活から姿を消した。これに伴い、サービス空間は現在、さまざまに利活用されている。例えば、生活空間とは別に入口が設けられている建物では、かつて馬小屋であった空間がバル（庶民的な喫茶店・居酒屋）として利用され、人びとの憩いの場となっている⟨42-44⟩。

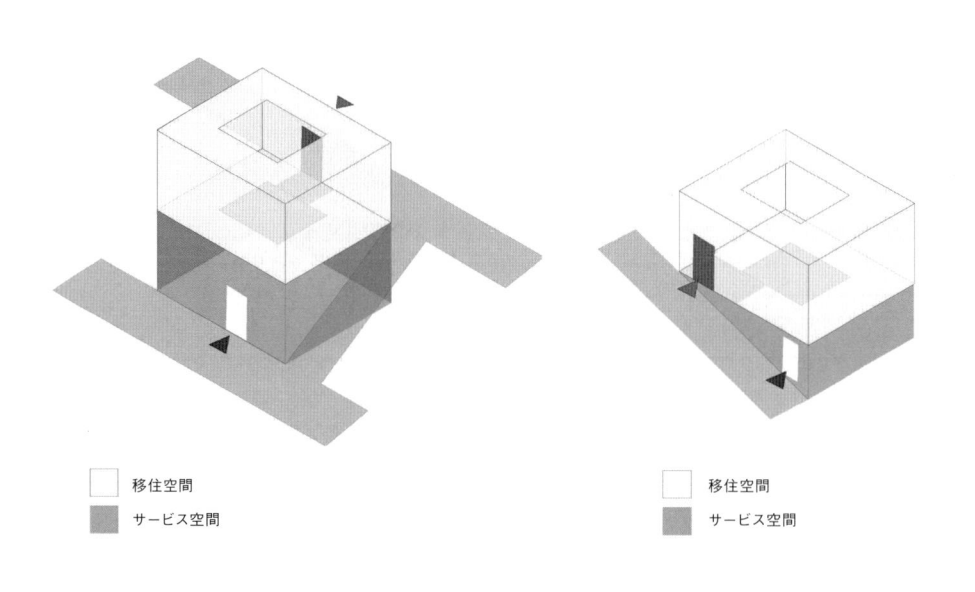

41. 入口の使い分け説明図

42　　　　カナネオ広場　　　　　　　　　　馬小屋　→　バル

43

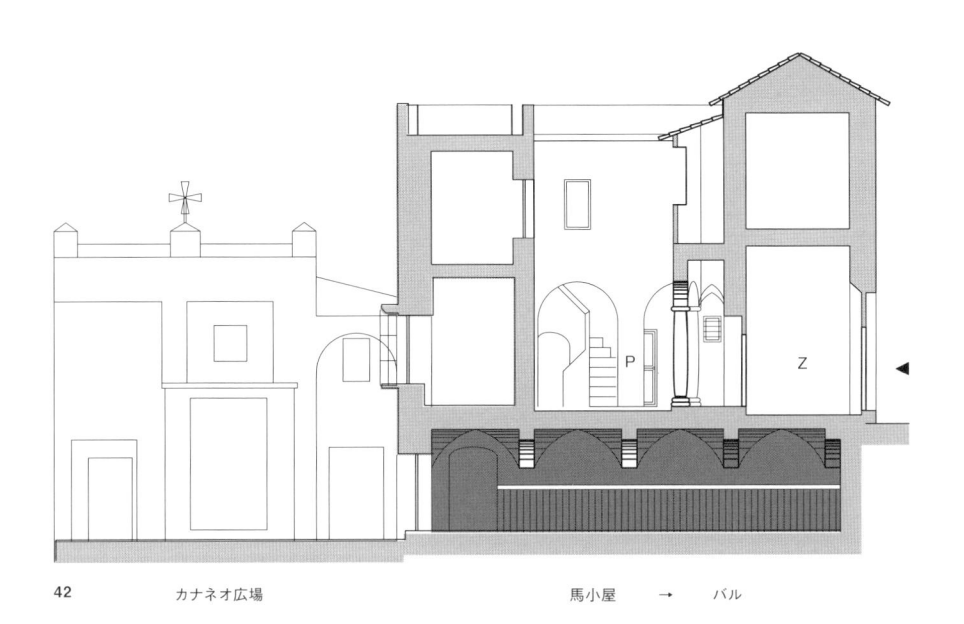

44

42. カナネオ広場に面する住宅の断面図
43. 街路からバルの入口を見る
44. バルの様子

COLUMN
シエサの遺跡

　ムルシア州シエサの中心から離れた山の斜面にアラブ支配時代の小さな都市の遺跡がある。この遺跡は、スペインでアラブ支配時代の状態を保っているものとして貴重で、発掘調査に基づいてつくられた平面図があり、アラブ都市との比較という視点で今日のスペインの都市・住宅を見るときに欠かすことができない(1)。
　一般にアラブ的な都市の特徴として、迷宮的な街路空間、袋小路などが挙げられる。細部に目を配ると、互いのプライバシーを尊重した空間構成となっており、係争を防ぐさまざまなルールがイスラーム法による街づくりガイドラインにより定められ、都市居住環境に大きな影響を与えている。袋小路は、アラブ・イスラーム都市に特徴的な要素のひとつであり、街路の末端に位置するため、公共性が低く、生活領域の導入路として住宅の入口が多く取られる。シエサでも、大きな家ほど袋小路からアプローチを取り、南の通り沿いには小さな家が並んでいることが、遺跡の復元された平面図から読み取れる(2)。袋小路の距離が長くなるほど街路の喧騒から離れることができ、安定した住空間が得られ、プライバシーを重んじるイスラーム法にかなったものといえる。アラブ・イスラーム都市では、格の高い住宅ほど袋小路の奥にエントランスを設けることが多いが、アルコスでは袋小路に大きな家が配置されることは少ない。反対にアルコスでは、袋小路を中庭的な共有空間として利用するような小さな住宅が面することが多い。シエサの遺跡で見られる住宅は、中庭型住宅

1. 上空から見たシエサ [出典：J. NAVARRO (ED.), *CASAS Y PALACIOS DE AL-ANDALUS*, 1995.]

3. シエサの住宅平面図

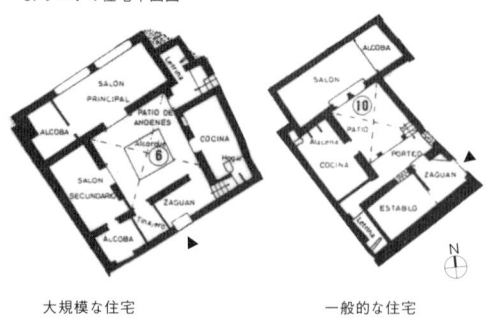

大規模な住宅　　　一般的な住宅

である。居室は基本的にサロン salón（居間兼応接間）、寝室 alcoba、台所 cocina、サグアン zaguán（玄関ホール）、馬小屋 establo で構成されている。規模の大きな家ではサロンがふたつになることもあり、逆に小さな家では寝室が省略され、サロンと寝室が兼用されていたことが推測される。シエサで、比較的大きな住宅のプランを見ると、サロンの隅に寝室が付属していることが多く、サロンと寝室の間には間仕切り程度の壁で仕切られている。小さな住宅から大きな住宅になるにつれ、多目的な機能をもったサロンからプライベートな寝室が別に取られるようになることは、一般的な発展過程におさめることができる。次に街路からパティオまでのプランを見るとき、サグアンの有無やその形態がひとつの視点となる。アプローチの動線は、クランク、斜め、直線の3タイプに分けられ、いかにして外からの視線を遮っていたかがわかる。規模の大きな家にはサグアンが付いており、パティオまでの動線が奥まで引き込まれ、街路からパティオが見通せないようになっていることがわかる。また、馬小屋をもつ場合は必ずといっていいほど、エントランス付近に設置され、中庭の居住環境の質を高めている(3)。

　袋小路の奥に大きな住宅が立地し、さらにプライベート性の高いパティオを外の視線から守るように引き込まれたサグアンの形態など、シエサの遺跡はアルコスよりも、アラブ・イスラーム世界との共通点が多く見られる。(早坂有希子)

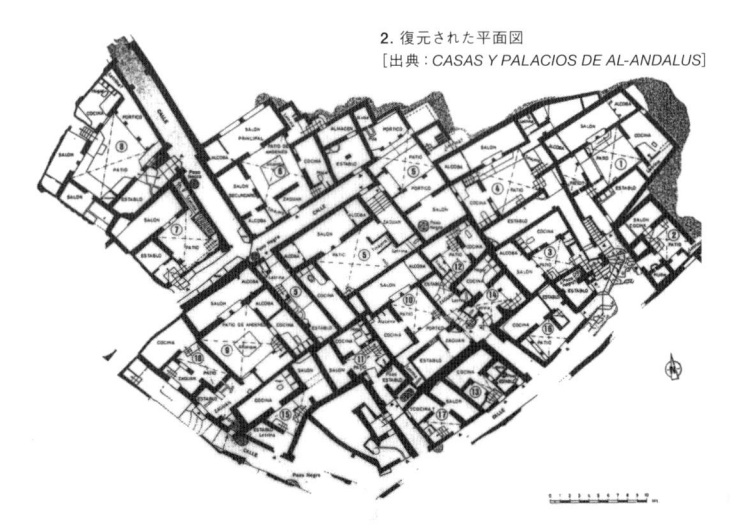

2. 復元された平面図
[出典：*CASAS Y PALACIOS DE AL-ANDALUS*]

柱とアーチ——中庭の構成要素 1

　格式の高いパラシオや規模の大きな住宅の中庭には、柱とアーチで構成された柱廊がめぐっている。柱の多くは円柱型の石の柱で、近郊の遺跡から発掘された柱が転用されていることも多い。

　現在は市役所文化部となっているかつてのパラシオの中庭には、アルコスから5km離れたカシナスCasinasというローマ遺跡から発掘された柱が転用されている。この柱はすべてひとつの建物の遺跡から採られているため、同じ形で揃っている。遺跡から柱を運搬させる財力があった家では、このように中庭の美を追求することができた(45)。

　柱と柱の間に架けられたアーチは家によってさまざまで、最もシンプルな半円アーチをはじめ、イスラーム建築の影響を示す馬蹄形や上心半円アーチも多く見られる。アルコスで最も特徴的なのは、隅柱を省略したアーチで、角に柱を立てないため、中庭の空間を広く有効に使うことができる(46)。

中庭の壁とタイル——中庭の構成要素 2

　アルコスの住宅において、中庭を囲む壁は漆喰で白く塗られただけであることが多いが、床から腰の高さまでをきれいなタイルで飾っている家も少なくない。前出の歴史家ペレス・レゴルダン氏によると、もともとタイルは「AVE MARIA」の文字や肖像画などの信仰対象を飾るための目的で用いられていた。しかし、1970年代になって、青や茶を基調としたデザインが施された安価なタイルが、中庭を装飾する用途でロンダから流通するようになったという。

　中庭の壁は、植栽への水撒きや雨の跳ね返りによって汚れやすく、湿気を吸って痛みやすい。これらを防止する目的や、掃除をしやすいという理由から腰壁タイルが広く普及するようになった(47)。

　機能と装飾性を兼ね備えた腰壁タイルは、近年ますます好んで使われるようになっている。建設年代が古い住宅で見かけることはあまりないが、比較的新しく建てられた住宅や改築された住宅ではよく見られる。建物の所有者が1家族で、その他非血縁家族が間借りして

45
46 47

45. ローマ遺跡の柱が転用されている市役所文化部
46. 隅柱を省略したアクロバティックなアーチ
47. タイルで飾られた中庭

住んでいる場合は、柱の周囲や階段、2階のテラスに至るまで同じ絵柄の腰壁タイルで飾られる。一方、非血縁の家族で住んでいる場合、異なるデザインのタイルが張られ、タイルによる装飾が所有の境界を示しているのは興味深い〈48〉。

水の確保と貯水槽──中庭の構成要素3

　アルコスの中庭は、雨水を集める貯水槽の役割を担っている。中庭を囲む勾配屋根によって雨水が中庭に集められ、その水は地下に掘られた貯水槽に溜められる。かつてはその水を汲み上げて洗濯や炊事などに利用していた。現在では、頻繁に使われる機会はなくなってしまったものの、今でも植木への水遣り用などに貯水槽の水は活用されている〈49〉。

　旧市街の東側、サラオンダ地区の住宅（★ p.160 参照）では機能的な雨水処理の仕組みをよく観察することができる。まず雨が降ると、水は屋根を伝って中庭へ集まる。中庭は、石やコンクリート、セラミックタイルといった水が浸透しない材質で舗装され、中央に向かって緩い勾配がついている。中央には穴が開いており、雨水はその下にある貯水槽へと集められる。貯水槽に通じる穴には蓋がついており、屋根に溜まった埃や大気の汚れを含む降り始めの雨が貯水槽に流れないよう、蓋を閉めることができる。時間を少しおいて雨水がきれいになったら、蓋を取り外して雨水を貯水槽へ集める。貯水槽の水を使いたいときは、滑車を使ってバケツに汲み上げることができる〈50〉。

　かつて職人は闇の中で小さなハンマーやのみなどの道具で、石のかけらなど取り除きながら貯水槽を掘り進んだ。その際に掘り出された石は、住宅の土台を建設するのに使用されたと思われる。掘りやすい場所では、木のくさびを使い石に切り込みを入れ、四角い石の塊を採ることができた。採掘した石材を運び賃なしに供給できるこの石材は、アルコスの人びとにとって貴重な資源だったであろう。

　1700年代に建設されたあるパラシオには、1752年につくられた古い貯水槽が残されている。現在、雨水を集める貯水槽としての機能はなく、水を汲み上げるための穴からはしごを使って円筒形の部分を下りていくと、スカート状に筒幅が広くなっている。貯水槽の底面は、ヴォールト天井をもつ小さな廊下で隣の楕円柱の空間とつながっており、その天井には

48
49

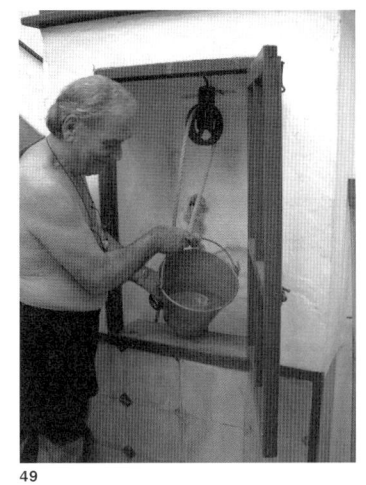

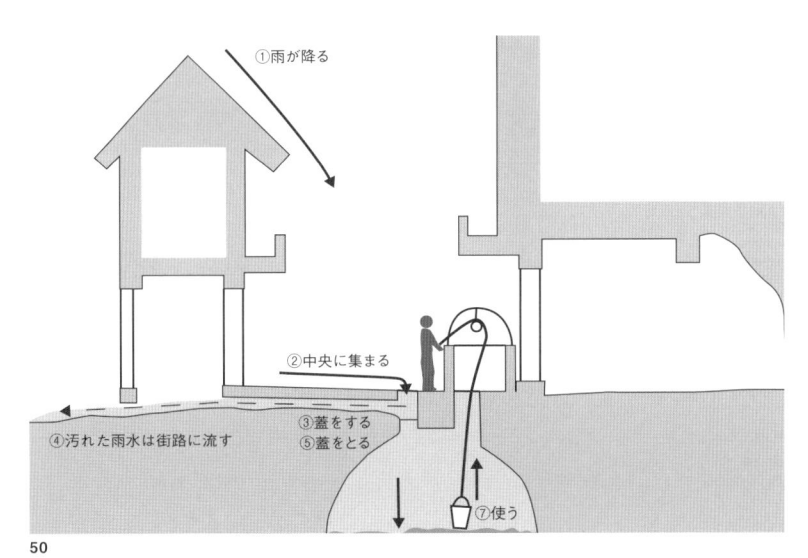

①雨が降る
②中央に集まる
③蓋をする
⑤蓋をとる
④汚れた雨水は街路に流す
⑦使う

50

48. 所有の違いを示す異なるタイルのデザイン
49. 貯水槽の水を使用する住民
50. 中庭の仕組みの一例

屋根や中庭から集められた雨水を取り込む小さな吸い込み口が開いている(51)。この貯水槽では約25m³の水を貯めていたが、おそらくこの家に住む家族の1年分を賄うことはできなかったと推測される。雨期には自動的に屋根や中庭から雨水が集められ、残りの生活に必要な水はロバの背にくくられた樽や家畜に引かせた荷車によって街の外にある水場から運ばれたのだろう。

中庭のプライバシーを保つ工夫――斜面を生かした中庭型住宅

　通常、中庭型住宅では中庭と居室の行き来がしやすいように、同じ階で高低差が生じることは好まれないが、斜面に建つ以上、どこかで高低差を克服しなければならない。斜面が生み出す高低差は中庭を囲む住宅にとって不利な条件である。しかし、それは長いアルコスの歴史のなかでハンデではなく、むしろ生活の質を向上させる手段として有効に活用されてきた(52)。

　例えば、メインストリート沿いに建つアルコス最古のパラシオでは、上り斜面の敷地に合わせて入口から中庭まで階段が設けられている（★p.142参照）。入口を入って階段を上りきり、右へ進むと静かな中庭が広がっている。高低差を生かして、人通りの多いメインストリートから中庭を離すとともに、さらに中庭までのアプローチをクランク（鍵型に曲げる）させることによって外からの視線を遮っている。メインストリートを挟んだその反対側の家でも、中庭がメインストリートよりも高い位置につくられており、入口から階段を上ってアクセスするように設計されている（★p.134参照）。本来であれば下り斜面に建っているため、入口よりも中庭は低い位置につくられるところを、逆に半階層分持ち上げたことで街路の喧騒を遠ざけるとともに、中庭に光がたくさん射し込むようになっている。

　サン・ペドロ地区の広場と路地に挟まれた3層の建物では、東側の広場と西側の路地に1層分の高低差があり、それぞれに別々の入口がつくられている。1階の入口は広場側にあり、居住空間のある2階以上への入口は反対の街路側に設けられている。広場に面した1階は現在、バルとなっているが、もとは個人が所有する馬小屋（兼倉庫）だった。多くの住民が田園に働きに出ていたころ、どの家にも必ず農耕に必要な道具や家畜を保有しておくための

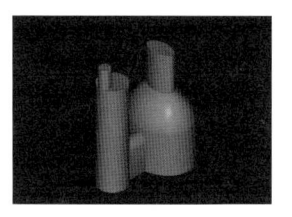

51. 18世紀の貯水槽とCGによる容積図
[CG：GIORGIO GIANIGHIAN]
52. 斜面に建つ住宅の生活イメージ [作図：半田恵子]

スペースがあった。この馬小屋は使用頻度が高いので利用しやすい場所に設ける必要があるが、中庭や居室空間からは離したい。そこで高低差を利用して入口を別々に設けることで、限られた空間の中での快適性を実現したのである(53)。

　農業が主な職業ではなくなり馬小屋の必要性が薄れた現在でも、高低差を利用して入口を分けた空間構成は生かされている。馬小屋はバルとして使われるようになり、不特定の人間が出入りするようになったが、バルの入口と住空間の入口は完全に分離されているため、一定の安全を保つことができる。また、馬小屋は馬やロバが入るように天井を高くつくられているため、店舗などの公共空間に転用しやすかった。観光客が増えたこともあり、馬小屋が土産物屋に転用された例も見られる(54)。

6 都市と住宅の接続法

迷宮の中のパラダイス
　都市と住宅を結ぶ空間とその手法にアルコスにおける歴史の重層性が特徴的に表れている。アラブ・イスラーム世界では、家族のプライバシーを守るため、私的な住空間を外部からできる限り隠し、遠ざけようとする傾向がある。そのひとつの解決法として、安全で落ち着いた住空間をよそ者の侵入しにくい迷宮状の都市空間の奥、袋小路に配置する方法がある。また、中庭型住宅は、外界の視線から家族の私的空間を守るのにじつに都合がよく、密集した都市において囲いの中に楽園を創出するためのひとつの解決策となっている。アルコスでは、アラブの中庭文化を引き継ぎながらも、異なる文化の混沌の中で公と私を結ぶアプローチ空間は変化を遂げ、さまざまな工夫が凝らされている。

アプローチ空間の分類――アルコスのアプローチ空間 1
　白壁の続く街路を歩いていると、植栽で彩られたパティオや石造の柱廊がダイナミックにめぐるパティオが顔をのぞかせる。また、戸口と中庭がまっすぐに結ばれる場合、明かりがなく暗いサグアンを通して見る中庭は、切り取られた1枚の絵のような表情を見せる。サグ

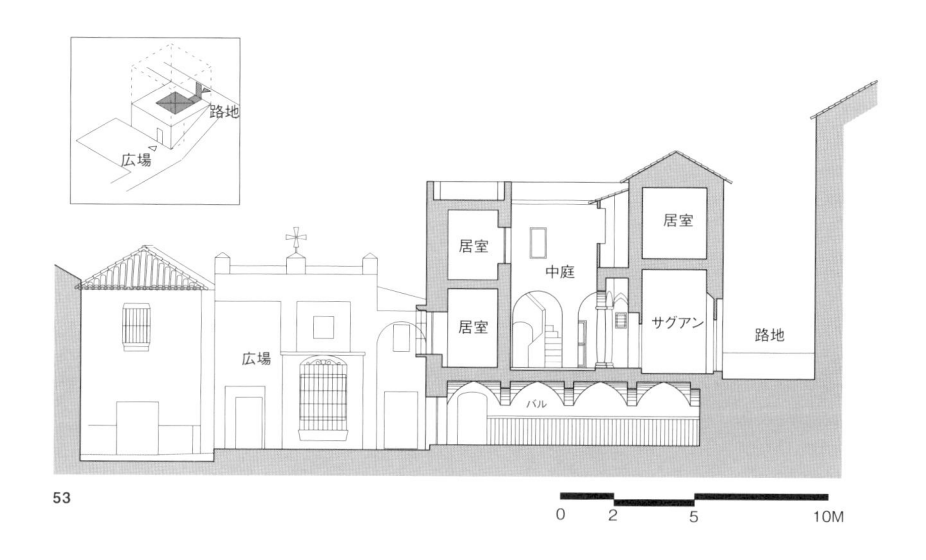

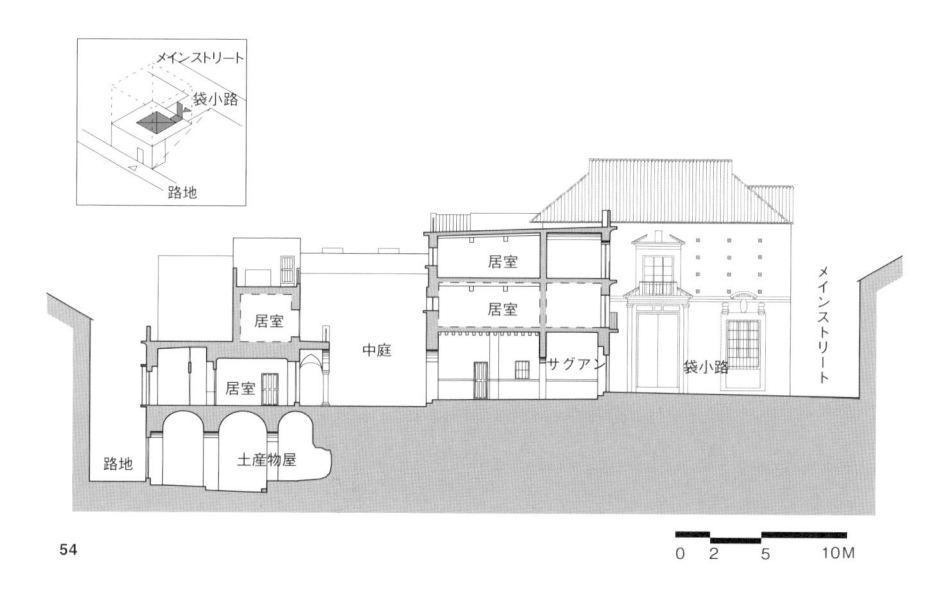

53. 馬小屋をバルに転用した住宅を含む連続断面図
54. 馬小屋を土産物屋に転用した住宅を含む連続断面図

アンは、街路と中庭をつなぐ緩衝材の役割に加え、中庭を演出する効果ももち合わせている。

アルコスの中庭型住宅は、街路に面した扉を開けると、サグアンと呼ばれる玄関ホールがあり、その先に中庭が設けられているのが一般的である。アルコスのアプローチ空間は、アラブ・イスラーム文化の影響を強く受けながら、斜面という立地特性をおりまぜ、高度に発達した。その形態を分類すると、入口・サグアン・中庭を結ぶアプローチの平面構成は、「直線タイプ」「斜めタイプ」「クランクタイプ」の大きく3つに分けられる。戸口から中庭へとまっすぐアプローチすることを避け、斜めに動線をふる「斜めタイプ」や鍵型に折り曲げる「クランクタイプ」、また、中庭の隅から柱廊の下に出る手法には、イスラーム支配時代の文化の影響が感じられる。この平面的なタイプに、上下方向の「階段タイプ」が組み合わさる。これは、街路とパティオのレベルが異なる場合、その高低差を調整するためにサグアンが階段状になっているものである。また、サグアンの形態も四角形に近いものから、トンネルのように細長い長方形タイプ、サグアンをふたつ重ねるタイプと、多種多様な組み合わせを見ることができる (55)。

変化を見せる公と私の境界——アルコスのアプローチ空間 2

アプローチ空間の構成手法には、時代背景によって大きな変化が見られる。クランクタイプや、中庭の隅から柱廊の下に出るようなタイプは、アラブの住宅のように外に対して閉鎖的なつくりになっている。そのため、アラブ・イスラーム文化の影響を受けた比較的古い時代の形式だと考えられる。

しかし、次の3つの背景から、街路に対して閉鎖的だったアプローチ空間は、徐々に開放的な構成へと変化していったと考えられる。ひとつ目に、集合住宅化が進むにつれ、半ば公的となった共有の中庭を隠す必要性が薄くなったこと。ふたつ目に、住空間を美しく心地よい空間にしたいという住民の意識が強まり、さらに社会的地位や富の証として飾り立てた中庭を街路に向けて見せたいという意識が形成されたこと。これは古代都市ポンペイやルネサンス・バロック時代のイタリア都市の邸宅にも共通して見られる発想である。3つ目は15～16世紀、キリスト教徒による宗教的異端迫害が続く状況下では、あたかも内部を

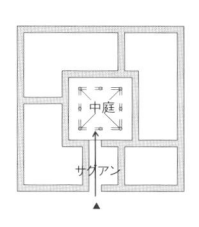

＜直線タイプ＞
中庭までまっすぐにアプローチするため、
街路から中庭の様子がはっきりと見える

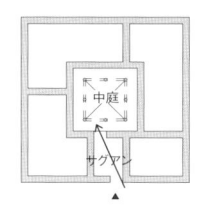

＜斜めタイプ＞
中庭側の扉と街路側の扉の位置をずらしているため、
街路から中庭ははちらりとしか見えない

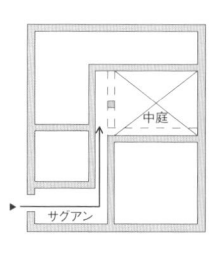

＜クランクタイプ＞
入口を鍵型に曲げているため、
外から中庭の様子はうかがい知れない

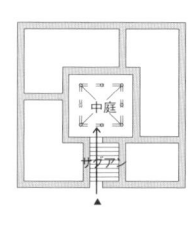

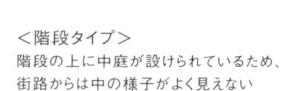

＜階段タイプ＞
階段の上に中庭が設けられているため、
街路からは中の様子がよく見えない

55. アプローチ空間のタイプ分類

隠すかのようなアラブ的な家のつくりには疑いが持たれたということ。開くことは公の目に対して何も隠していないとアピールすることでもあった。さらに当時は、他人の快適な住まいへの妬みを避けるために、通りから見える中庭には、富をひけらかすような贅沢品は置かず、木々や鉢植え、せいぜい噴水程度のものを配したという◆5。

場の特質が現れるアプローチの手法——アルコスのアプローチ空間3

　アプローチの構成には、時代背景だけでなく周辺環境や地形といった場の特質が大きく関係している。

　入口を鍵型に曲げるクランクタイプは、広場、メインストリート沿い、教会周辺といった公共性の強い場の周辺に多く現れる。このような多くの人が集まり、行き来する場所では、人の視線の遮断や防犯といった面から、サグアンを折り曲げて中庭を街路から見えないようにすることで、住宅内のプライバシーを守り、快適で静かな中庭を実現している。

　一方で、比較的街路に開放的な直線タイプの多くは、主要道路から奥まった閑静な住宅街や、車の入り込めない通りに分布している。そこでは、街路の性質も、パブリックな空間からよりプライベート性の高い空間へと近づき、中庭を守り隠す必要性が薄れるのであろう。

　サグアンを階段にしているタイプの住宅は、斜面のきつい地域に見られる。メインストリート沿いにも多く見られ、サグアンを階段状にすることにより、中庭を街路の喧騒から遠ざけ、居住空間の快適性を保っている〈56〉。

カナネオ広場周辺——アルコスのアプローチ空間4

　サン・ペドロ地区の街路は、微地形を反映して複雑に入り組み迷宮性を生み出している。そのため、環境が安定し古い都市構造がよく残り、建物の多くは伝統的な切妻屋根の形式をもち、趣のある表情を見せる。この地区の入り組んだ場所に、アルコスでは数少ない広場のひとつのカナネオ広場がある。この広場周辺の住宅では、それぞれ入口の場所を広場に面さない場所に設けたり、アプローチ空間をクランクさせ、さらにサグアンをふたつ重ねたりと、限られた敷地の中で公共性のある広場から中庭を遠ざけようとする工夫が見られる〈57〉。

カナネオ広場周辺は、アプローチの形態を変化させ、住宅内部の空間の秩序を保とうとしている

サンタ・マリア教会周辺地域は、アプローチ空間に階段を多用している。斜面を巧みに利用し、街路とのレベル差を調節することによって、中庭の快適性を保とうとしている。

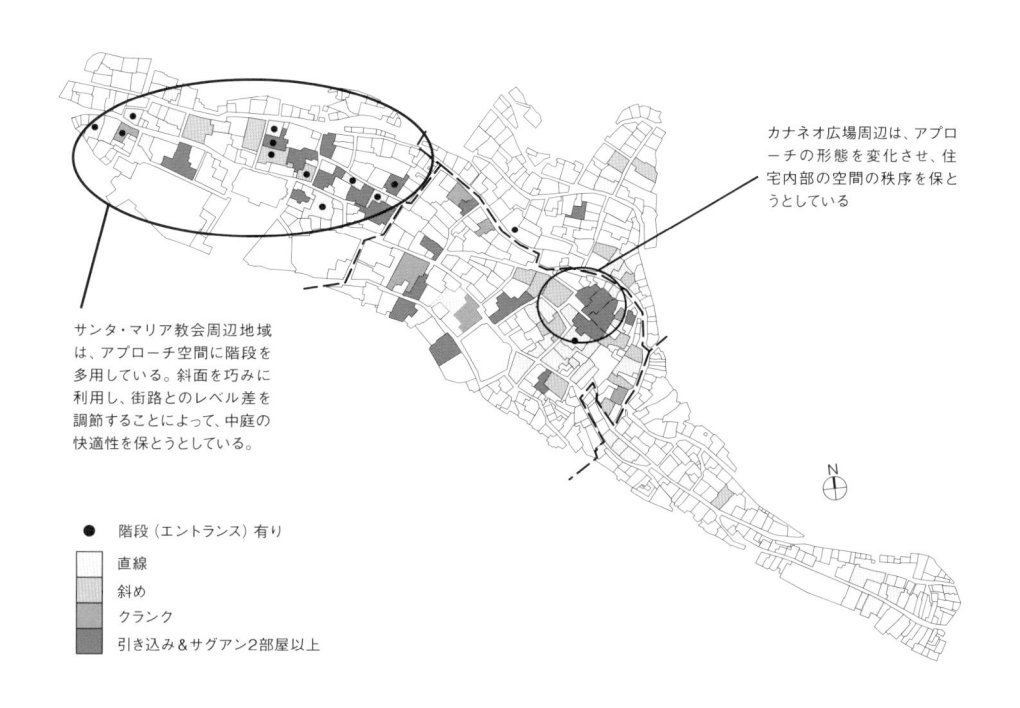

● 階段（エントランス）有り
直線
斜め
クランク
引き込み＆サグアン2部屋以上

56. アプローチタイプの分布状況

主要通り沿い——城壁内と18世紀拡張地区

　サンタ・マリア地区西端のメインストリート沿いには、この街で最も古い14世紀につくられたゴシック様式のファサードをもつ住宅や、サグアンの階段を上った先に静かなパティオをもつ住宅がある。さらに西へ下ると、真っ直ぐなメインストリートを軸として整然と住戸が建ち並ぶ、18世紀に拡張された新市街が現れる。道路の幅は大きく一定に保たれ、通り沿いの住宅の規模は比較的小さく、城壁内の住宅に比べてすっきりした空間構成をもつ⑸⁸。

　この城壁内と新市街のメインストリートに面する住宅は、脇に小道が通っている場合は、人通りの少ない道に入口を設けるが、それができない場合、次のいずれかの構成を取る。ひとつはサグアンを階段状にして、中庭を街路レベルから離そうとするもので、奥の居室空間のプライバシーが確保され、居住性が高まる。もうひとつは、サグアンと中庭の間にもう

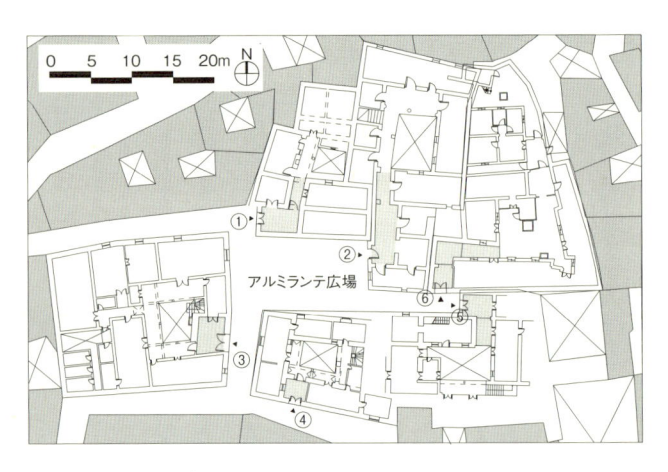

①②⑤⑥の住宅はアプローチ空間をクランクさせている。また、④は広場と反対側に住宅の入口があり、③は中庭の隅に接続するようにサグアンが設けられている。

57. カナネオ広場周辺

⑦の住人は人通りの多いメインストリートを避け、裏側に入口を設けている。
⑧⑨はサグアンを階段状にし、⑩はさらに中庭までのアプローチ空間を鍵型に曲げている。

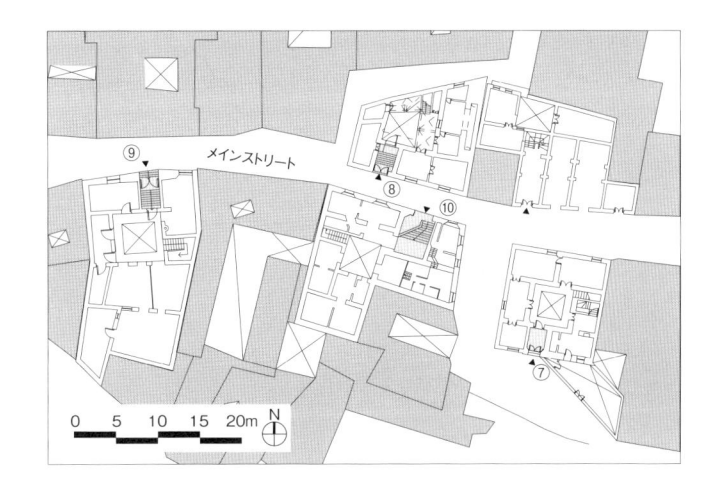

⑪⑫⑬はいずれもメインストリートに面する入口を設けているが、長いサグアンをつけることで中庭を街路から遠ざけている。

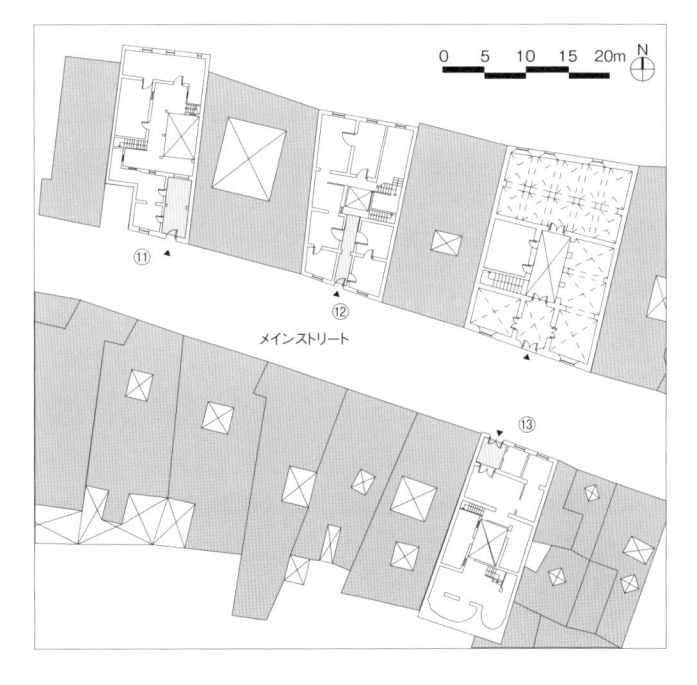

58. 城壁内のサンタ・マリア地区（上）18世紀に拡張された新市街（下）

ひとつ中間的な空間を設け、中庭を街路から離すもので、やはり外部の影響を受けにくい、落ち着いた居住空間が確保できる。このように、アプローチやプランの工夫によって住環境を安定させている。

住宅の平面構成やアプローチのあり方を見るだけでも、アラブ的価値観と西欧的価値観を混合させ独自の建築文化をつくり上げていることがわかる。アルコスは、イスラーム文化の上に西欧文化や独自の手法を取り入れ、社会のあり方、自らの暮らしに対応する独自の住宅建築を生み出し、高密な都市型住宅のひとつの解答を提示している。

アルコスの袋小路――袋小路を囲む住空間 1

アラブ・イスラーム都市では、街区の規模が大きく、そこにいくつかの袋小路が入り込み、多くの中庭型住宅がこの袋小路に住宅の入口を設けている。袋小路は、私的な住空間をよそ者の目から守るのに適しており、公と私を分ける媒介空間となるが、住民にとってそこは通りの一部にすぎない。南イタリアの小さな街でも、小さな住宅が広めの袋小路を取り囲む姿が見られる。中庭をもたない小さな住宅から、袋小路に生活の一部があふれ出し、住宅の延長として利用される、共有の中庭のようである。

アルコスには、アラブ・イスラーム都市に見られるような迷宮空間を生み出す長い袋小路はなく、その延長は、長いところでも約17mと短く、その数も多くはない。袋小路の奥に中庭型住宅が立地するものは、街の中心部や比較的平坦な場に見られる。中庭型住宅にとって袋小路は、パブリックなものからセミパブリックなものへと空間の質を変えるひとつの要素となっている。反対に、中庭のない小さな住宅が面する袋小路は、街の周縁部や傾斜のきつい場などに見られる。斜面地という特性を有効活用するように上下に積層した住宅が面している。サン・ペドロ地区にある袋小路を見ると、まるで袋小路が自分の庭であるかのように、椅子を出し、鉢植えを並べ、日中は洗濯物が干されている姿を見ることができる(59)。袋小路に依存した生活スタイルが定着し、よそ者の入りにくいセミプライベートな空間となっている。また、中庭はないが前庭や屋上がある住宅では、私的な戸外空間が敷地内にあるため、袋小路に私有物があふれ出すことは基本的にはない。

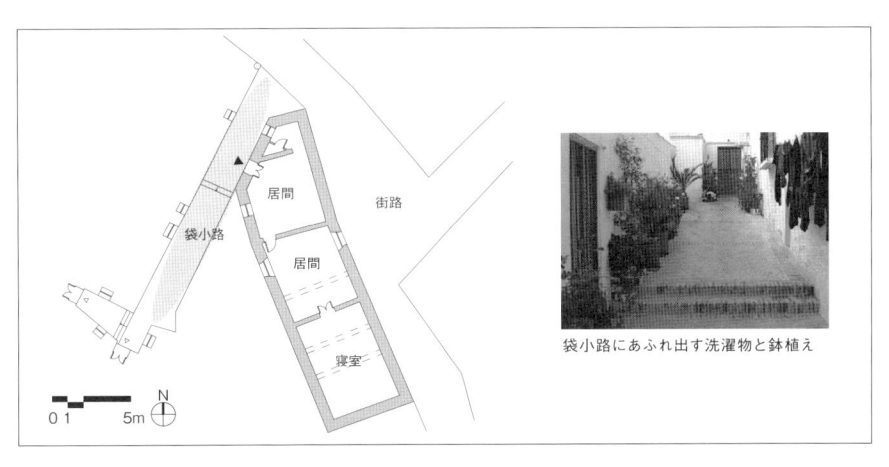

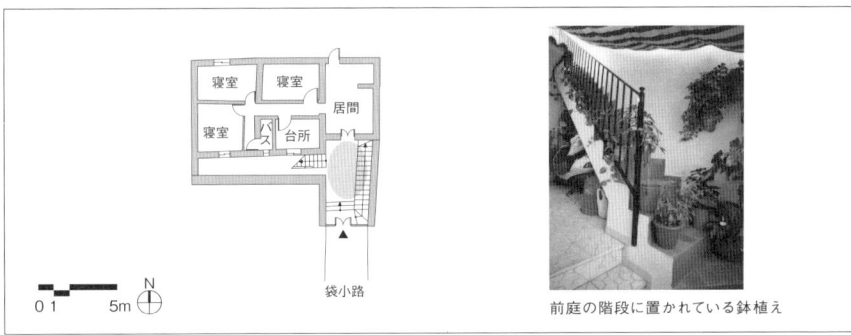

袋小路にあふれ出す洗濯物と鉢植え

前庭の階段に置かれている鉢植え

眺望の開ける屋上に干される洗濯物

59. 袋小路利用写真・図面

袋小路に面することで、その場にあふれ出す要素から、戸外と結びつきのあるアルコスの暮らしが浮かび上がる。

ベヘール・デ・ラ・フロンテーラの袋小路——袋小路を囲む住空間 2

　アルコスから南にバスで 1 時間半ほどのところにあるベヘールは、アルコスと同様にイスラームの支配を受け、城壁で囲まれた旧市街やその周囲の住宅は、基本的に中庭型である。

　アルコスに比べて特徴的なのは、街の周縁部に多くの袋小路が存在することで、それを中庭のない住宅が囲んでいる。少し広めの袋小路の入口には扉が設置され、近隣住民のための共有の庭が広がる(60)。植栽にあふれ、貯水槽があるものも見られ、ベヘールの街の周縁部にある袋小路は、アルコスの中庭型住宅のパティオと同じ機能をもっているといえる。また、街が高密化してくると、住宅が上に積層し、そこに異なる家族が住まう際には、2 階へのアクセスのため袋小路に外階段が設置される。アルコスの中庭型住宅でも、集合住宅化の際、同じようにパティオに専用の外階段が設置される例が見られる。

中庭型住宅と袋小路を囲む住宅——袋小路を囲む住空間 3

　このようにアラブ・イスラーム都市とは異なる性質の袋小路が成立した理由としては、中庭型住宅が早くから集合住宅化したこと、袋小路が形成された時代や社会的背景が異なることが考えられる。

　アラブ・イスラーム都市では、ひとつの中庭型住宅に血縁関係をもった大家族が居住するのに対し、アンダルシアではレコンキスタ以降、核家族化が進み、非血縁の複数家族がひとつの中庭を囲んで住まうようになったと考えられる。中庭を共有空間として住まう形式が一般化した後に形成された地区に、その住まい方の遺伝子を受け継ぎながら、複数の家族が共有の袋小路を囲むという異なる空間構成が生まれたのではないだろうか(61)。中庭型住宅を街の基層としながらも、アラブでは見られない戸外と結びついた独自の住空間がアルコスやベヘールに見られるのである(62)。

袋小路

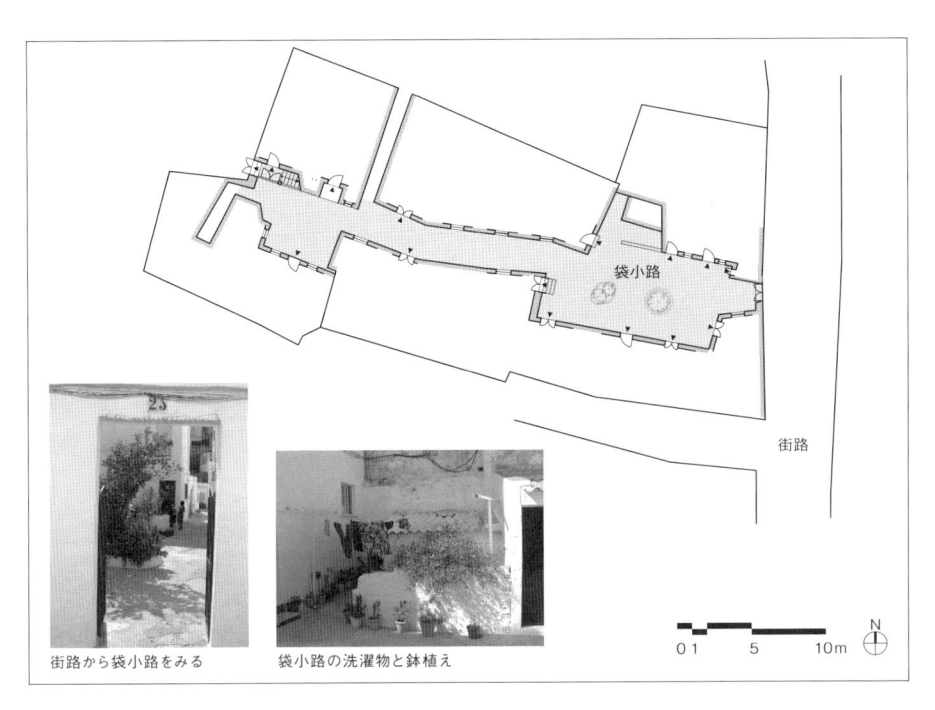

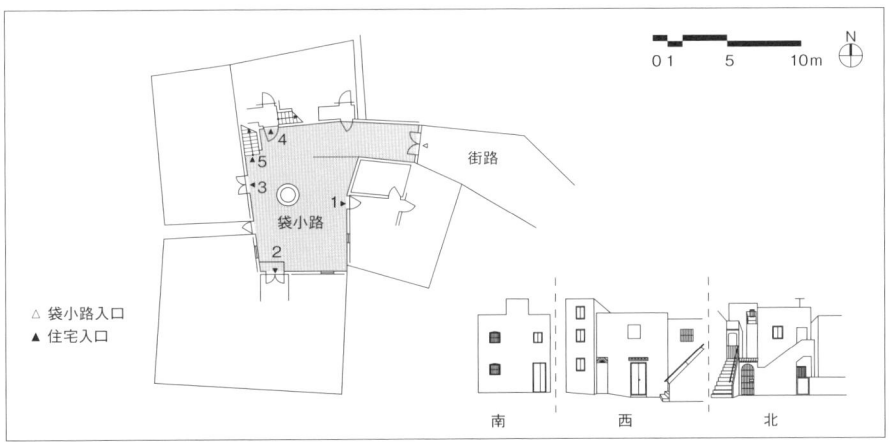

街路

街路から袋小路をみる　袋小路の洗濯物と鉢植え

0 1　　5　　10m　N

0 1　　5　　10m　N

袋小路

街路

△ 袋小路入口
▲ 住宅入口

南　　西　　　北

60. ベヘールの袋小路

111

親密な近隣関係と袋小路——袋小路を囲む住空間 4

　アルコスのサン・ペドロ地区の北東にあるふたつの袋小路には、小規模な中庭型住宅や中庭のない住宅が立地している。ここに建つ住宅は、規模が小さいことから、ひとつの住宅に 1 家族で住むことができる。集合住宅化した立派な中庭型住宅よりも、質素で小さいが、住宅の保護レベルが低いために容易に住宅の増改築ができ、住人の生活に合わせた住まいをつくることができる。

　この袋小路では、血縁関係にある 4 つの家族が集まり、各家族がひとつの住宅に住まいながらも、袋小路を介して互いに助け合い、ほどよいコミュニケーションが生まれる距離が保たれている。また、血縁関係にない老婦人の世話をするなど、セミプライベート化したこの袋小路では、親密な近隣関係が生まれている〈63〉。

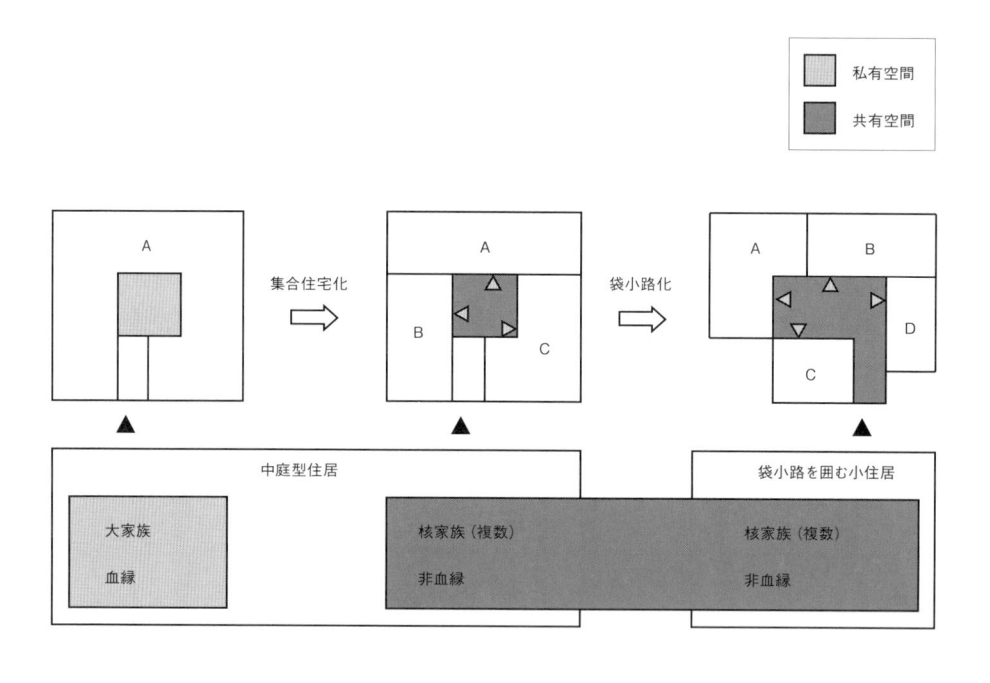

61. 中庭型住宅と袋小路を囲む住宅の居住形態

2　アルコス・デ・ラ・フロンテーラ——天空の街

中庭あり
中庭なし
--- 城壁

0 50 100 200m

アルコス

ベヘール

62. 袋小路を囲む住宅の分布

袋小路A

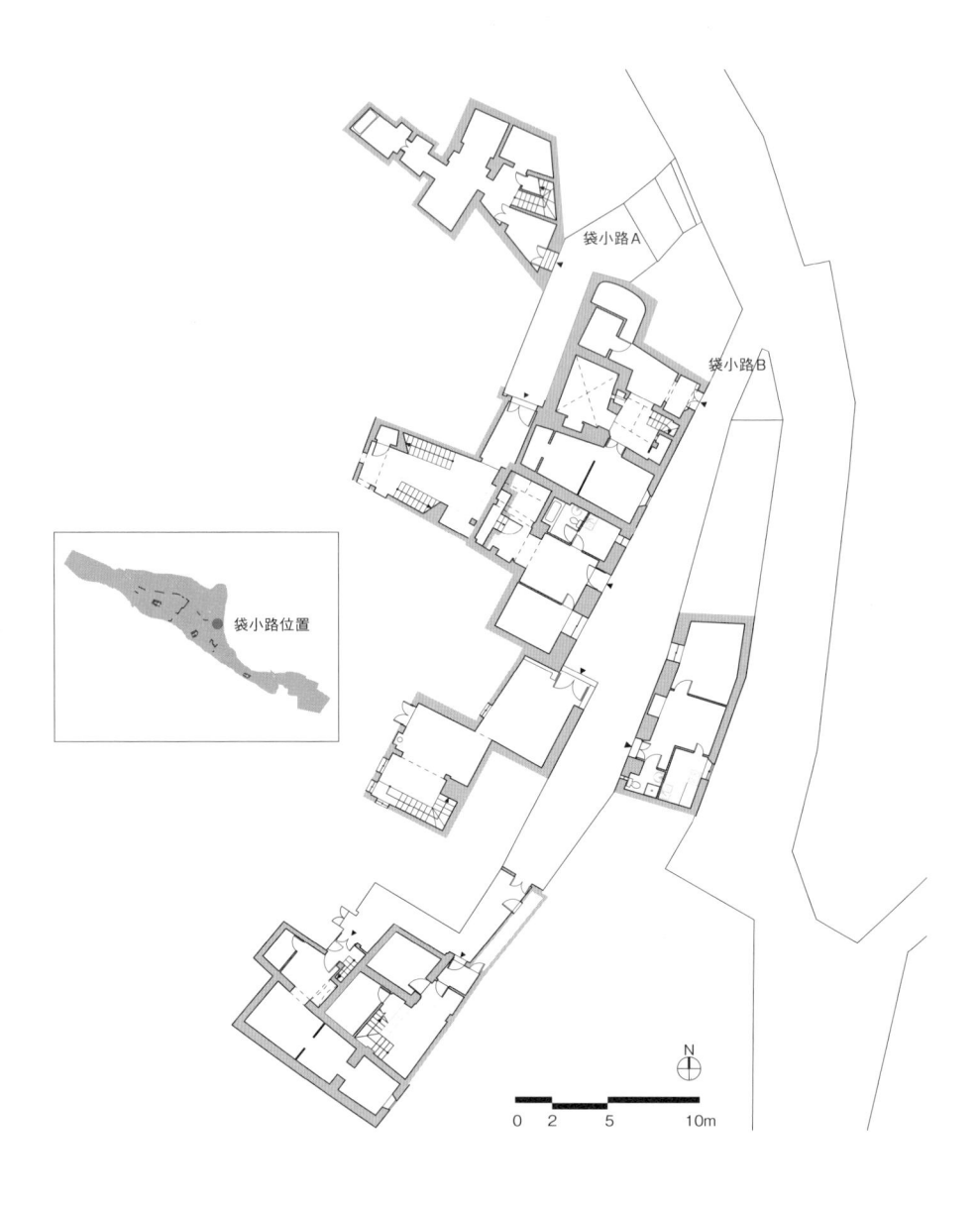

袋小路B

袋小路位置

N

0 2 5 10m

63. 袋小路連続平面図

Column

ベヘールの街並み

　カディスから54km、海抜201mの高台に位置するベヘール・デ・ラ・フロンテーラは、アンダルシアの白い街のなかでも最もアクセスしやすい村のひとつである。カディスから車で南下すると、突然視界が開け、抜けるような青空に白く輝く鷹巣村が姿を見せる。バルバーテ川によって切り離された起伏の上にあり、街の高台には城や教会がそびえ、その周りに中庭をもつ住宅が密集し、迷宮状の都市空間を構成している(1)。特異な立地からレコンキスタの国境陣営として、後には、ベルベル人の海賊船を監視する要塞として戦略的色彩の強い街であったという。アルコスが天空の威厳ならば、ベヘールは素朴さのなかに貴婦人的な上品さを湛えた街並みで旅人を迎える。

　"アンダルシアの白い街"とひと言で表しても、その白さやテクスチュアは街によって異なる。例えばアルコスやカサレスの白い壁は、雨風や真夏の強烈な日差しによる変色や変質、老朽化によるはがれに対する部分的な補正といった、人の手が加えられたものでありながら、生活環境を反映し、ありのままの姿でなじみ、たたずんでいる。一方、ベヘールの白さはそれとは異なる。街に足を踏み入れて、まず視界に入ってくるのは、均一に塗り込められた滑

COLUMN

らかな真っ白い壁の連なりだ(2)。アンダルシアの青い空とのコントラストが目に痛いほど、まばゆいばかりの白さは、"ベヘールの白"と呼ばれ、街の美観を第一とする市長の命令で塗られているという。

1978年に"スペインで最も美しい村"として表彰されたベヘールは、他の村に先駆けて街路や街並みの美化に努めてきた。晴れた日には地中海が望める風光明媚なこの土地で、青い空と白い壁が織りなす空間に、住民が思い思いに飾る植栽がアクセントとなり、文字どおり絵葉書さながらの風景が広がる(3.4)。私たちがこれまでに訪れた調査地のなかでも、ベヘールは気品と洗練という言葉が最もよくあてはまる。しかしこの街もまた、イスラーム文化の面影を色濃く残しているのだ。

旧市街に一歩入れば迷宮のように細く曲がりくねった道が続き、"白さ"に目を奪われていると思わず方向感覚を失ってしまう。アルコスではみられないトンネル状の道もあり、よそ者が通りにくい、先の見通せない空間となっている(5.6)。このような道は、中東のアラブ都市では「サーバート」と呼ばれ、一見無造作につくられたようにみえるが、よく観察すると、

4　　　　　　　　　　　5　　　　　　　　　6

公共施設の入口に象徴的に架かるもの、建築物の格式を高めるもの、居住スペースを広げるためのもの、アーケードとしての機能をもつものがあるという。また、周囲の街の中でもアラブ色が強く、人びとが黒い装束を頭からすっぽりかぶり、顔を隠していた時代が長く続いていたという。

　モロッコ北部の街、シェフ・シャウエンと比べられることの多いベヘールだが、今はもう見られない伝統的な黒装束に身を包んだ女性が現れそうな、そんなアラブのにおいを感じ始めると、ようやくこの街の本当の魅力が見えてくる。路地裏に足を踏み入れるとパティオからは住民たちのおしゃべりが聞こえてきて、入り組んだ裏道を迷うことなく闊歩する人びとやテラスで洗濯物を干す婦人の姿をちらりちらりと見かけるころには、"端正な美"から"素朴な田舎風景"へと感覚が慣れていき、「ああ、やっぱりここもアンダルシアなんだ」とほっとする瞬間が訪れる。

　城（カスティーリョ）や城壁、街路にかかるアーチや城門跡などのパノラマを見渡すころには、等身大のベヘールとご対面。こんなトリップ経験もまた、アンダルシアならでの魅力である (7.8)。

（鈴木亜衣子、早坂有紀子）

7 多様な住まい方

　中庭には「地上の楽園」ともいうべき華やかで堂々たるものもあれば、子どもたちが駆け回る賑やかで生き生きとした表情を見せるものもあり、屋根をかけ生活用品を置いた居間のようなものもあって、住み手の個性が表れる。アルコスの中庭がこのように多様な理由を知るには、その住まい方がひとつの鍵となる。1軒の中庭型住宅に何世帯もの家族が住まうケース、あるいはフロアごとに住み分けるケースなど、さまざまな社会背景から血縁によることのない人間関係が生まれ、ひとつの中庭型住宅の中で集合住宅化していった。

傾斜を利用した住まい方
　アルコスの集合住宅化は、非血縁者に家の一部を貸す（売る）ことがきっかけで始まったと考えられる。その家をもともと所有している家族（以下、メインファミリー）は中庭のある階に住み続け、同居人とは入口を分けるという発想が生まれた。アルコスでは、斜面に家が建っているため、メインとなる中庭の層とは違うレベルに入口を設けることで、メインファミリーとは交わることがなく、ひとつの家で共同生活を送ることができる(64)。生活に他人を入れずに、家の一部を売り渡せるため、買い手も専用の入口をもつことができ、両者にとってメリットのある方法である。

空間の使い分けとルールづくり
　多数の家族が同じ建物に住み、同じ入口を共有する場合は、メインファミリーは中庭のある階に住み、他階を他人に提供することがほとんどで、血縁関係にない人が中庭の階をメインファミリーとシェアするケースはあまりない。多くの場合、中庭はメインファミリーが占有的に使い、中庭・階段・屋上・コラールなどの外部空間については、買い取り所有するか、通行のみ可能か、共有するかなど、使い方のルールをあらかじめ決めておき、契約時に文書を交わしておくことで未然にトラブルを防いでいる。
　例えば、家全体を所有する人が2階を他人に売りたいが、中庭は自分たちで使いたい場

合、所有者は買い手に対して「中庭と1階から2階に上る階段を通行することのみ許可する」という契約を結ぶ。反対に、所有者が中庭にこだわらない場合には、「中庭、階段は共有」という契約を結び、メンテナンスは共有者全員の責任で行う。しかし、この契約は融通のきかないものではなく、自分の家の前に好きなタイルを張るなど、それが契約上許されていない場合でも、お互いの信頼関係によってフレキシブルに空間の使い分けがなされる場合もある。

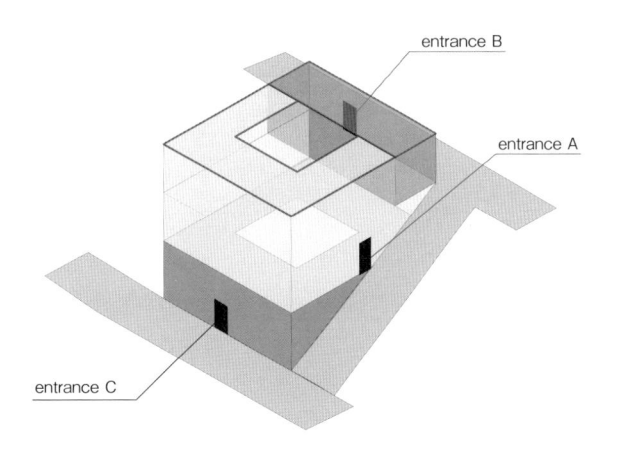

64. レベルごとに入口を設けるのは傾斜を利用し、住空間を分ける手法のひとつ

水まわりのコミュニティ

　50〜60年前までは水まわりを増設することはそう容易ではなかったため、もとは共有だったというキッチンが多く残されている。かつて血縁者と非血縁者が11世帯にも膨れ上がった住宅では、ひとつの共有キッチンでは足らず、もうひとつ設けて、血縁者のみが使うもの、非血縁者が使うものとふたつに分けたという(65)(★p.164参照)。また、アルコスの中庭でよく見られる洗濯桶と貯水槽も家族ごとに日を分けて共同で利用し、きれいな水の出る貯水槽に飲み水をもらいにいくという光景も見られた。しかし、1950年ごろから水まわりを個別に設置することが可能となり、共同で使うことはなくなった。

　アルコスの住環境は飛躍的に改善されたといえるが、キッチン、洗濯桶を共有し、飲み水をもらいに行く生活は、今よりもむしろ豊かな人間関係を生んでいただろう。かつての共同生活の体験が、集合住宅化しても豊かな人間関係を保つ礎となったのではないだろうか。

プリミティブな住まい方

　アラブ・イスラーム諸国の一部の通例として、中庭を取り囲む居室は多目的な空間であり、われわれの考える一般的な居間・寝室などのような区分けはなされない。アルコスでもムスリムに支配されていた時代には、同様に居室の区分を明確に定めず、多目的に使っていたのではないかと推測される。

　アルコスの大家族の場合、親世帯が中庭に面する価値の高い居室に住む場合が多い。また、血縁者のみが住む住宅の中庭は、他人が入り込まず遠慮がないせいか、花や緑にあふれ、中庭に椅子を置いてその美しい光景を生活のなかに取り入れていることが多い(66)。

集住化のはじまり

　アルコスでも1950〜60年ごろまでは、大家族で暮らしている家庭が多く見られたが、近年の農業形態の変化、大都市への人口集中、都市街への転出などといった理由によって、徐々に住まい方が多様化していった。大家族より小家族単位の考え方が強くなり、結婚や仕事などの理由で家を出て行ってしまい、空き家や空き部屋が増加した。

65. 共同キッチンのある住宅
66. 血縁者のみが住む住宅の中庭

はじめのうちはまだ、家に他の住人を入れることに抵抗があったため、別に入口を設けられる部屋を他人に貸しはじめた。そして、他人を入れることにあまり抵抗がなくなると、同じ入口でも、他人に家の一部を貸すような例が現れ、中庭と階段を通ってもよいがそれ以外の方法で使ってはいけない、という通行権の考え方が生まれた(67)。

賃貸住宅化

一部を貸している（売却している）場合、その住宅に住むのは2～4世帯くらいが一般的であり、他人に貸すスペースは中庭の階以外の場合が多い。これらの多くは、家の総面積が200㎡以下であり、2階建てが一般的である。現在のアルコスの小家族の人数は2～5人が標準的であり、メインファミリーだけではなかなか使い切れない。メンテナンス面から考えても、誰かに貸す方が都合がいい。

200㎡を超えたり、階数が3階以上ある住宅の場合、多世帯が住む集合住宅になっている例も多く、中庭の階を分割する場合もある。中庭の階にメインファミリーと非血縁者が分割して住み、各々が自分たちの居住スペースを所有する場合、中庭は共有という契約になる場合が多く、対等な立場へと変化していく。

前出の共同キッチンをもつ住宅の場合、所有者は別のところに住んでおり、そこを借りている人たちには、どんな利害関係も成立しないため、皆で中庭や街路の掃除などの維持管理を行う。しかし、メインファミリーがいると、その権利関係とは別に、家に長く住んできた彼らが日常的な掃除やメンテナンスなどを行うのが普通である。

中庭のパブリック空間化

住宅の細分化が進むと、そのうちにメインファミリーがいなくなり、より現代のコンドミニアムに近いものへと変わる。

ソコーロ通りの集合住宅（★p.144参照）では、全世帯が自分の住戸を所有し、中庭などの外部空間を共有しているが、中庭の掃除などの維持管理はもとのメインファミリーが行っている(68)。メインファミリーが残りながら集合化した住宅では、彼らが管理人のような存在

67. 借り手には通行権のみが認められている中庭と階段
68. 住民が共同で維持管理を行っている中庭

になり、外部空間は全員で使う。それに対して、カナネオ広場に面する家では、中庭、屋上などの外部空間は全世帯の共有だが、メインファミリーがおらず、外部空間のルールづくりなど、住民全員がイニシアチブを取らざるを得ないため、住民同士が親密になり、中庭が豊かに彩られている。水まわりの共有を通じて、賑やかなコミュニティの場が生まれ、アルコスの生き生きとした美しい中庭をつくり出していったのだろう〈69.70〉。

8 イスラーム都市との比較

　アルコスには、アラブ・イスラーム的価値観と西欧的価値観が混ざり合った建築文化が見られる。アラブ・イスラーム都市を基層にしながらも、レコンキスタ以降、ラティフンディオが行き渡り、貴族階級、大借地農、大勢の日雇い農民が存在するアグロタウンとして発展してきた。アラブ・イスラーム都市では、伝統的にひとつの住宅に血のつながった家族が生活する形式を取ってきたのに対し、アルコスでは、現在、立派な住宅が賃貸や分譲により、非血縁の複数家族が中庭を囲んで住まう形式が見られ、集合住宅化している。そんなアルコスの特徴をアラブ・イスラーム都市との比較の視点から見ていこう。

都市構造と邸宅の立地
　アラブ・イスラーム都市では、平等的価値観から、住宅の階級の差が外観に表れることはないが、アルコスでは、貴族の邸宅であるパラシオの入口の上には紋章が飾られ、石の素材感を生かした装飾によりその格式が表現される。白壁の続く街を歩いていると、その立派な外観から、かつて貴族が暮らしたパティオをひと目覗きたくなる。

　アラブ・イスラーム都市では、袋小路の入り組む迷宮的な街路空間が特徴のひとつとして挙げられる。袋小路の距離が長くなるほど通りの喧騒から離れることができ、格の高い住宅ほど、よそ者の侵入が少ない袋小路の奥に入口を設ける傾向がある。同様に、ムルシア州シエサにあるアラブ支配時代の小さな都市の遺跡からも、大きな住宅ほど袋小路からアプローチを取る姿が見られた。一方、アルコスでは袋小路の数は少なく、パラシオは主要な

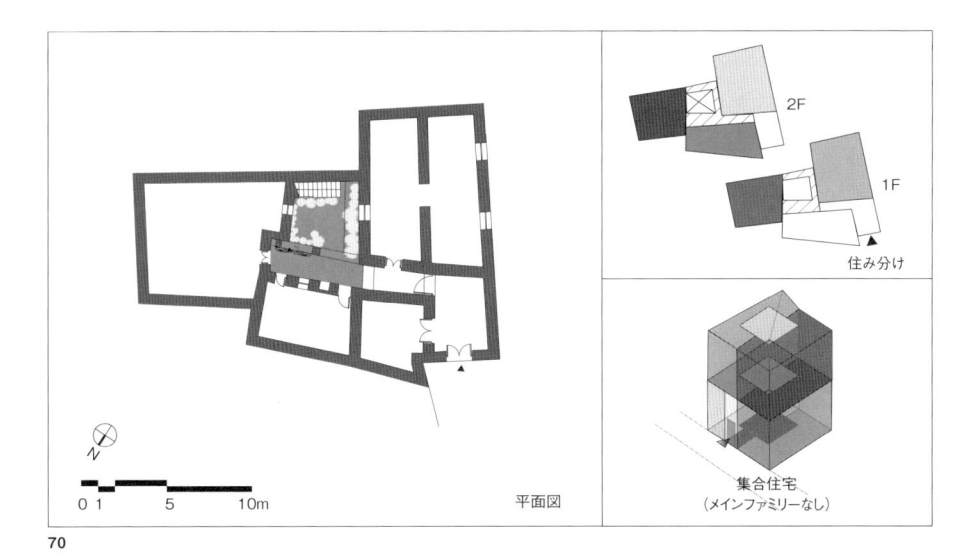

69. ソコーロ通りの集合住宅
70. カナネオ広場に面する家

通りや広場に面する敷地であることが多い。傾斜地に都市が築かれたこともあり、十分距離のある袋小路を取ることも難しかったのだろう。

対極をなすアプローチ空間

　アルコスの中庭型住宅は、モロッコのフェズやチュニジアのチュニス、アンダルシアのセビーリャやコルドバなどの中庭型住宅と共通する空間構成となっているが、地域によってその形態や利用方法には違いが見られる。

　モロッコやチュニジアのような高密なイスラーム都市では、住宅の規模が大きくなるほど、プライバシーを重んじ、空間の閉鎖性を高めるために、入口から中庭へ至る動線を工夫している(71-73)。ここは、単なる通路ではなく、公と私をつなぐ緩衝領域となり、チュニジアでは、つくり付けの椅子が置かれ、見知らぬ客が来ても、ここで接客ができるため、家族の領域が侵されることはないという。反対にアンダルシアの高度に発展した大都市セビーリャの住宅は、入口と中庭が直線で結ばれるものを目にする。中庭側の扉はカンセーラ（鉄格子の扉）であることが多く、戸口を開けると、街路から中庭の様子がよく見える(74)。むしろ、きれいに手入れされた中庭を外部に見せる意識が感じられる。今では、花や緑で美しく飾られた中庭のコンクールが開催される街もあることから、アンダルシアにおける中庭は、時代とともにより開放的な空間へと移行しているといえるだろう。

　アルコスのアプローチ空間は、アラブ・イスラーム都市ほどクランクさせたり、小部屋を連続させたりすることは少なく、セビーリャほど戸口と中庭が一直線になるような配置も少ない。イスラーム都市を基層に、自分たちの社会や暮らしに適応した空間をつくり上げてきたのである。

9 現在のアルコス

　暮らしの中心にあるパティオは、緑のある鉢植えや幾何学模様のタイルで彩られるなど住人が思い思いに工夫を凝らす空間となっている。住人や市水道局での聞き取りによると、

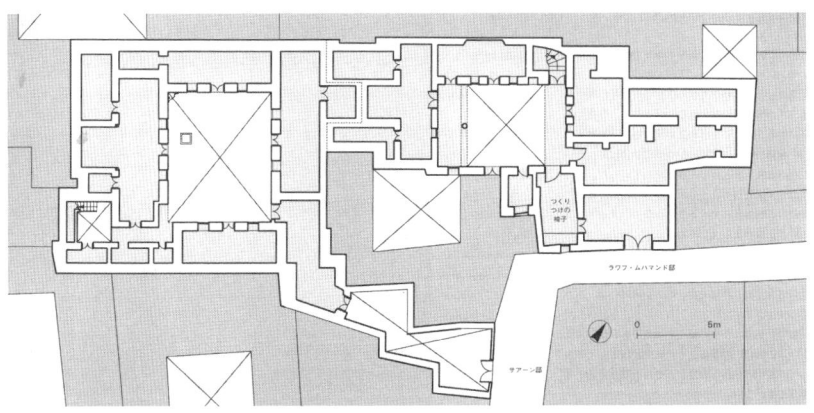

71. チュニスの2戸の住宅平面図
72. つくり付けの椅子がある玄関ホール
73. 各部屋が中庭に面しているチュニスの住宅
74. 直線的なセビーリャのアプローチ空間

127

1999年前後から、アンダルシア州政府による古い住宅の修復再生のための助成金制度ができたという。文化財というよりも、生活環境をよりよくすることが目的である。建築の専門家が来訪し、住宅の建築年代や荒廃の度合いなどを調査して、見積もった費用の25％を工事前に、さらに工事が終了してから25％を受け取ることができる（2002年調査ヒアリングによる）。この助成制度ができたことによって、アルコスを出て行った人びとが再び戻ってきているという。

　アグロタウンの性格をもつアルコスは、かつては農業に従事する者が多かったと思われるが、現在は大工やその他の建設業の仕事をしている人が大半であった◆6。車での移動が容易になった現在、アルコスに住みながら、遠くの都市に大工として毎日仕事に行くこともできる。大都市に出稼ぎに行った人びとも、生まれ育った街に戻ってきている。1960年代からは、水道管も整備され、トイレや浴室など水まわりの設備が改善し、建設業に従事している者は、自分の住宅を自ら改装している姿が見られた。旧市街では、空き家も目にするが、フランスなどの富裕層が、セカンドハウスとして住宅を手に入れ、住まう姿も見られた。アルコスの旧市街には人びとを惹きつける魅力が詰まっているのである。しかし、街には大学も十分な仕事もない。それを理由にやむを得ず他の街へ出ていってしまう人びとは少なくない。また、細い道が蛇行して階段の多い旧市街から、生活利便性の高い施設が整い、車も通れる新市街への人口流出も続いているという。

　このようななか、旧市街では、増加する空き家を民宿として活用する動きが見られる。「カサ・ルラール Casa Rural」と書かれた素焼きタイルの看板を入口脇に掲げている。そのうちの1軒を訪ねたところ、かつて同じ中庭を囲んで非血縁の複数世帯が入居していた住宅の所有者は、数年ほど前に州政府からの支援を受け、所有していた家を民宿として改装した。改装にあたっては、台所や浴室などの水まわりや鍵を各部屋に備え付けるなど、長期に渡って自宅のようにくつろいで過ごすことのできる宿となるよう、工夫されている。また、メインストリートから少し外れた傾斜のある道路では、平らなアスファルト舗装を石畳に替える工事が行われていた。近年の観光への意識の高まりから、市が街を活性化させる目的で石畳の道路を再現しようと計画したという〈75.76〉。

生活利便性の高い機能を新市街に移した今、かつて街の中心だった旧市街は、歴史ある都市空間・住空間のなかで心豊かな生活を送れる住宅地としてその役割を変えながら生き続けていくことだろう。

75.

76.

75. 石畳の道を舗装する人
76. 自分で改築工事を手掛ける
　　という大工のご主人

COLUMN
ヒアリング調査

　ヒアリング調査とは、すなわち聞き取り調査である。他の調査メンバーが住宅や街路を実測し、"ハード"のデータを取る一方、通訳である私は住民の家族構成や建物の年代、歴史、用途など、"ソフト"の情報を可能な限り引き出していく。ヒアリングシートには整然と質問項目が並んでいるが、それに答えるのは、筋道立てて話をするのが大の苦手というスペイン人。最初のころは、順を追ってインタビューをまっとうしようと奮闘したが、いとも簡単に会話があちこちに飛び火するので、とりあえず埋められるところから始めて、質問外の項目を余白や裏面に書き込んでいく（じつはこれが大半を占める）方法に軌道修正していった。「辞書は忘れてもヒアリングシートは忘れるな！」と、勝手な掟を課したものの、のちにスペイン語と日本語でぐちゃぐちゃになったそれに目を通すのは、我ながら拷問に近い作業だった。

　ヒアリングも場数を踏むたびに、コツがつかめるものである。はじめは、相手を「ゲスト」とみなし、丁寧な言葉遣いで粗相のないよう心を砕いたものだが、それでは胸襟を開いてくれないどころか、一気に退屈させてしまう。意識して目線を分けるよりも、"隣の村から来た娘っこ"くらいの距離感で話を進めるほうが、"収穫"も倍増することを知った。それにはまず、アンダルシア方言を話すこと。この土地特有の発音や言い回しを真似て、適度にくだけた話し方に変えてみると、彼らの目にみるみる親しみが溢れてくる。あとは、「聞いて、答える」というスタンスをやめ、一見関係のない話題から入ってでも、欲しい情報を自ずと盛り込んでくれるよう、話しながら舵取りをすることだ。

ヒアリング全体で一番印象に残っているのが、アンダルシアの人びとは一般的に家庭内のイベントや家の改装について、驚くほど詳細に年月を記憶しているということである。結婚や出産などの記念日を覚えているのは洋の東西を問わず共通にしても、はとこの誰がいつどうしたとか、家のこの部分を何年かけてこういう事情でリフォームしたとか、年単位どころか月単位で、かなりご高齢の方々も即答されるのには恐れ入った。スペイン各地共通の、家族の絆が何をおいてもイチバン、はここでもしかり。ところが、悠久の時の流れを謳歌するかのごとく、といわれる彼らの日常は、それほど楽でも惰性的でもないようだ。アルコスやカサレスでは一家の働き手が遠く離れた都会に出稼ぎに行くことも珍しくないので、起床時間は朝の５時、「旦那を送り出したあとに洗濯や子どもの世話が始まるのよ」なんてぼやくセニョーラたちも少なくない。その一方で、気の赴くままにパティオの鉢植えの手入れをしたり、料理の合間にお隣のご夫人とおしゃべりに花を咲かせたりと、決してせこせことした印象を与えないのもまた、アンダルシアならではだ。秒針のない時計、というのが、私のなかのイメージだろうか。インタビューがひと息つくと、周りでちょこちょこと動き回るメンバーに目を向けるようになる。テクノロジー大国ニッポンのハイテク機器を生活のなかでほとんど目にすることがない彼らにとっては、実測道具はもとより、デジタルカメラですら奇異なものとして映るらしい。そんなときは、「私も素人で、どうやって使うのか全然わからないんです」と、彼ら側に立つようにしている。いくら陽気なアンダルシア人とはいえ、聞きなれ

COLUMN

ないコトバを話す連中が怪しげな物体を手に自宅を闊歩していれば、思わず眉間にしわが寄る。現地の人と調査メンバーの"緩衝帯"となるのも、私の役割だ。とはいえ、聞き覚えた単語や豊かな表情、手足を駆使する実測隊のコミュニケーション力は見事なもので、言葉に頼りすぎる自身を省みることもしばしばだった。

　2、3時間に渡る長時間の実測になると、話題はさらにプライベートなものとなる。戦争の話などはあまり聞かなかったが、ご家族の不幸や他界などつらいことにまで話が及ぶこともあり、お互いに胸を痛めることもあった。そんななかでも、遠く離れた私たちの家族や友人を会話の随所で気遣ってくれる優しさが、心に響く。柔らかな眼差しと温かさの裏には、彼らの強さが脈打っていた。私が同行した4年間の調査のなかで、本当にたくさんの人と話す機会に恵まれた。アンダルシアの人びとは、"陽気で人懐っこい"とひとくくりにされがちだが、彼らには彼らの日常やドラマがあり、必死に生きているのだ。

　実測が終わり、メンバー全員で「ご協力いただき、ありがとうございました」と御礼を述べると、「こちらこそありがとう。また会いましょう」と、笑顔で見送ってくれた。これが最後かもしれないと思いながら、翌年また夏が来ると、再びアンダルシアを訪れた。

　アンダルシアの魅力とは何か、と聞かれれば、私の答えは決まっている。「そこに住む人たち」だ。調査を終えた今になっても、一つひとつのエピソードが、真っ青な空や乾いた空気にたたずむ白壁の風景とともに、色褪せない記憶となっている。（鈴木亜衣子）

アルコス住宅実測図集

ここに掲載した内容は、1999年から2003年の毎夏に実施したフィールドサーヴェイの成果に基づくものである。この調査では、おもに住宅や街路空間の実測、住民へのヒアリング、写真撮影といった作業を行った。実測には巻尺や測量用の棒、デジタル測距計などを使用するが、重要なのは現場で空間の特徴を把握し、野帳と呼ばれるスケッチブックに適切に線と寸法を記録することである。5年間で約100軒近くの調査を実施したなかで、本書ではとくに空間構成や住まい方が特徴的な住宅をピックアップした。

凡例
- A： Aljibe 貯水槽
- B： Bed room (Dormitorio) ／寝室
- BR： Bathroom (Cuarto de baño) ／バスルーム
- C： Corral ／コラール
- CR： Children's room (Habitación de niño) ／子ども部屋
- D： Dining room (Comedor) ／食事室
- E： Establo 馬小屋・家畜小屋
- K： Kitchen (Cocina) ／台所
- L： Living room (Salón, Sala de estar) ／居間
- LD： Living-Dining ／居間兼食事室
- P： Patio ／パティオ
- R： Room (Habitación) ／居室
- T： Terrace (Terraza) ／テラス
- WC： トイレ
- WH： Warehouse (Almacén) ／倉庫
- Z： Zaguán ／サグアン

＜サンタマリア地区＞
アルコス最古のパラシオ
01

立派な柱廊のあるパラシオ

アルコス最古のパラシオ

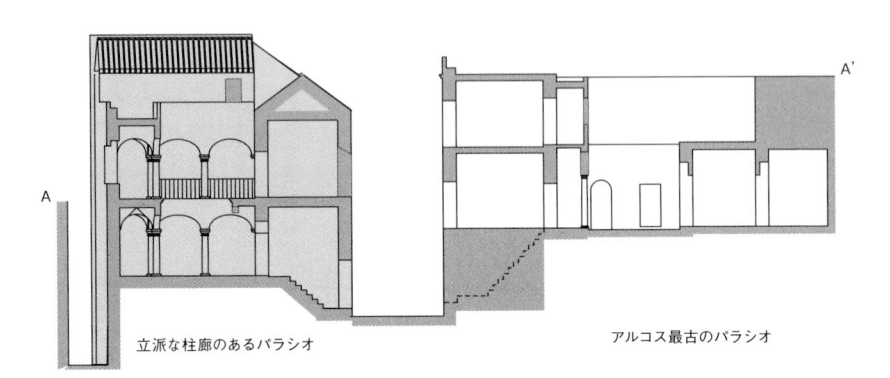

断面図A

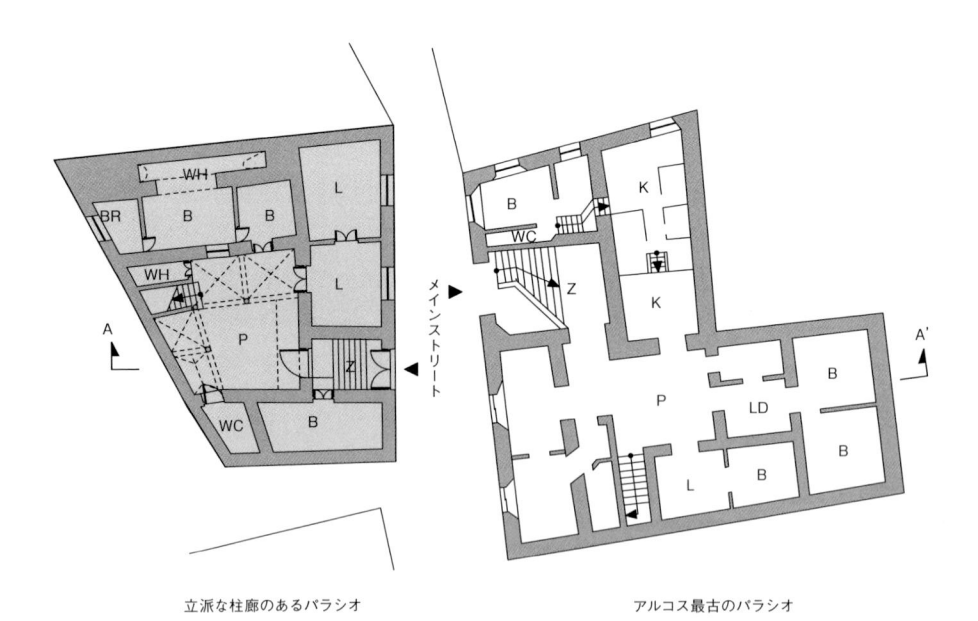

立派な柱廊のあるパラシオ

アルコス最古のパラシオ

1階平面図

0 1　　5M

プライバシーの保たれた、緑で彩られたパティオ

14世紀のゴシック様式のファサード。華やかなメインストリートの中でも一際重厚感がある

調査年：1999／建築年代：14世紀／保護レベル：B1
◆建物の特徴：13世紀のゴシック様式のファサードを今も残す、アルコス最古のパラシオ。メインストリート沿いに住宅の入口を設け、上り斜面にあわせてサグアンが階段状となっているが、パティオまでのアプローチをさらにかぎ型に曲げているのは面白い。メインストリートからパティオへの視線は完全に遮られ、パティオを中心とする私的な住空間を用心深いほどに守る構成となっている。 　おかげで、パティオは 外部の喧騒を感じさせない落ち着きを保ち、住宅内部のプライバシーを守っている。パティオの隅には、上階へあがるための階段が設置され、屋上は陸屋根となっており、東の方向にサンタマリア教会と城がよくみえる。
◆住まい方・使い方の特徴：ヒアリング調査を行った女性が父親から相続し、その血縁2世帯と非血縁1世帯がともに住んでいる。非血縁の家族は、別に設けられた入口を利用し暮らしている。また契約上、非血縁の住人は、台所を通って中庭に入り、階段を上って屋上に行き、屋上を使用する という通行の権利を持っている。

＜サンタマリア地区＞
立派な柱廊のあるパラシオ
02

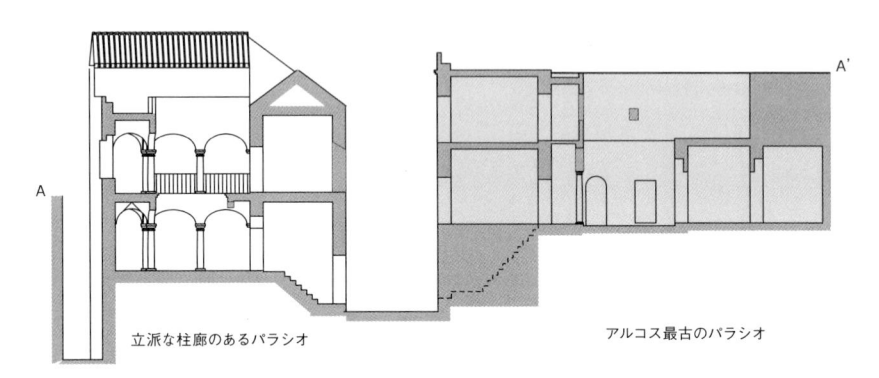

立派な柱廊のあるパラシオ　　　　　アルコス最古のパラシオ

断面図A

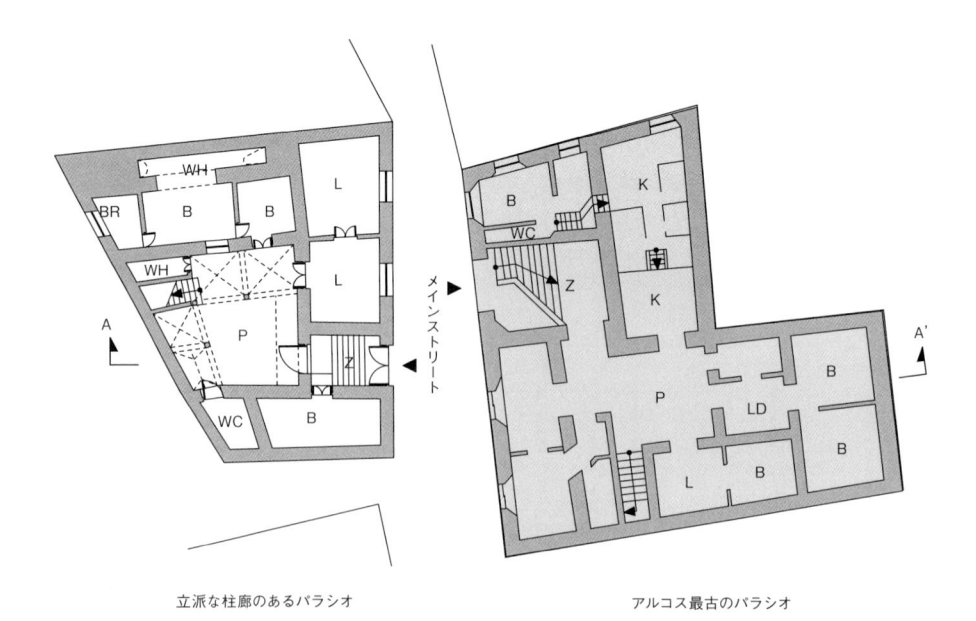

立派な柱廊のあるパラシオ　　　　　アルコス最古のパラシオ

1階平面図

椅子などのインテリアが綺麗に設えられた緑あふれるパティオ

立派なアーチが巡る2階の柱廊

きれいなタイルが施されている床と2階から1階へ降りる階段

2層に渡ってコの字型に巡る中庭の立派な柱廊

調査年：1999／建築年代：19世紀前／保護レベル：B2
◆建物の特徴：メインストリート沿いに立地するパラシオ。この住宅は、下り斜面に建っているが、サグアンに急な上り階段を設け、街路よりも半階程度高い位置に中庭がつくられている。街路からパティオを覗くことは難しく、パティオは外部の視線や喧騒を遠ざけた快適性のある空間となっている。 また、サグアンの階段を上ると、パティオの隅に出る。サグアンからは、パティオの緑を少し覗かせるなど、内部に潜む空間の豊かさを見え隠れさせる巧妙な演出が感じられる。パティオには2層3面の柱廊が巡り、それほど広くはないが緑やインテリアが綺麗に設えられている。
◆住まい方・使い方の特徴：ヒアリング対象者の姪の住宅で、1世帯4人で暮らしている。パティオに椅子が置かれているのは、インテリアの仕事をしている姪のアイデア。パティオは、緑に溢れ、床にはきれいなタイルが施されている。また、カーテンの屋根が架けられ、パティオは夕涼みに使用されるなど、居住性の高い空間となっている。貯水槽があるが、現在は壊れており水はない。ヒアリング対象者は、休暇でアルコスに遊びにきていた。

<サンタマリア地区>
私設礼拝堂のあるパラシオ
03

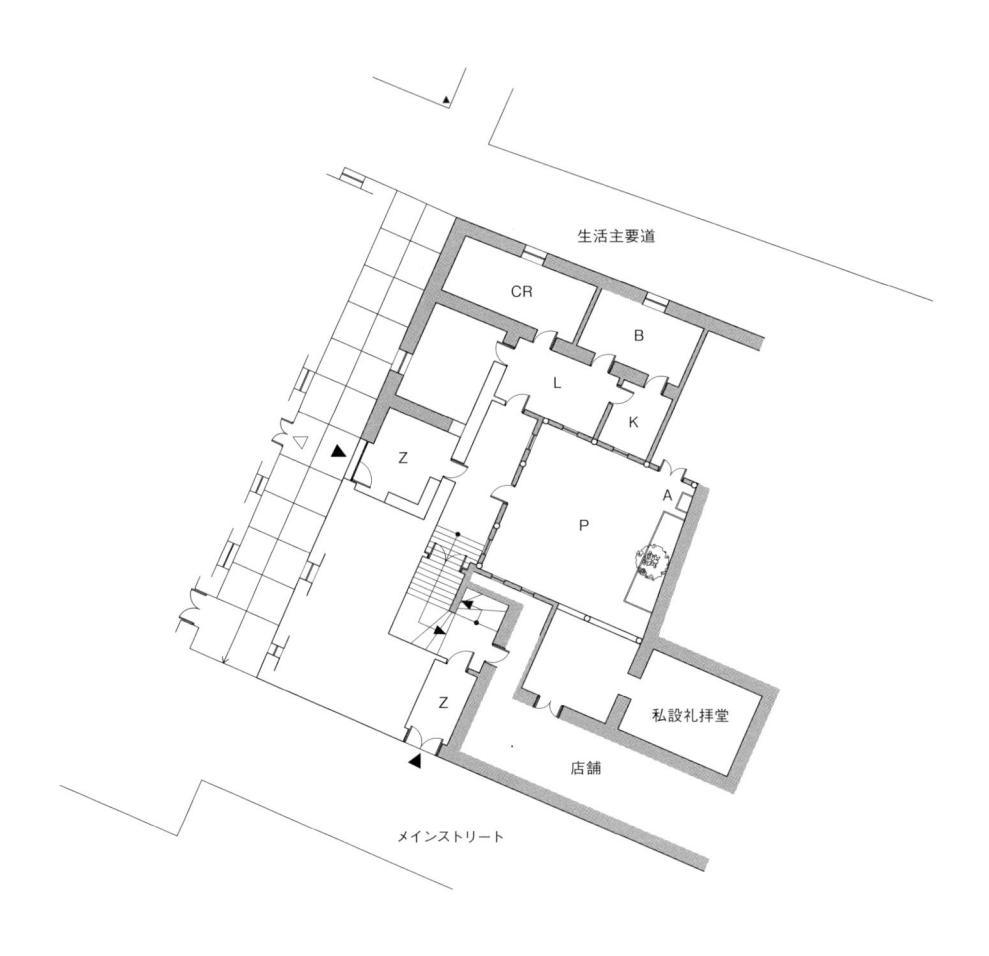

1階平面図

0 1　5M　N

パティオの隅にある私設礼拝堂の天井にあるフレスコ画

ベンチのあるサグアン

室内空間として改装

外観の様子。立派な正面玄関が脇道に設けられている（写真左）

調査年：1999／建築年代：16世紀／保護レベル：B1
◆建物の特徴：16世紀に建てられたパラシオで、格の高い正面玄関を賑やかなメインストリートから離し、落ち着いた脇の坂道に設けている。サグアンには、ベンチがあり、通りの扉とパティオ側の扉の位置をずらすことにより、外部からの視線を遮っている。パティオには、半円アーチの連なる柱廊が3面に巡っていたが、現在、そのうちの2面は室内空間として改装されている。また、パティオの南東の隅にフレスコの天井画を持つ私設礼拝堂があり、当時の豊かな生活を伺わせる。斜面に建つこの住宅は、坂の途中に正面玄関を設け、その下の層に馬小屋の入口を設けているが、後の時代に2階から4階の住宅への入口としてメインストリート側にも入口を設け集合住宅化したと考えられる。斜面を巧みに利用し、非血縁者も気兼ねなく暮らせる空間構成となっている。
◆住まい方・使い方の特徴：住宅及び店舗として利用されている。血縁者で住宅を所有していたが、一部、非血縁者に売っている。非血縁者が使用できる屋外空間や出入口を明確に区別し、血縁の者たちがよりよい空間を占有している。約80年前、ヒアリング対象者の両親がこのパラシオを購入したため、庶民層であっても、パラシオに住んでいる。アルコスでは、パラシオに住んでいるのは必ずしも富裕層とは限らない。

<サンタマリア地区>
花の道沿いの高低差を生かした住宅
04

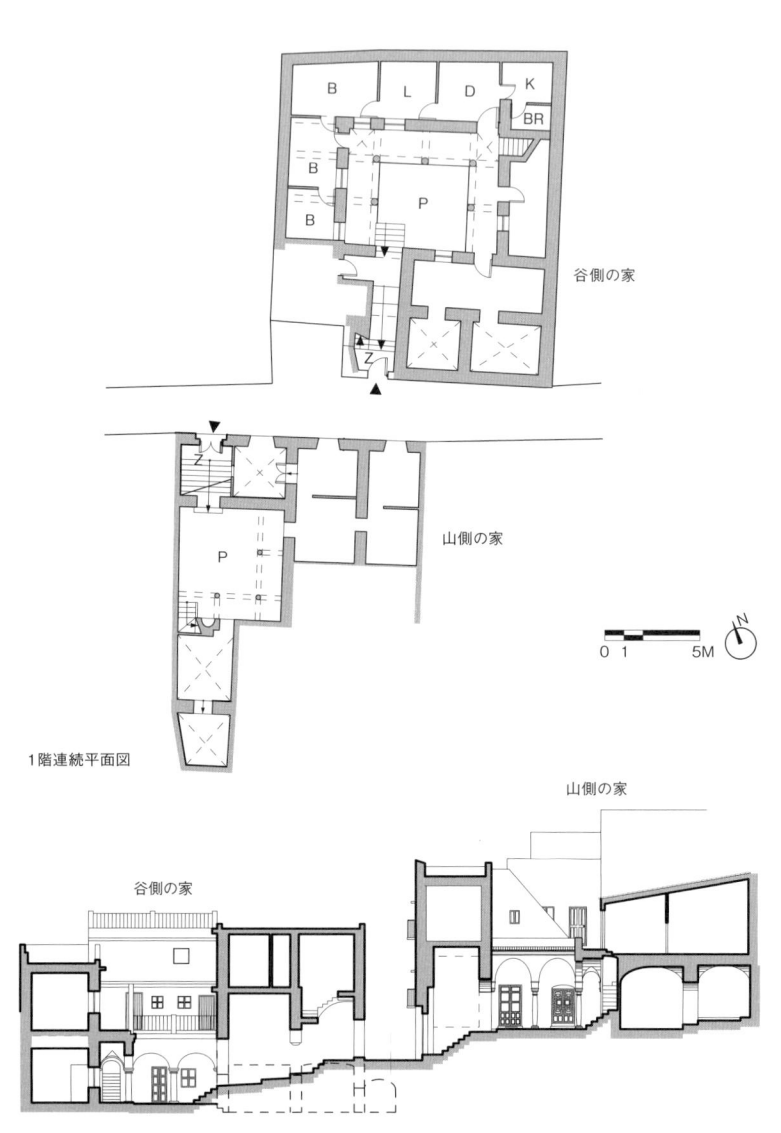

谷側の家

山側の家

0 1 5M

1階連続平面図

山側の家

谷側の家

連続断面図

通りから階段の奥にみえる緑で彩られたパティオ（山側の家）

スパンの異なるアーチとカーテンのかかるパティオ（山側の家）

《山側》

調査年：2000／建築年代：18世紀／保護レベル：B2
◆建物の特徴：花がきれいに飾られた通りの山側にある住宅。サグアンにある階段を上り、パティオの隅にアプローチする。緑あふれるパティオが印象的で、パティオの2面には、足が長く少し尖ったアーチの柱廊が設けられている。また、アーチのスパンが異なるのもこの住宅の特徴である。柱廊の隅には、2階へ続く階段が設置されている。屋根は陸屋根で、屋上からの眺めは素晴らしい。
◆住まい方・使い方の特徴：非血縁の2世帯が住む住宅で、パティオは共同で利用している。夏は、パティオに布で屋根を架け、夏の熱い陽射しから植物を保護し、毎日、パティオで夕涼みをするという。キッチンや屋根など住宅の改装、外壁の塗装は主人が行っている。

《谷側》

調査年：2000／建築年代：19世紀／保護レベル：B2
◆建物の特徴：花がきれいに飾られた通りの谷側にある住宅。サグアンにある階段を下ると、3面にきれいな柱廊がめぐるパティオにアプローチする。30年前に2階部分を増築し、現在2層の住宅となっている。
◆住まい方・使い方の特徴：非血縁の3世帯が住む住宅で、各世帯が所有権を持っている。管理人は特におらず、皆で管理している。

＜サンタマリア地区＞
ジャスミンが咲き誇るパティオのある家
05

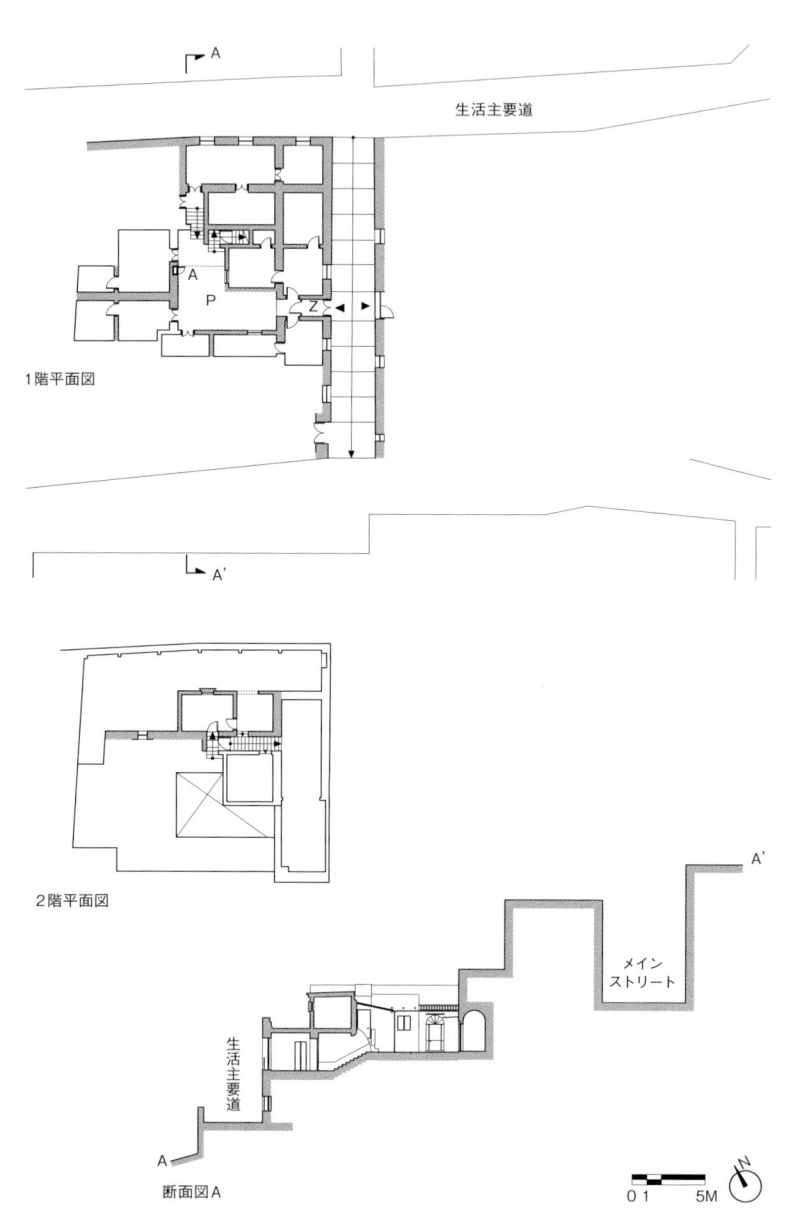

1階平面図

2階平面図

断面図A

生活主要道

メインストリート

0 1　5M

パティオの屋根にかかるジャスミンの木

緑あふれるパティオの様子

植栽の水やりに利用されている貯水槽

調査年：1999／建築年代：不明／保護レベル：該当せず
◆建物の特徴：坂道の途中にとられた入口から、サグアンの奥の扉を開けると、緑あふれるパティオが待っている。パティオの上部にはジャスミンの木の屋根がかかり、床には鉢植えが置かれ、緑あふれる心地よい半屋外空間となっている。植栽の多いこの家では、パティオの一角にある貯水槽から水を汲み上げ、植栽の水やりをしているという。斜面に建つこの家は、パティオを中心として周囲の部屋がスキップフロアのようになっている。街全体が見渡せる眺望のよい屋上をもっている。
◆住まい方・使い方の特徴：この家は、ヒアリング対象者の義母が1953年に購入し、現在は親族3世帯が同居している。ヒアリング対象者の婦人は、農村好きの夫と農村に住むとともに、アルコスにも家をもったという。祭礼のあるときはアルコスにおり、夫が子供たちのために農村にいても、平日は子供たちとアルコスで過ごしたようだ。婦人の父親がもっていた農地は、耕すものがいないために他人に貸しており、そこでは砂糖や小麦がつくられているという。

＜サンペドロ地区＞
アクロバティックなアーチのある集合住宅
06

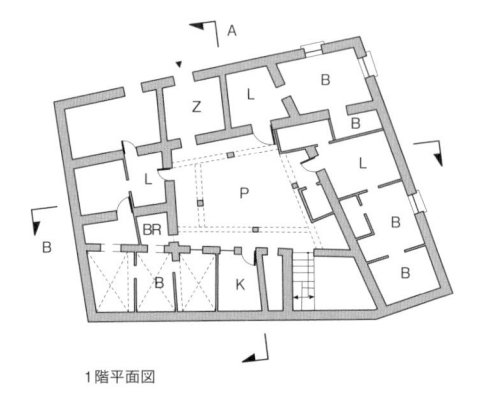

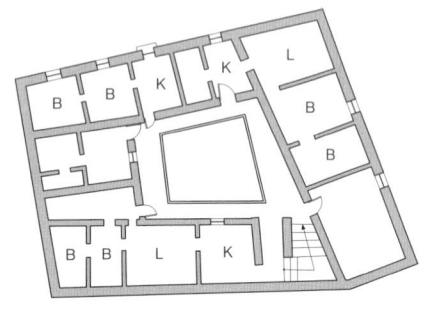

1階平面図

2階平面図

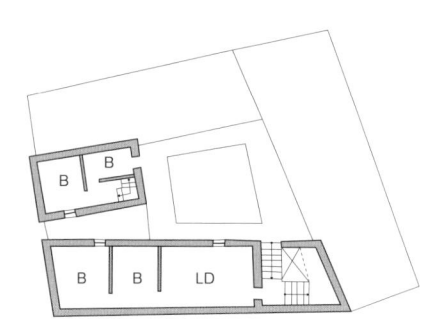

3階平面図

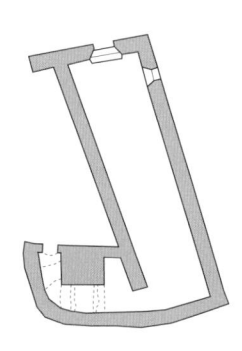

地下1階平面図

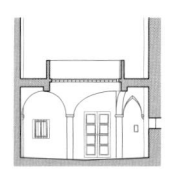

中庭断面図A

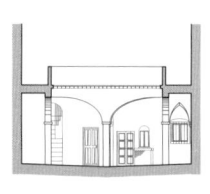

中庭断面図B

0 1　5M

隅柱を省略したアーチが用いられた柱廊

隅に置かれたバイクの横に増築されたトイレが見える　　　　　　　　　　1階西側の柱廊

調査年：2001／建築年代：19世紀／保護レベル：B2
◆建物の特徴：元は貴族の邸宅だったのが、現在は血縁関係を持たない6世帯がそれぞれ所有する集合住宅となっている。集合住宅化に伴ない、室内に薄い壁がつくられ、中庭にトイレが増築されている。中庭の柱廊について、上階の荷重を支えるために通常は四隅に柱をつくるところを、この住宅では四隅の柱を省略してアーチを空中で交差させることで荷重のバランスをとっている。隅の空間を有効利用することができる高度な手法だ。
◆住まい方・使い方の特徴：1階に2世帯、2階に3世帯、3階に1世帯がそれぞれ住んでいる。1階の住人が中庭の管理をしているが、全世帯の住人が利用することができる。1970年頃にトイレが中庭につくられるまでは、湯を溜めた大きなたらいに用を足し、それを畑に捨てに行っていたという。

<サンペドロ地区>

格式高い芸術家のパラシオ
07

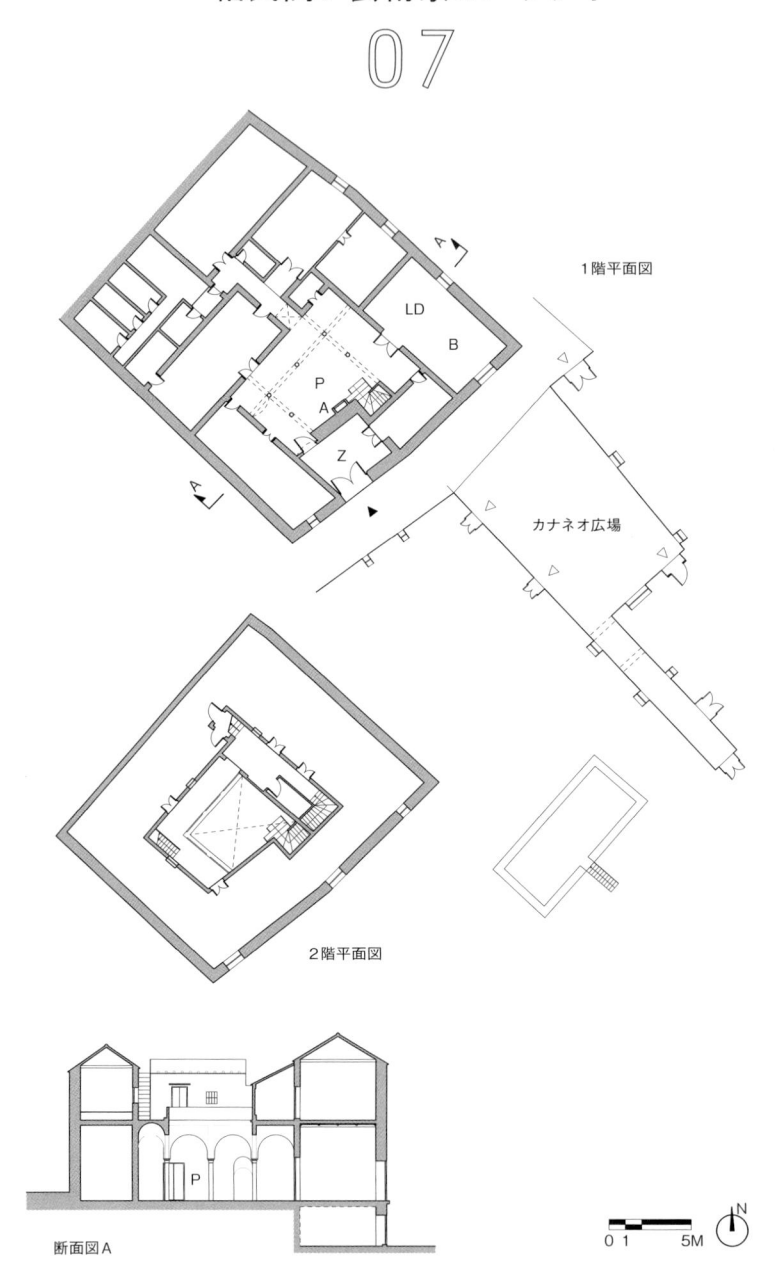

1階平面図

カナネオ広場

2階平面図

断面図A

0 1　5M　N

華やかなに飾られたリビング

大きな紋章のある入口

上心アーチが用いられた柱廊

調査年：1999／建築年代：17世紀／保護レベル：B2

◆建物の特徴：旧ガマサ・イ・ボオルケス家のパラシオ。カナネオ広場正面に建つこの邸宅の入口には大きな紋章があり、ここが格式の高い貴族の邸宅だったことを示している。玄関ホールであるサグアンが中庭の隅に接続しているのは、中庭のプライベート性を意識するアルコスらしい特徴だ。扉を開け放していても、外から中庭や主な生活空間が見えすぎることはない。中庭の柱廊にはイスラーム建築が好んだ、円弧下部の脚が長い上心アーチが用いられている点は興味深い。劇場の大階段のような階段は、中庭の華やかさを演出している。

◆住まい方・使い方の特徴：1階のリビングは、芸術家である家主がデザインしたという。シャンデリアや大きな鏡が金色に輝き、実に華やかである。隣の寝室からはアルミランテ広場の様子が一望でき、夏に開催されるフラメンコの宴を部屋から楽しむことができる。この邸宅は、農業経営者だった家主の妻の祖父が一棟購入し、子供6人が相続した。現在は1部屋を非血縁者に貸しているが、残りは親族6世帯が住んでいる。

<サンペドロ地区>
オレンジを囲む静かな家
08

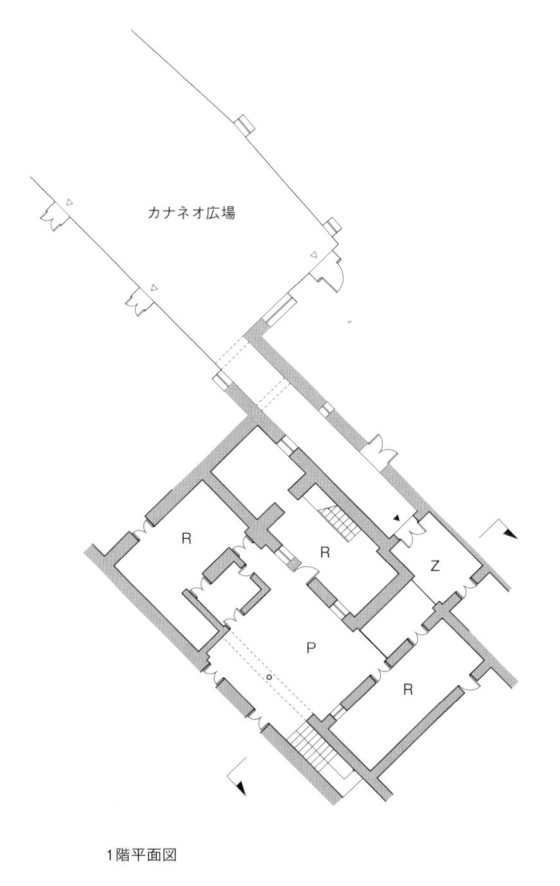

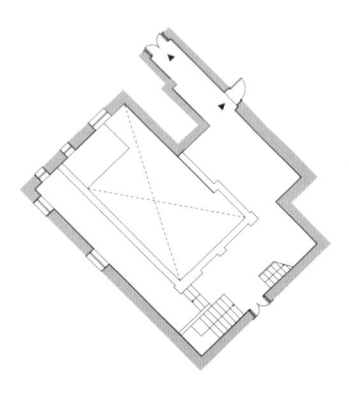

カナネオ広場

1階平面図

2階平面図

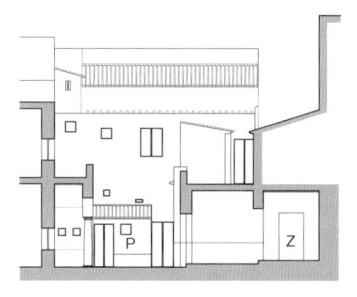

断面図

0 1　　5M　N

右奥の袋小路の先が入口

ヴォールト天井の廊下　　　　　オレンジの木とパステルオレンジに塗られた窓

調査年：1999／建築年代：19世紀／保護レベル：C

◆建物の特徴：カナネオ広場奥の袋小路に面した住宅である。入口から玄関ホールであるサグアンを経て、右へ曲がってヴォールト状の廊下を抜けると中庭の隅に到着する。公共性の高い広場に面していても、長い袋小路と折れ曲がった廊下によって、静かな生活空間が確保されている。中庭には大きなオレンジの木が植えられており、正面の2連アーチと共に視覚的なアクセントになっている。かつては瓦葺の屋根だったが、現在は陸屋根に改築されて洗濯物を干すスペースとして活用されている。

◆住まい方・使い方の特徴：4世帯の集合住宅だが、常時住んでいるのは3世帯で、1世帯は普段農村に住み時々帰ってくるという。扉や窓の周囲が可愛らしいパステルオレンジで塗られている。女性陣のリクエストだそうだ。

<サンペドロ地区>

街路に対してギザギザに建つ住宅

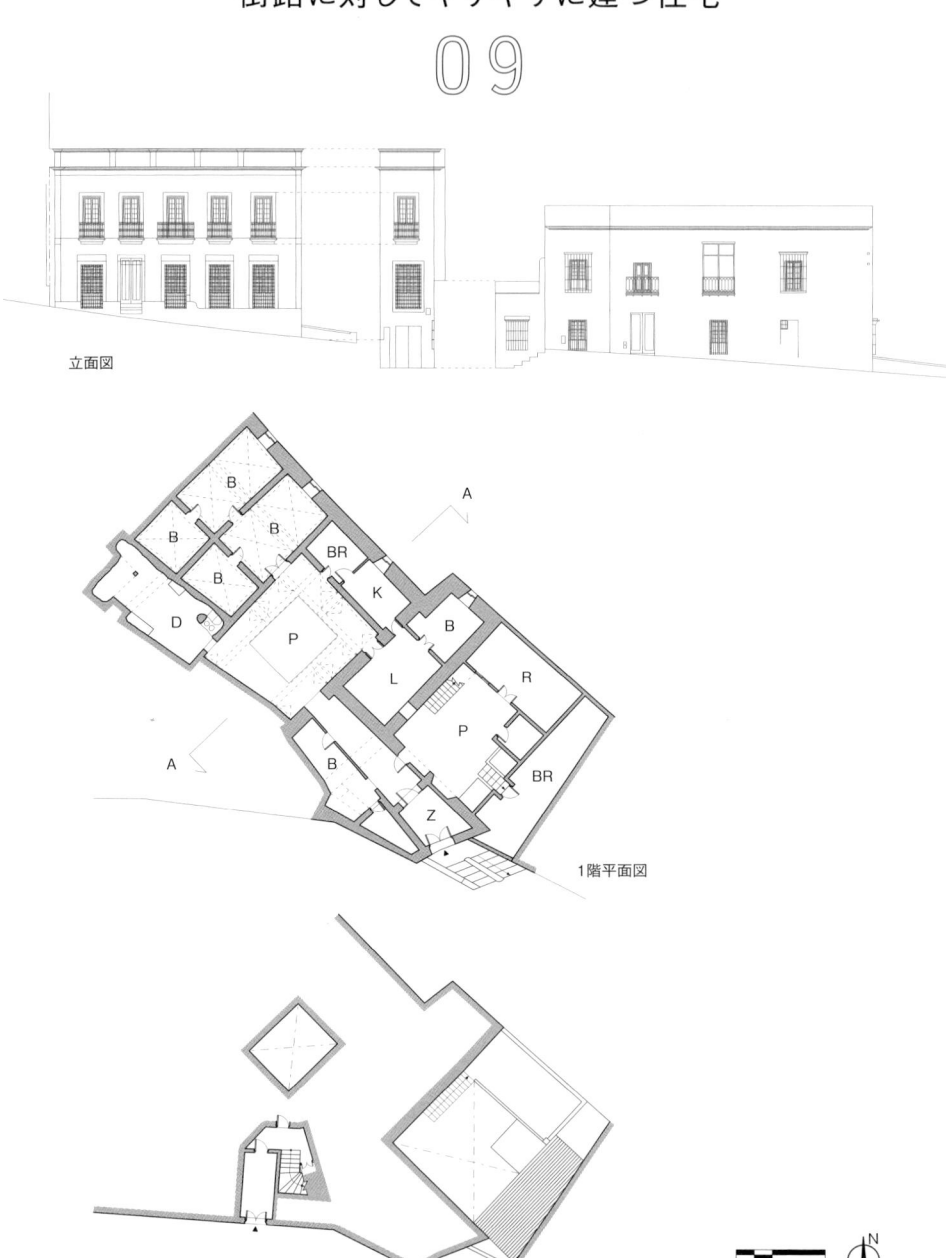

09

立面図

1階平面図

2階平面図

裏庭を改装した第2の中庭

ヴォールトのある台所

個人住宅の入口

1階個人住宅の中庭

調査年：2003／建築年代：17世紀／保護レベル：B2

◆建物の特徴：かつて修道院として使用されていたこの建物は、現在1階が個人住宅で2,3階がアパートとなっている。街路に対してギザギザに建つ建物の特長を活かし、集合住宅用と個人住宅用のふたつの入口が設けられている。集合住宅の入口は街路に直接面しており、個人住宅の入口は少し街路から内側に入り込んだ低い位置に設けられている。個人住宅の中庭は入口から長い廊下で引き込んだ位置にあり、3面を巡る柱廊は隅柱を省略した形式が用いられている。奥には地下を掘り込み、ヴォールト天井がつくられた部屋があり、昔から台所や食堂として用いられているという。

◆住まい方・使い方の特徴：個人住宅のサグアンを抜けたすぐ右手には、元々ロバや牛・豚などを飼う小屋がある裏庭があった。2002年に居室を増やすために屋上テラス付の部屋と風呂が造られ、空いたスペースは第2の中庭として改装されている。2,3階のアパートはコンパクトな現代風の間取りになっており、小さな子供がいる若い夫婦達が住んでいる。屋上は洗濯物を干す共有スペースとして活用されている。

<サンペドロ地区>
増改築が繰り返された現代的な家
10

1階平面図

3階平面図

2階平面図

断面図

現代的なリビング

中庭の階段

調査年：2002／建築年代：19世紀／保護レベル：C
◆建物の特徴：袋小路の突き当たりにあるこの住宅は、1階は敷地の形に合わせて不整形だが、増改築された2,3階は整然とした間取りで内装も現代的なつくりになっている。元の建築年代は非常に古いというが、モダンな家具や家電が揃えられた室内には古さを感じない。
◆住まい方・使い方の特徴：ここには3世帯が住んでいるが、中庭に設けられた2つの階段によって動線が分かれるようになっている。また、廊下や中庭の壁面は、それぞれ所有権が決められており、それが腰壁タイルの柄の違いとなって表れている。

＜サンペドロ地区＞
かつて12世帯も住んでいた家

11

1階平面図

断面図

かつて12世帯が使っていた中庭

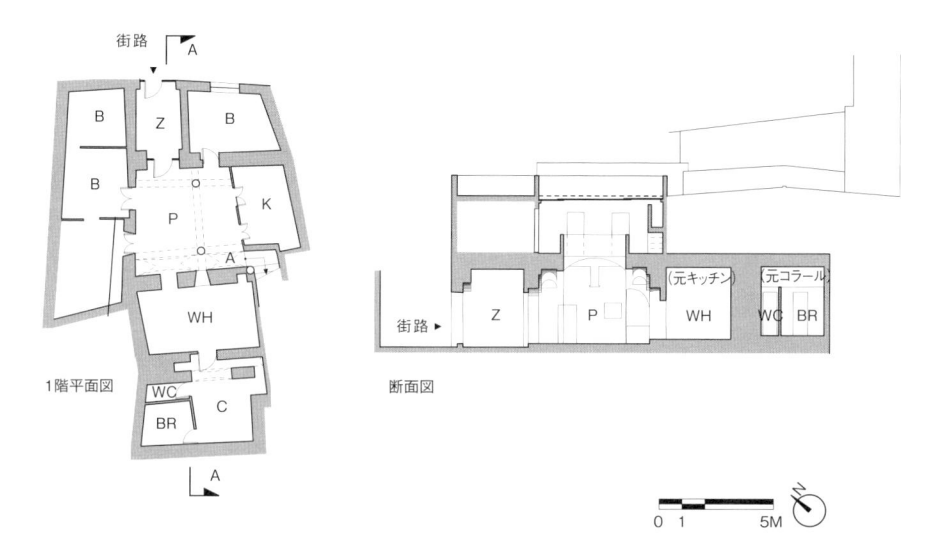

水道水を引いた貯水槽

調査年：2002／建築年代：18世紀／保護レベル：B2

◆ 建物の特徴：中庭を囲み、必要な空間がコンパクトにまとまっている。現在の中庭西側にはもう一つ中庭があったが、集合住宅化に伴って居室化された。また、裏庭には1980年頃に風呂とトイレが取り付けられた。

◆ 住まい方・使い方の特徴：1970年頃までは、10～12世帯と大人数が住む集合住宅だった。多くの住人はいつも他の街や農園に働きに出ており、人の多さはさほど問題なかったという。現在は2世帯のみが住んでおり、屋根を改築してフラットな屋上にしたり、中庭の貯水槽に水道水を引くなど、改築をしながら便利に暮らしている。

<サンペドロ地区>

ヴォールト天井のある元司祭の家

12

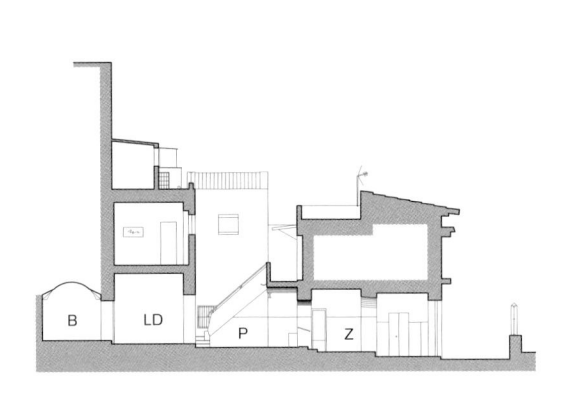

断面図A

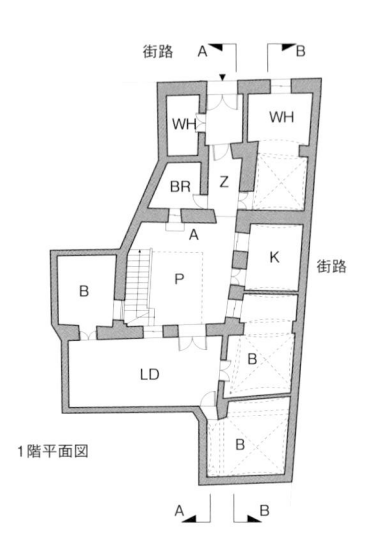

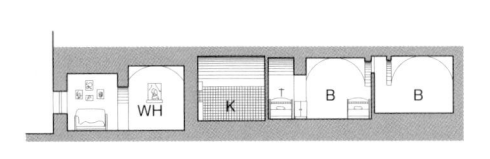

1階平面図

断面図B

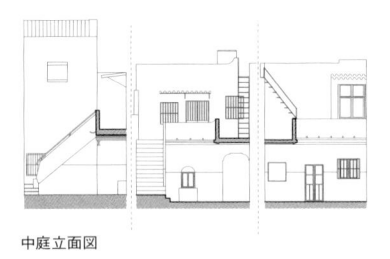

中庭立面図

0　1　　　5M　N

タイルと植栽で彩られた中庭

交差ヴォールトのある寝室

タイルが美しいサグアン

2階に増築されたサンルーム

居心地の良さそうな住民

調査年：2002／建築年代：19世紀／保護レベル：C

◆建物の特徴：この住宅には元々教会の司祭が住んでいた。建物東側には、アーチが並び、美しいヴォールト天井のある居室があるのが特徴的だ。かつて廊下にもヴォールト天井があったが、1950年頃の地震で崩れ、現在はフラットな天井となっている。中庭には1970年頃に貼り付けたという腰壁タイルが巡っている。壁のひび割れの原因となる湿気を防ぎ、掃除がしやすく、そして美しいというメリットがある。

◆住まい方・使い方の特徴：家主は、生まれた時からずっとこの家に住んでいる。家主の両親が住み始めた頃はトイレや台所はなく、かまどで炭を使って料理をしていたという。大工を引退した家主は、今は鳥や中庭の植物を世話しながら、1階の居間で過ごすことが多いそうだ。

<サンペドロ地区>
袋小路に面するパティオのない家
13

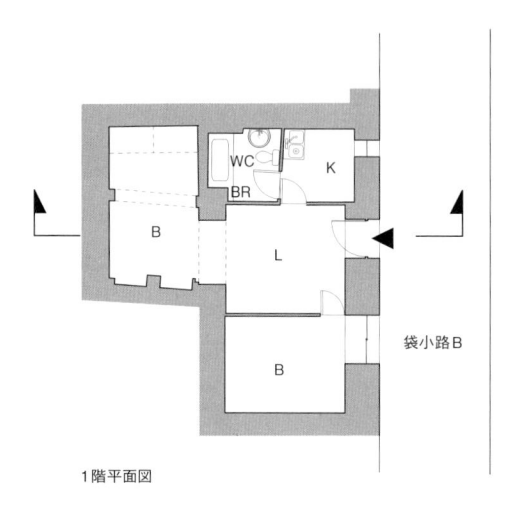

1階平面図

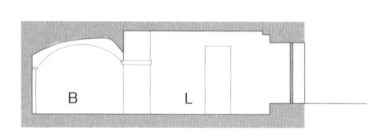

袋小路B

断面図

0 1 5M

洞窟型の部屋

玄関前の袋小路にあふれだす洗濯物と植木鉢

調査年：2002／建築年代：19世紀／保護レベル：C
◆建物の特徴：パティオのない住宅で、玄関の扉をあけるとすぐリビングがあり、その横と奥にキッチンや寝室がある。バス、キッチンがある場所は、かつて馬・豚小屋だった。1985年頃ほど前に瓦礫であったこの家を建設業者の息子が改修した。
◆住まい方・使い方の特徴：同居している息子は、毎日、他の街に働きに行き、寝るときと週末のみこの家で過ごしている。パティオや屋上などプライベートな屋外空間がないため、玄関前の袋小路に洗濯物や鉢植えが溢れ出している。

<サラオンダ地区>
絶景を望むアルコス北端の住宅
14

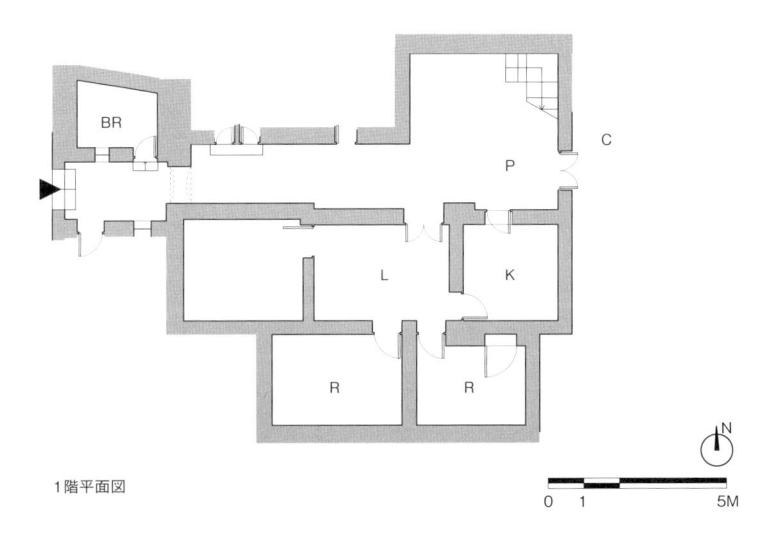

1階平面図

0 1 5M

サン・アグスティン教会方面の街並みを一望

入口のある通りの様子

| 調査年：2000／建築年代：不明／保護レベル：該当せず |

◆建物の特徴：アルコス北端のサラオンダ地区にあるこの住宅は、中心部の大きな敷地に中庭を構える中庭型住居とは異なり、細長い敷地に建ち形式が定まっていない。中庭の奥に続く裏庭が広く開放的である。

◆住まい方・使い方の特徴：小さな中庭よりも、絶景を望む開放的な裏庭で日光浴をすることを好むなど、使い方も街の中心部とは異なっている。

<サラオンダ地区>

細長い廊下で憩う住宅
15

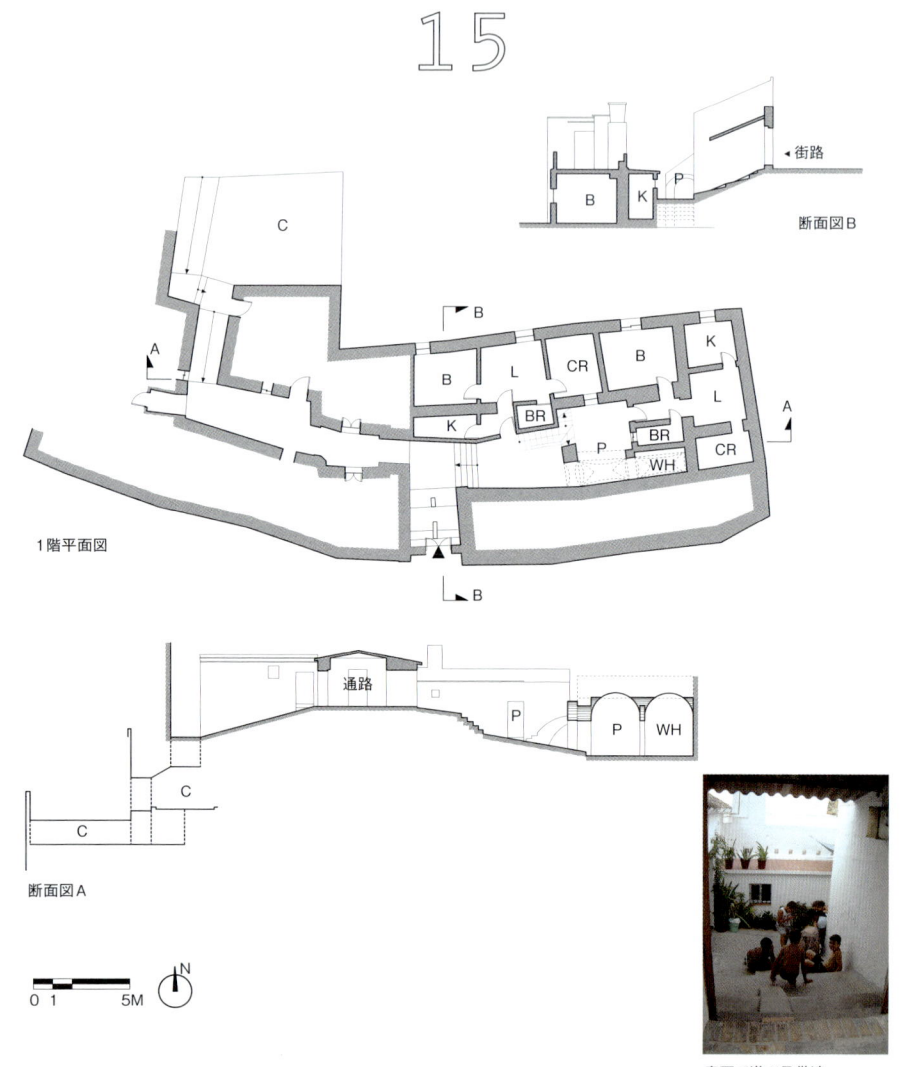

断面図B

1階平面図

断面図A

0 1 5M N

廊下で遊ぶ子供達

調査年：2002／建築年代：1907年／保護レベル：C

◆建物の特徴：東西に細長い廊下を囲むこの住宅は、20世紀に入って建てられた。1980年頃の改築で、屋上と台所、バスルームがつくられた。

◆住まい方・使い方の特徴：親族同士5世帯が住んでいるというこの住宅では、細長い廊下が婦人達が段差に座って談笑したり、子供たちが遊んだりと中庭のように使われている。

<サラオンダ地区>
教会とつながっている家
16

2階平面図

3階平面図

サン・アントニオ教会2階

断面図

サン・アントニオ教会

0 1 5M N

パティオの様子　　入口からみえるサグアン

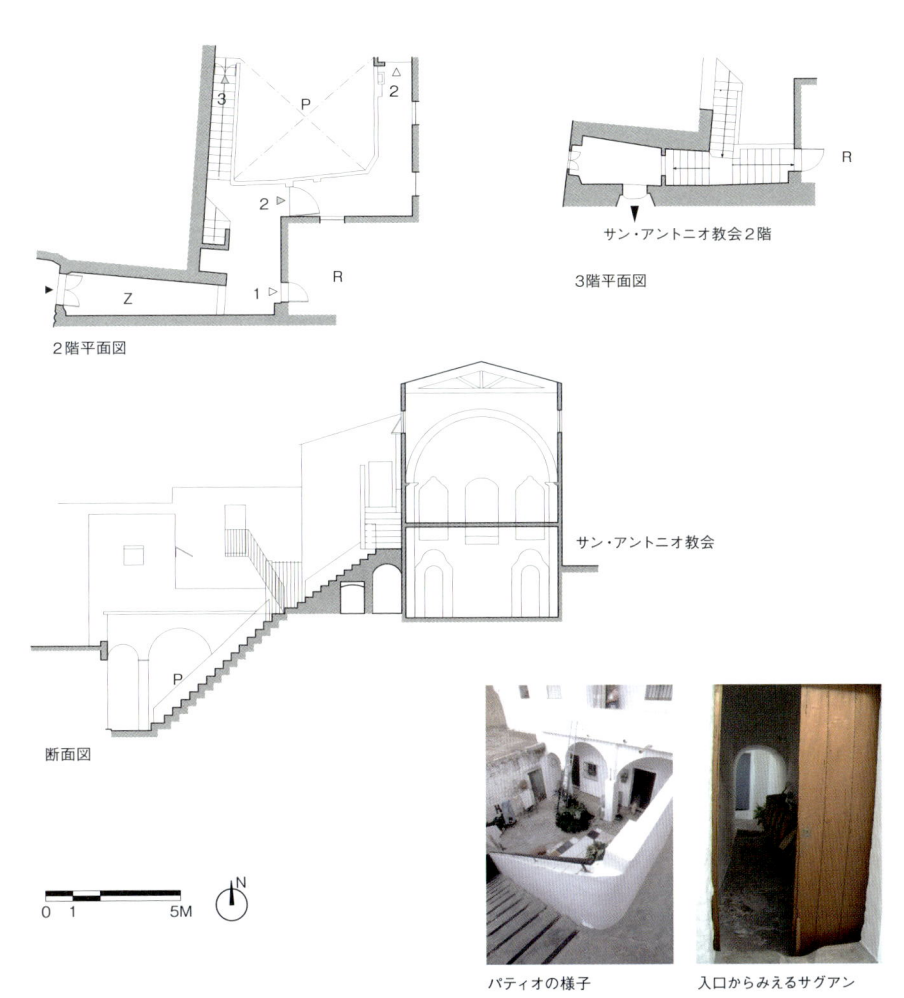

調査年：2002／建築年代：19世紀／保護レベル：C

◆建物の特徴：アルコス北端のサラオンダ地区にあるこの住宅は、中心部の大きな敷地に中庭を構える中庭型住居とは異なり、細長い敷地に建ち形式が定まっていない。

◆住まい方・使い方の特徴：小さな中庭よりも、絶景を望む開放的な裏庭で日光浴をすることを好むなど、使い方も中心部とは異なっている。

＜サラオンダ地区＞
機能的な中庭をもつ住宅
17

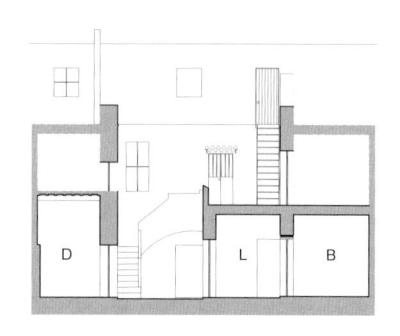

断面図A

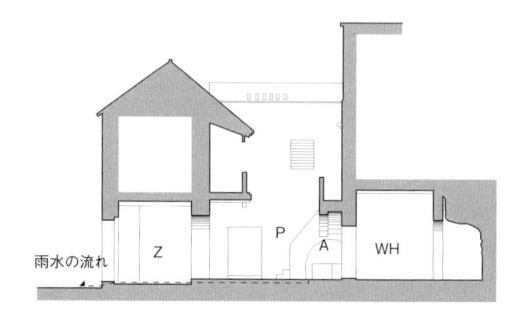

断面図B
雨水の流れ

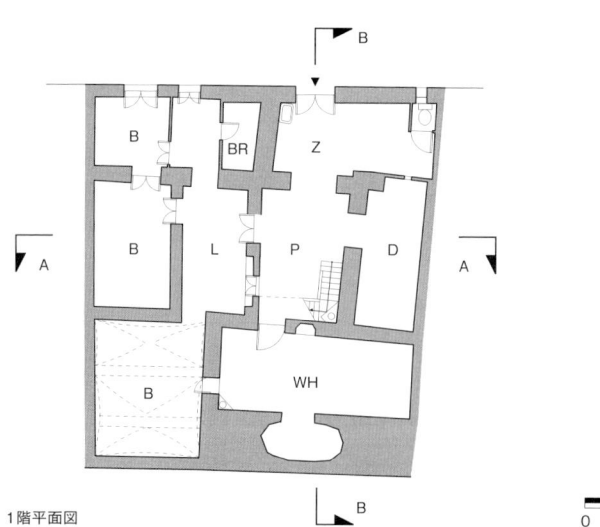

1階平面図

0 1   5M

植木鉢で飾られた中庭

メインストリート側にある入口 　　広々とした屋上を活用している

調査年：2002／建築年代：19世紀／保護レベル：C

◆建物の特徴：敷地はさほど広くないが、中庭を囲んで各居室が整って配置されている。奥の寝室には外光が全く入ってこないが、大きなヴォールトに包まれた静けさが心地良い。現在は物置として使われている南奥の空間は、1950年代までは馬小屋だった。小さな中庭の地下には貯水槽がつくられている。貯水槽の水が一杯になると、溢れた雨水は床の穴から出て溝を伝い、小さな穴を抜けて街路に排水できるような仕掛けになっている。

◆住まい方・使い方の特徴：かつてこの土地には大きなレンガ工場が建っていたという。今は4世帯が住む住居となっている。バクテリアを食べるからという理由で、昔は井戸に魚を入れていたそうだ。今は貯水槽の水は飲料水として使用せず、植木の水遣りに使っている。

<サン・アグスティン地区>
大きな馬小屋が残る家
18

1階平面図

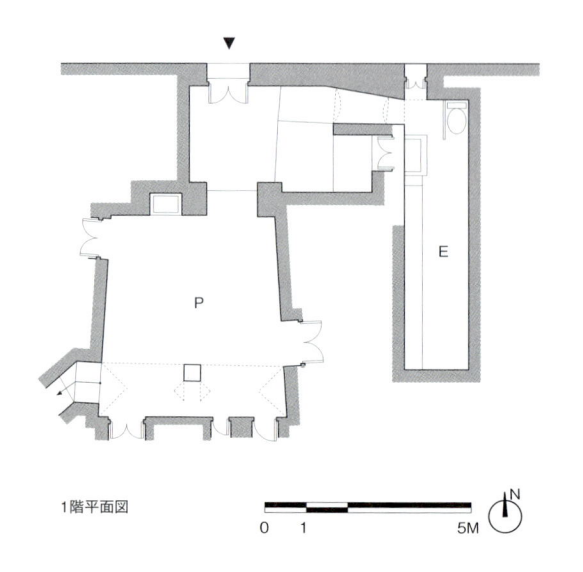

馬小屋へ向かうスロープ

入口付近の様子

現在は物置として使われている馬小屋

調査年：2000／建築年代：19世紀／保護レベル：C

◆建物の特徴：この住宅には大きな馬小屋がそのまま残されている。入口左のスロープを下ると馬小屋、入口正面から奥に進むと柱廊のある中庭、というように、敷地の高低差を利用して人と家畜の動線が混ざらないように工夫されている。

◆住まい方・使い方の特徴：1階に住む老夫婦は、くつろぐ時、食事の時など多くの時間を中庭で過ごす。特に街路の様子を伺うことができる東側を好んでいるという。

<サン・アグスティン地区>
中庭がリフォームされた平屋
19

断面図A

1階平面図

メインストリート側にある入口

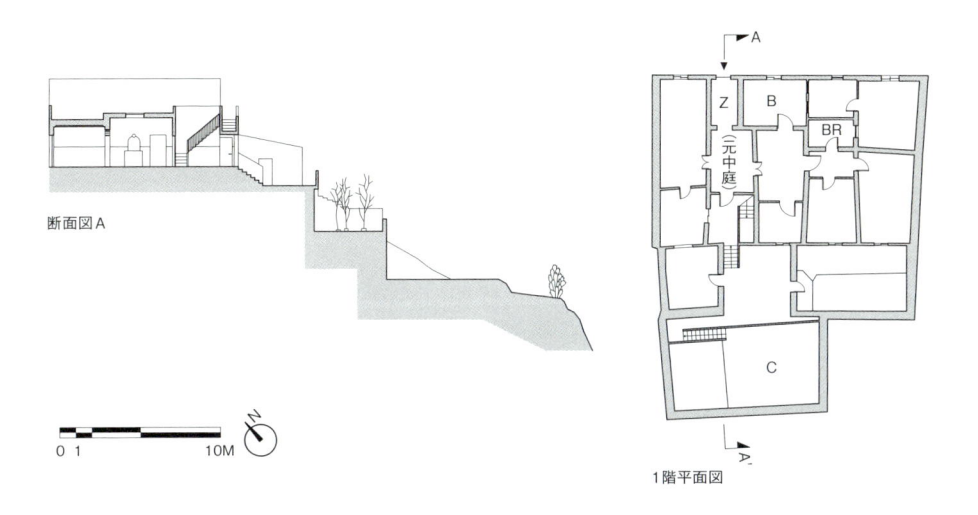

広々とした屋上を活用している

調査年：2001／建築年代：1907年／保護レベル：C

◆建物の特徴：1995年、老朽化対策のために州からの助成金を用いて改築を行った。その際、元々あった小さな中庭に屋根を取り付けて室内化している。

◆住まい方・使い方の特徴：崖が迫ったこの住宅では、中庭の代わりに眺望の良い屋上を積極的に活用している。

＜サン・アグスティン地区＞
白い迷路の家
20

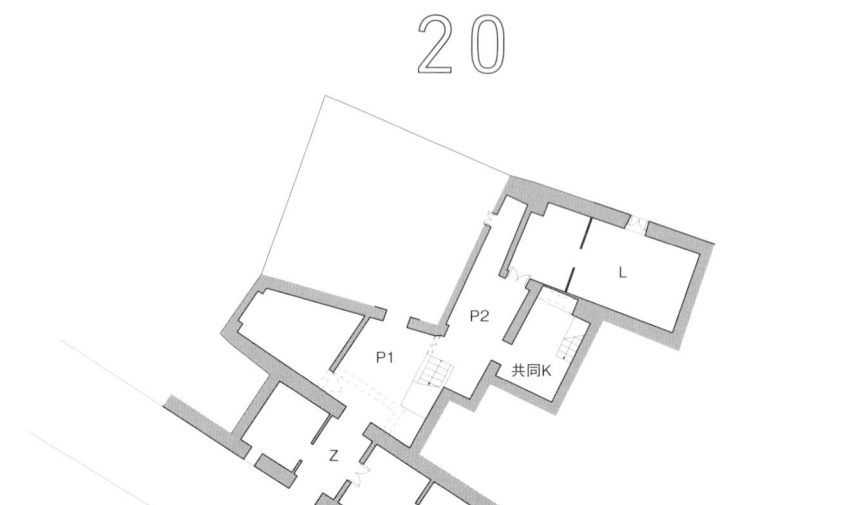

屋上からはアルコス旧市街を一望できる

中庭にある印象的な外階段

調査年：2000／建築年代：19世紀中頃／保護レベル：C
◆建物の特徴：2つの中庭がＬ字型に連結する不整形なプランは、増改築の過程でできたものと推測される。
◆住まい方・使い方の特徴：夏の日差しが強いときは、中庭の上に布をかけて日除けにしている。夕方は屋上に上って夕涼みを楽しむそうだ。近年は日常的に住む住人が減ったために使われる頻度が少なくなったが、数十年前は全世帯の住民が共同キッチンを利用していたという。

＜サン・アグスティン地区＞
短冊状の家
21

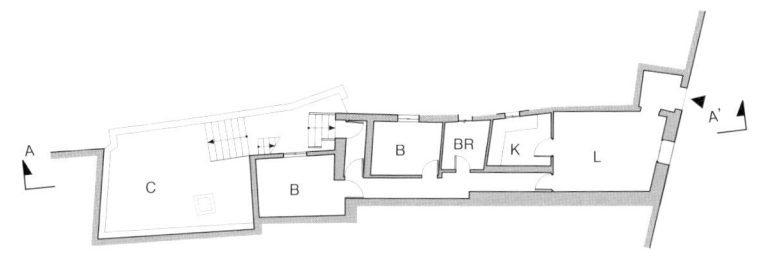

1階平面図

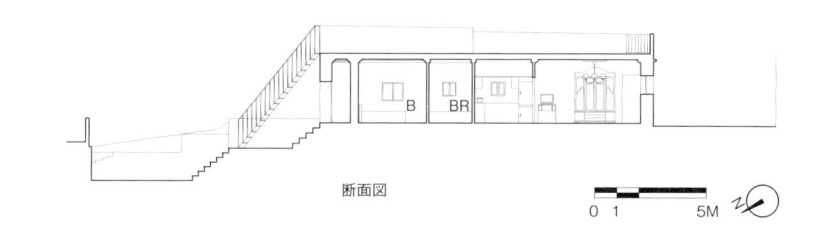

断面図

0 1 5M

元は右（東）隣の住宅と一体の住居だった

廊下の片側に部屋が並ぶ

調査年：2003／建築年代：不明／保護レベル：該当せず

◆建物の特徴：東の周縁部では、尾根道に沿って細い短冊状に敷地が分割されており、庶民的な住宅が並んでいる。この住宅は元々東隣と一体の住居だったが、建物を半分に分割して現在の家主が購入した。入口は新たに設けられ、隣の部屋へつながっていたリビングのドアは取り外して壁でふさがれた。

◆住まい方・使い方の特徴：細長い敷地では中庭をもつことができない。その代わりに裏庭と屋上テラスを中庭のように使っている。

<バホ地区>

貯水槽に隠し部屋があったパラシオ

22

1階平面図

立面図

断面図B

断面図A

中庭立面図（東）　中庭立面図（南）　中庭立面図（北）

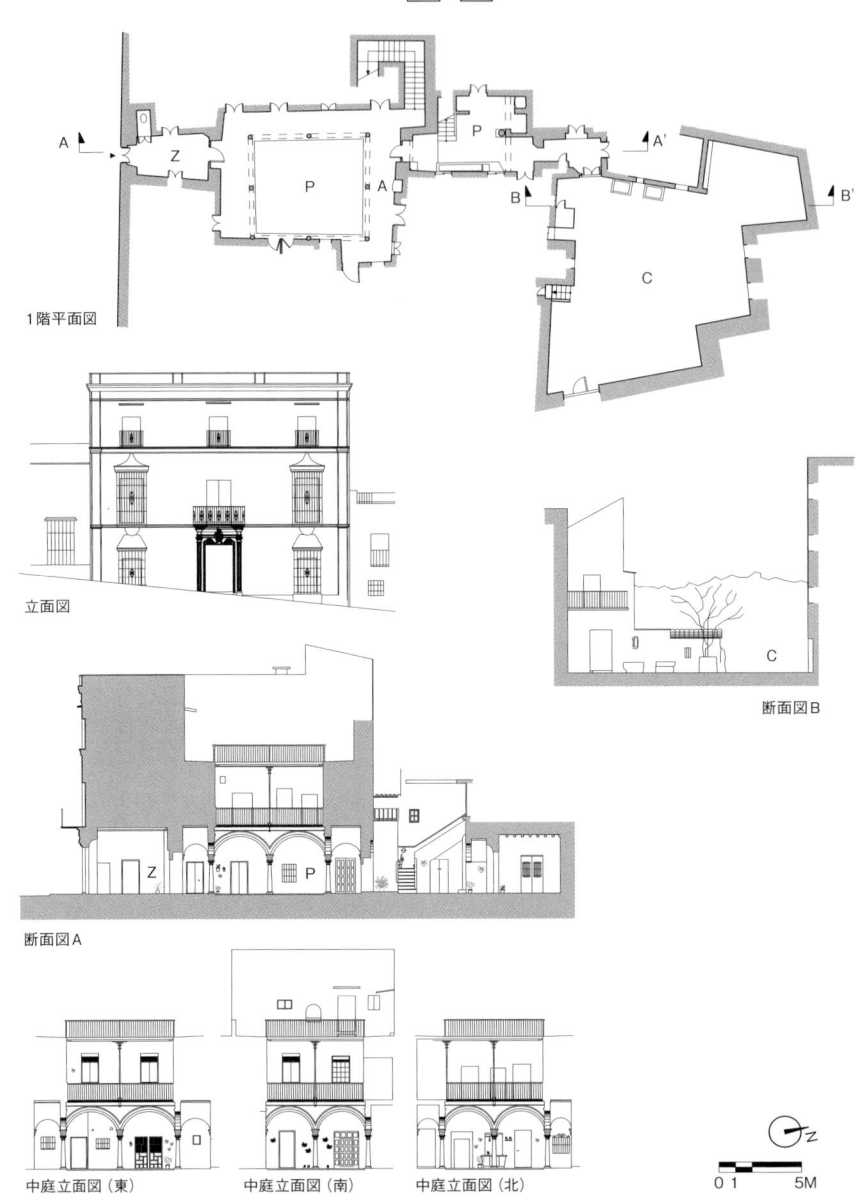

0 1　　5M

隠し部屋に通じる貯水槽　　中庭で遊ぶ子供たち

整った中庭を囲んで 15 世帯が生活している

調査年：2003／建築年代：18 世紀／保護レベル：B1

◆建物の特徴：マトレラ門外に建つアルコスで最も古い邸宅の一つ。大小2つの中庭と、奥に大きな裏庭がある。現在、保護規定によりファサードや中庭、古い台所、床などの改築が制約されている。大きなパティオの北西にある階段の下には元々マリア像が祀られた礼拝堂があったが、1世紀前に蓋をして改築された。また、貯水槽の下には隠し部屋があった。広さは貯水槽の下からサグアンの辺りまであったというが、30年ほど前に塞がれている。小さな中庭は、伯爵が住んでいたころは台所として使われていた。今も石炭を入れて火を焚くコンロや、出来上がった料理を並べる台が残っている。

◆住まい方・使い方の特徴：1960年頃までは、アルコスの街中でロバや馬がたくさん利用されており、この家でも裏庭にある小門が家畜の出入口だった。今は洗濯物を干す場所として裏庭が活用されている。

◆保護レベルについて

ここに収録した22件の大部分は、いずれもアルコス・デ・ラ・フロンテーラ市「歴史地区特別保護計画 Plan Especial de Protección del Conjunto Histórico de Arcos de la Frontera」により歴史的価値を認められ、保護対象と定められた文化財である。陣内研究室が調査を行った1999年から2003年の時点ではまだ草案だったこの条例が正式に施行されたのは2007年のことで、アルコスの歴史的建造物に対し、その重要性に応じて以下の4つの保護レベルが設定された。

A：特級保護（Protección singular）
国またはアンダルシア州政府の定める重要文化財、またはそれに相当する歴史的建造物。アルコス市内の計16棟がこのレベルに設定されている。うち本書に登場するのは以下の建造物。
・市門：マトレラ門
・城塞：カスティーリョ（旧アルコス公爵城、現タマロン女侯爵邸）
・宗教施設：サンタ・マリア、サン・ペドロ、サン・アグスティンの各教会堂、旧エンカルナシオン修道院
なおパラシオでこのレベルに指定されているのはサン・ペドロ教会の北西隣にある「マヨラスゴのパラシオ」（17世紀）のみである。

B1：全体の保護（Protección integral）I
保護レベルAに次ぐ歴史的建造物。指定を受けている全16棟のうち、本項では住宅事例として以下の3棟を紹介する。
・01 アルコス最古のパラシオ（Palacio del conde del Águila）14世紀
・03 私設礼拝堂のあるパラシオ（Palacio de Valdespino）16世紀
・22 貯水槽に隠し部屋があったパラシオ 18世紀
本書に登場するのは、他に、カビルド広場に面した市庁舎（17世紀）、市場（18世紀）など。

B2：全体の保護 II
B1に次ぐレベル。73棟が指定されており、本項では7棟紹介している。

C：類型的・環境保護（Protección tipológica y/o ambiental）
住宅を中心とした、アルコスの歴史的街並みと伝統的な住まいの形式を継承する建造物。384棟が指定されている。

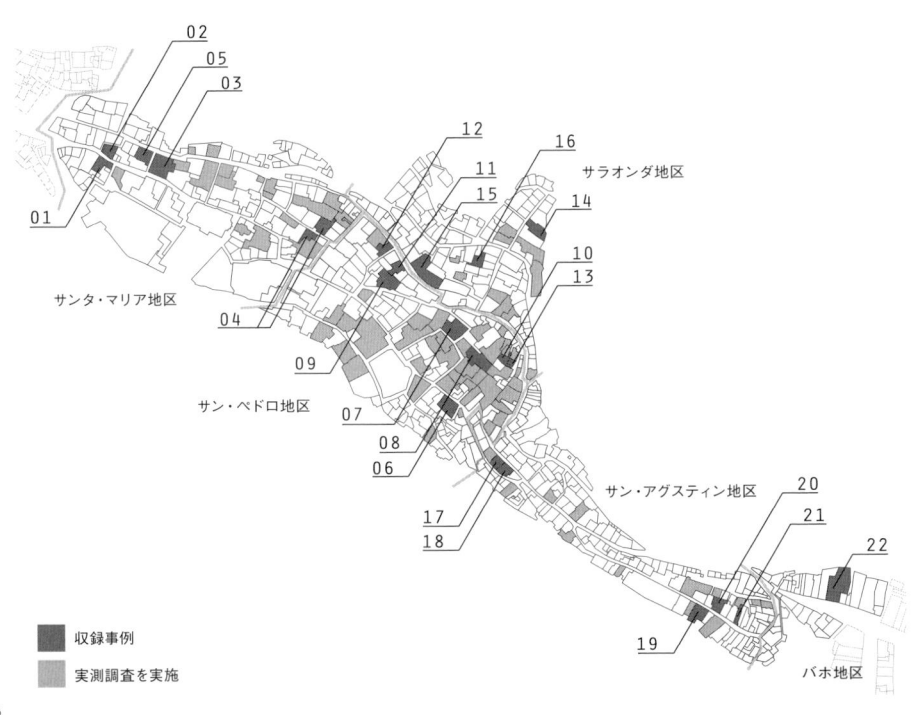

■ 収録事例
■ 実測調査を実施

COLUMN
アルコス ── 人と人とのつながり

　足掛け6年に渡って現地調査を行ったアルコスでは、年々顔なじみが増え、街を歩いているとそこかしこで、「また来たな！ 元気だったか？」「今年は来ないのかなって女房と話してたんだよ」と声をかけられるようになった。ご自宅を見せてくれた人たちはもちろんのこと、地元の建築家や歴史家の先生、市役所の所員やアーティストなど、毎年必ずお会いする彼らとの友好も年を追うごとに深まり、調査の手助けもしてもらった。

　そのなかのひとりがレストラン・オーナーのマノロ氏、通称"ナランハおじさん"だ。スペイン語でナランハはオレンジ。彼の店で飲む生搾りオレンジジュースの爽快な味わいがニックネームの由来である。昼夜問わずテラス席を設けるこのレストランに、私たちは滞在中、何度もお世話になった。ワインやデザートをサービスしてもらったのも一度や二度ではない。マノロは、炎天下の作業のあとで疲れ果てた私たちがなだれ込むように押しかけても、汗だくでテラスと厨房を往復しながら、笑顔で席を用意してくれた。食事のみならず、市役所や知り合いの方とのコンタクトをとり、私たちが少しでも有力な情報に近づけるよう、手を尽くしてくれた。彼のおかげで、アグロタウン調査のきっかけとなったアルコス郊外のワイン・セ

COLUMN

ラーや、ルーラル・ツーリズムのホテルを訪ねることができ、調査は新たな展開を迎えた。アルコスに限らずスペインでの調査では、人の口利きが実物を見るための強力な武器となる。とりわけ小さなコミュニティでは、信頼できる知り合いからの紹介が何よりの信用となるのだ。アルコスで市の古文書を見せてもらえたり、普段は登ることができないサンタ・マリア教会の鐘楼に上がらせてもらえたのはそうした縁によるものだし、カサレスでは街の形成に関する貴重なレポートを入手できた。

　小さな街では私たちの噂もあっという間に広まるらしく、「いつうちに来てくれるのかと思っていたのよ」といわれることもしばしばだった。そんなとき、心に浮かぶのは、継続して訪れることと、誠意をもって接することの大切さである。いくら親切なアンダルシアの人びとでも、信頼なくして交流はない。この信頼は、街のことをもっと知りたいという真摯な探求心と、協力してもらった人びとへの感謝、それから再訪と報告を繰り返した先にあるものだ。文化は違っても、すべてを言葉に置き換えなくても、伝わるものはある。毎年マノロの笑顔に出会い、街行く人と声を掛け合うたびに、そんなことを思わずにはいられない。

（鈴木亜衣子）

第3章

カサレス──風情あふれる白い街

SPAIN

Andalucia
casares

1 田舎町の魅力

　イベリア半島の南端部から地中海に沿って約 300km 続く「コスタ・デル・ソル Costa del Sol（太陽の海岸）」。夏になると、まぶしい太陽と美しい地中海を求めてヨーロッパ中からバカンス客が殺到する、ヨーロッパ有数のリゾート地だ。この華やかなリゾートエリアから少し内陸部へ進むと、素朴な田舎町の風情を残した小さな「白い街（ロス・プエブロス・ブランコス）」がいくつも存在する。カサレス Casares もそのひとつである。

　コスタ・デル・ソルからわずか 14km ほどの山間部に位置するカサレスは、斜面に連なる家々の赤茶の瓦屋根と白壁が織りなす美しい景観で知られる(1)。とりたてて有名な観光名所があるわけでもないが、斜面地ゆえの造形的な魅力があふれる都市空間や高台からの雄大な眺望、アンダルシアの田舎町の素朴な魅力に惹かれ、人口3,000人という小さな街までわざわざ足を伸ばす観光客は少なくない(2.3)。

　カサレスの街中では、前章で見てきたアルコスとは少し異なった都市空間や生活文化を見ることができる。アンダルシアの文化的特徴は、中庭型住宅などを筆頭にアラブ・イスラーム文化からの影響で語られることが多いが、それだけでは語り尽くすことのできない多様な側面をもっている。カサレスでは、その一端を垣間見ることができる。

2 カサレスの歩み

戦略的要衝としての起源

　カサレスは、イベリア半島の南端部を東西に横たわるロンダ山系 Serranía de Ronda の南西のエッジに位置する。このあたりは地中海からイベリア半島の内陸部へアクセスする街道の入口付近にあたったため、古来から戦略的要地として重視されてきた◆1。その歴史は古代フェニキア、ローマ時代まで遡り、その証拠にカサレスの周辺には古代ローマの城跡や集落跡が散在している。

　現在のカサレスの街は、北アフリカのムスリムによって築かれた要塞を起源としている。

1. カサレス全景
2. 家々の狭間から広がる眺望
3. 造形的な魅力あふれる街路

ジブラルタル海峡 Estrecho de Gibraltar からロンダ山系にかけての防衛上の要衝として建設された要塞は、周囲よりひときわ高い高台の頂に築かれた。

農業と交易で栄えたアグロタウン

　カサレスは、15世紀後半にレコンキスタを受け、キリスト教徒の手に渡ると、農業や牧畜を生業とする人びとのアグロタウンとして発展した。他の多くの白い街と同様、街の周囲に広がる灌漑用地や山地で農業を営む暮らしは、スペインが経済成長を果たす1970年代まで続いた。

　アンダルシアのラティフンディオ（大土地所有制）の下では、広大な土地を所有する大土地所有貴族の他に、彼らに雇われて農場を管理する者や、季節ごとに雇われて働く労働者などがいた◆2。カサレスに暮らす農民は、主に土地をもたない人びとで、大土地所有貴族の下で働く日雇い労働者として農業に従事していた。例えば、18世紀半ばに作成された土地台帳によると、当時、カサレスの領土を所有していたのはアルコス公爵で、カサレスにはアルコスで見られたような街中にパラシオ（貴族の邸宅）を構えるような大土地所有貴族はいなかったことがわかっている。また、住民の約半数が日雇い農民で、収穫の一部を地主であるアルコス公爵に納めていたという。つまり、当時カサレスは、アルコスという他の街に住む大土地所有貴族の所領内にあった街のひとつだったのである。とてつもなく広大な土地を農場として運営するラティフンディオでは、大量の日雇い農民を必要とした。カサレスの農民は、日雇いで農場に出向き、労働力を提供していた人びとだったのである。また、カサレスの街中には挽き機や蒸留器があり、収穫された農作物の精製や加工がここで行われていたという。

　ところで、全住民のうち農民の占める割合が半分というのは、アグロタウンとしては珍しい。先の土地台帳によると、住民の残り半分は、外科医や薬剤師、教師、商人、仕立て屋、樽職人、織物職人、革なめし工など、じつにさまざまな職種が存在していた。小規模な街にもかかわらず職人の比率がきわめて高いのである。さらに街中には食事を出す宿や小間物店、パン焼き場などがあったことも記されており、人の往来が多く活気にあふれていたこ

とが窺える。カサレスは、農業従事者が集住するアグロタウンであっただけでなく、街道沿いの交易地として手工業や商業が活発な、都市的な性格ももち合わせた街だったといえる。

時代に取り残された過疎村

しかし、近代に入ると街の様相は一変する。鉄道や車など新しい輸送手段の台頭が街から賑わいを奪った。複雑な地形の上に立地するカサレスは、新たに敷設された主要幹線から外れたのである。

1960年ごろには、農業の機械化が日雇い農民に深刻な失業問題をもたらした。失業者たちはカタルーニャ地方やバスク地方、あるいはドイツやスイスなど国外へも出稼ぎに行き、そのまま戻らない者も多かったという。過疎化にさらに拍車をかけたのが、コスタ・デル・ソルのリゾート開発だった。1970年代にヨーロッパで沸き起こった観光ブームを受け、スペイン国内では国の支援のもと観光産業に力が入れられた。その結果、アンダルシア地方の地中海沿岸部には豪華な国際リゾート施設がひしめき合うこととなった。

このリゾート開発ラッシュはスペインの高度経済成長を促す一因となり、沿岸部の多くの農村や漁村が高級リゾート地へと変貌していった。地中海沿岸部の都市は、恵まれた自然環境を観光資源へと活かし華やかな近代化を遂げた一方、内陸部にあったカサレスなどのアグロタウンは時代に取り残された。人びとは街を出てリゾート産業に携わるようになっていった。

再評価される田舎町

一時は衰退の一途を辿ったカサレスだったが、近年、過疎村を取り巻く状況が変化しつつある。沿岸部の開発がひと段落し、内陸部のルーラル・エリアが見直されているのだ。

その背景にはヨーロッパ各地で注目されているグリーン・ツーリズムがある。田園地帯の農村や漁村に滞在し、農作業体験をはじめとする地元の人びととの交流を通じて自然や地域文化に触れる観光スタイルであるグリーン・ツーリズムは、アンダルシアでも「トゥリスモ・ルラール turismo rural」と呼ばれ、積極的な取り組みがなされている。

このような機運のなか、時代に取り残されていた過疎村が、かつての姿そのままに、素朴な「白い村」として注目を集めるようになった。とくにカサレスは、見る者を圧倒する美しい集落景観が高く評価され、アンダルシアの「白い村」の代表格として知られるようになった。観光客が増えているだけでなく、最近ではヨーロッパ各国からの移住者も増えている。

3　都市の形成過程と空間構成

次に都市の形成過程と空間構成を見ていく。

カサレスの市街地は、高台にあるイスラームの要塞を頂点とし、そのふもとから北東にかけて広がっている (4.5)。街の北を迂回する国道から街中へ入ると、ほどなくして噴水のある小さな広場に辿り着く。街の中心、エスパーニャ広場 Plaza de España である。広場に面して小さな教会やバルがあり、教会の傍らにあるベンチや噴水の周りは住民の溜まり場となっている。アンダルシアの田舎町の風情を感じさせる場所である。

広場からは街路が四方に延びている。そのうちのひとつを選び、高台のイスラームの古城をめざす。家々の間を縫うように続く細い路地を抜けると、やがてイスラームの城門に辿

4. カサレス俯瞰
[©AYUNTAMIENTO DE CASARES]

5. カサレス全体地図

り着く。城門をくぐり、さらに進むと、目の前に広がるのは、長い年月にさらされ崩れかけたイスラームの城跡や教会の廃墟などの遺構の数々である〈6-8〉。周囲には青空が広がるこの高台からは、アンダルシアの雄大な大地が一望でき、晴れ渡った日にはその先に地中海を望むこともできる。この城がかつて、この地一帯を監視し、支配していた様子が窺い知れる絶景である。カサレスの街の形成は、この要塞から始まった。

　カサレスの歴史や市街地の形成過程については、マラガ在住の建築家カルメン・マルティ氏による資料に詳しい◆3。一見、複雑に見える斜面に積層する都市空間も、この資料をもとに形成過程を追うと、その構成原理が理解できる〈9〉。

6. 現存するイスラームの城門。ビリャ門（左）、アラバル門（右）
7. 高台に残るイスラームの城跡
8. 高台にある共同墓地

178　3 カサレス──風情あふれる白い街

イスラームの要塞建設

　現在のカサレス一帯には、ムスリムの支配以前から、丘陵の谷間を縫うように沿岸部から内陸部へと続く街道が通っていたと見られる。イベリア半島に上陸したイスラームの指導者たちがカサレスの高台に要塞を築いたのは、街道を監視するためだった。要塞は海岸部と内陸部、双方からの襲撃に対応していたという。

　要塞内には統治者の城や物見櫓が設けられ、メディナ(市街地)が形成された。メディナに住む人びとのため、モスクや貯水槽も建設された。こうした都市構造は、中世アラブ・イスラームの軍営都市の典型的な形態である〈10.11〉。

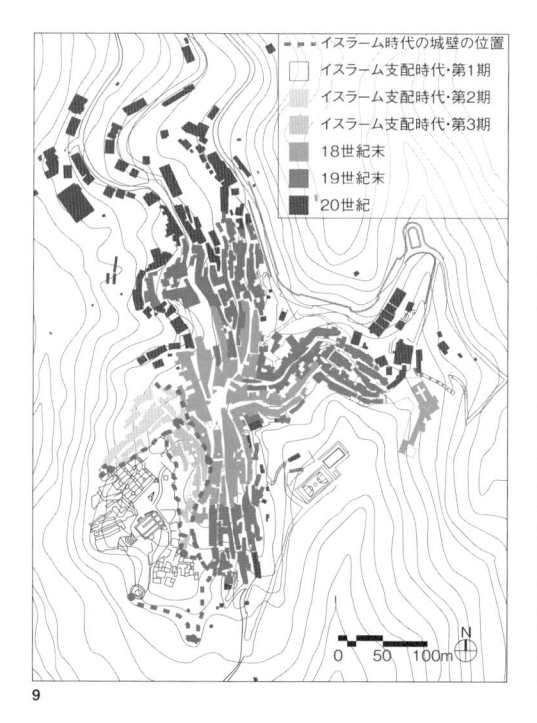

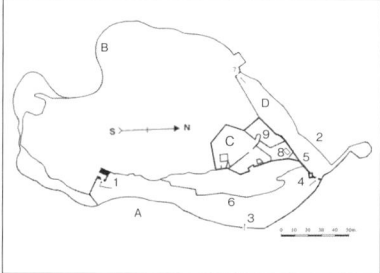

9

10

A:外郭　B:メディナ(内郭)　C:アルカサル
D:アラバル(郭外)
1:ビリャ　2:アラバル門　3:外郭への門(推定)
4:櫓　5:コラッチャ(貯水槽防壁)　6:外堡
7:メディナ-アラバル間の連絡門
8:アルヒーベ(貯水槽)　9:円塔

9. 市街地の拡大過程 [C. MARTÍ, *DESARROLLO HISTÓRICO DE CASARES*, 1990 をもとに作成]
10. イスラーム支配時代の城塞都市
[© A. TORREMOCHA & A. SÁEZ, 1998]

軍事目的で築かれた要塞の周囲では、次第に人びとの定住化が進み、住宅地が形成された。新たにできた市街地を囲むため、城壁は二度、拡張されている。しかしその市街地も、要塞の周囲に張り付くように取り巻いた程度で、市街地は高台の上に留まったままだった。

市街地の拡大

　イスラームの城壁から高台のふもとにかけて市街地が形成されるようになったのは、レコンキスタ以後のことだった。レコンキスタの過程で要塞が陥落した年代は定かでないが、1485年のロンダの陥落をきっかけにロンダ山系の村々の降伏が続いた際に、カサレスもキリスト教徒の手に渡ったと考えられている。

　キリスト教徒の手に渡った後、カサレスの要塞は放棄された。1492年に迎えることとなるイベリア半島におけるレコンキスタの完了を目前にひかえ、弱体化するイスラーム勢力に対し、要塞の重要性が低下していたためである。新たにカサレスの街に入るキリスト教徒もなく、残留したモリスコ（レコンキスタ後もスペインに留まり、キリスト教徒に改宗したムスリム。コラム「ムデハルとモリスコ」参照）も1500年のムデハルの反乱後に退去すると、カサレスの街には人がいなくなり、衰退していった。

　その後、キリスト教徒がカサレスに住み始めたのは、レコンキスタが完了してから1世紀

11

12

11. イスラーム時代のメディナ（市街地）にあった貯水槽の跡
12. 16、17世紀のカサレスの様子
[©MUSEO DE ETNOHISTORIA DE CASARES]

以上がたった16世紀後半のことだった。このころ、要塞内のモスクが教区教会であるエンカルナシオン教会に建て替えられていることからも、街の再建がこの時期に始まったことがわかる。

街の再建に際し、市街地は城壁の外へ拡大した (12)。高台の断崖絶壁の上は防御の面では優れていたが、都市の発展には寄与しないと考えられたのだろう。市街地は、教会がそびえる高台の旧イスラーム地区を中心としながらも、次第に城壁の外へ下へと広がっていった。

エスパーニャ広場の形成と旧イスラーム地区の衰退

17世紀になると、市街地はふもとを通る街道と接するまでに広がった。その接点となった場所が、現在の街の中心であるエスパーニャ広場である (13.14)。広場のあたりは、起伏の激しい周辺一帯のなかでも比較的平らな椀の底のような窪地となっており、広場の形成にも適していたのだろう。

16世紀には、イスラーム地区より東の丘の上にカプチン会の修道院ができ、それに伴い、広場から東へと延びるフエンテ通り calle Fuente が形成された。こうして、南北へ延びる街道と東へ延びるフエンテ通りが収束する窪地に現在のエスパーニャ広場が形成された。

しかし、エスパーニャ広場が広場としての形態を成し始めてもなお、依然として街の中心

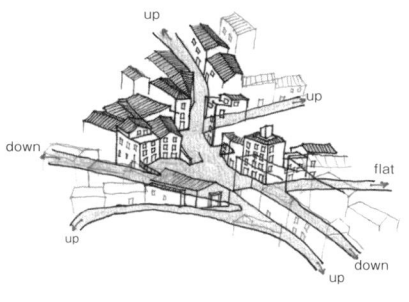

13. エスパーニャ広場を北から見下ろす。広場の中心に見えるのがカルロス3世の泉
14. エスパーニャ広場・俯瞰図

は高台の旧イスラーム地区だった。エスパーニャ広場が、街の中心としての様相を呈し始めたのは、18世紀末ごろと考えられる。広場に面して建つサン・セバスティアン教会と広場の中心にある「カルロス3世の泉」の設置時期がちょうどこのころであることから、それが推測される。まず、市街地が広場周辺まで拡大した17世紀に、広場に面して、街の守護聖人を祀るサン・セバスティアン教会が建てられた〈15.16〉。そして1785年に、治水事業として、広場の中心にカルロス3世の泉が設置された〈17〉。この泉は、各家庭に上水道が整備される1970年代まで、人びとの飲料水、生活用水として日々の生活に欠かせないものだった。

　複数の記録によると、旧イスラーム地区の人口は、このころから減少の一途を辿っている。16世紀以来、エンカルナシオン教会がそびえる高台を中心とし市街地が拡大していたが、サン・セバスティアン教会やカルロス3世の泉などの都市施設が広場に置かれたのを機に、街の中心がふもとのエスパーニャ広場へと次第に移っていったと考えられる。街道沿いの街として手工業や商業も盛んだったカサレスの市街地は、次第に街道を軸として形成されていくようになった。

15. サン・セバスティアン教会。正面（左）と内部（右）

エスパーニャ広場

16

17

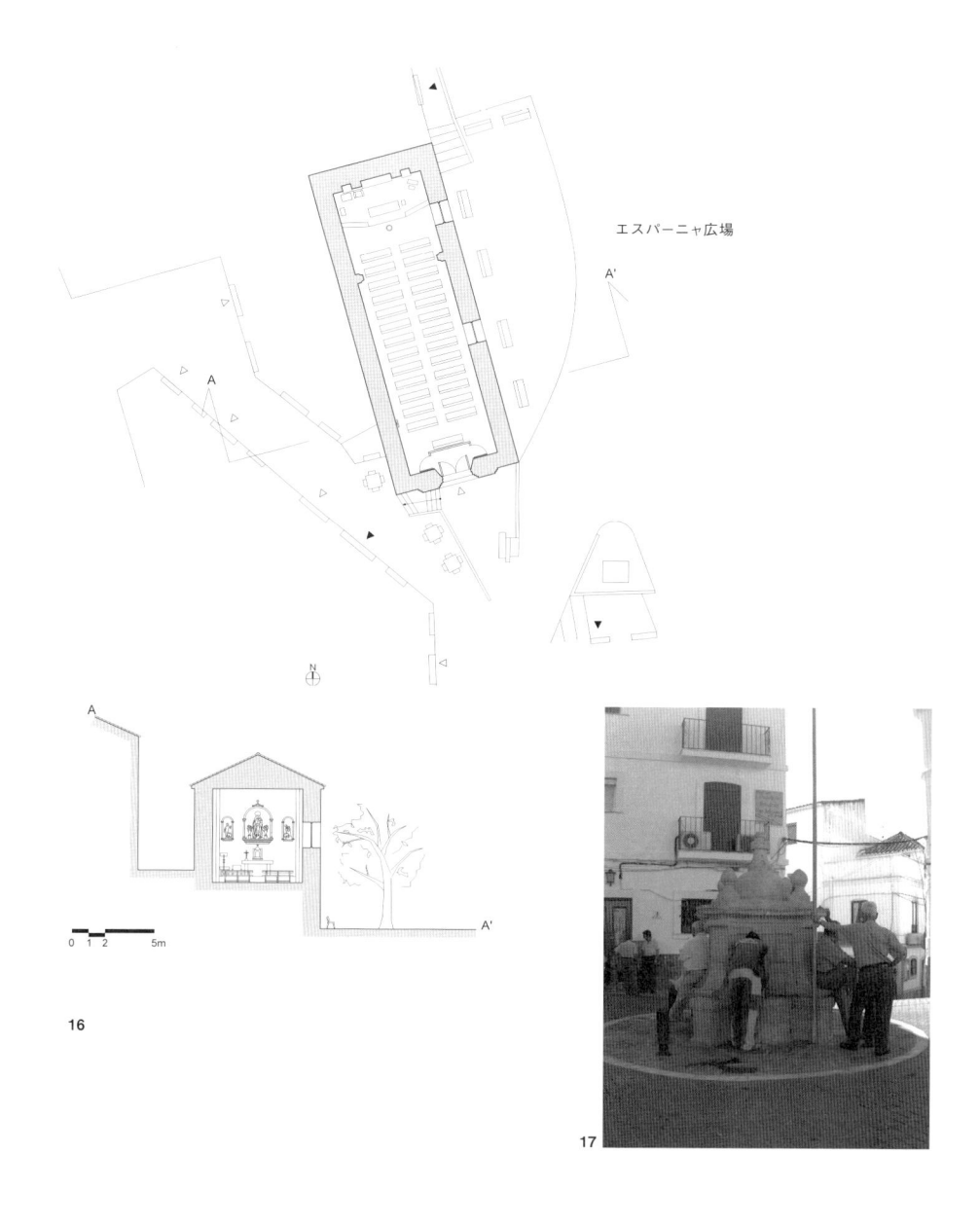

16. サン・セバスティアン教会。街の守護聖人を祀る
サン・セバスティアン教会は、広場に面して建っている
17. カルロス3世の泉

COLUMN
スペイン一美しい村？

　アンダルシアを周ってみると、案外目にするのが「スペインで一番美しい村に選ばれました」というひと言だ。南でこれだけ候補がいたら、イベリア半島全土にはなんぼあるのか……と邪推してしまうが、毎年のようにその種の賞がどこかに授与されるのだから、誰も嘘をついているわけではないのだろう。まだ見ぬカサレスは、長い間憧憬の的だった。なにしろ、行きにくいところにある。"美しい村"ランキングトップの座は、少なくとも日本では揺るぎないように思えたし、手が届かない歯がゆさがまた、切なさを募らせた。
　ところが懸念材料は最初からあったのだ。これだけ有名なのに、マトモなホテルが1軒しかない。さぞかし高い競争率かと思いきや、あっさり予約が取れてしまった。スペイン人の友人に、「カサレスに行くの！」と自慢しても、「どこ？」と言われるか、エストレマドゥーラ地方の"カセレス"と間違われるかのどちらかだ。それでも胸おどらせて調査に乗り込むと、期待が軽い失望に変わるまで半日とかからなかった。崩れた壁。パティオがない。家が狭い。パラシオがない。「まだ来たばかりじゃないか」と陣内先生はなだめてくださるのだが、なかなか気分は高揚しなかった。あげくには村人まで仏頂面に見えてくる。それでも仕事なのだと気を取り直し、ヒアリングを続けるうちに、カサレスはアルコスと違う文化や住宅構造、

歴史をもつという当たり前の事実にはっとした。気付かぬうちに、アルコスをすべての基準にしていたのだ。

　"違うもの"と認識してからは、カサレスの庶民的なパワーに呑まれていった。家を誇りに思うアルコス住民とは対照的に、カサレスでは、「狭いのよ〜」と、謙遜ではなく本音でそう言う人がほとんどだ。装飾よりも機能重視の、生活感あふれる空間。土地の制限から生まれた３層、４層の住宅も、最近になって規制ができたものの、昔は「俺んちのが金持ちだ！」と誇示するために上へ上へと伸びたものらしい。アクセスの拠点となる港町エステポナからのバスは、日曜祝日は運行なし。都市計画を司る市役所も、ぼちぼちやっていこうか、という構えだ。"一番"の誇りを胸に刻まれたベヘールやミハスの人びとに比べると、カサレスの村人の自覚は皆無に等しい。それでも、乱開発が及んでいない、自然体の素朴さと活力こそ、今となっては得がたい魅力なのではないか。実測させていただいた家のバルコニーから眺めた、日没前の幻想的なカサレスは、ガイドブックで見るそれと寸分変わらぬ美しさだった。思わずセニョーラに御礼を言うと、「ほら、ここもいい街でしょう？」と、陣内先生が微笑んだ。（鈴木亜衣子）

3 種類の動線と線状の街区

　19 世紀に入るとカサレスの人口は大幅に増加した。居住地の拡大に合わせ、街路も延長された。街路はエスパーニャ広場を中心に放射状に広がっているため、周縁部に行くにつれ、その間をショートカットするための路地が必要となってくる。こうして街路と街路の間をつなぐ路地が誕生した。街路は歩きやすいように、また両脇に住宅が建ち並びやすいように、緩やかな勾配を選んで等高線に沿って延びている。一方、街路と街路の間をつなぐ路地は、等高線に対して直交するため、階段状となり、さらに蛇行している(18.19)。このような路地は車が進入できず、そのため利用者も主に付近の住人に限られるため、私的性格が強くなる。階段状で蛇行し、住民の私的領域がはみ出した路地は、空間の変化に富み、造形的、空間的魅力にあふれ、住民のさまざまな行動を引き出し、カサレスの都市空間の魅力のひとつとなっている。

　住宅も、まずは街路沿いに建ち並んでいたが、次第に街路と街路の間を埋め尽くすために、路地を通してその両側に建てられていったのだろう。また、路地や街路からさらに奥へと動線を引き込むために、袋小路も形成されていった。

　つまりカサレスの動線は、(1)広場から延びる街路、(2)街路と街路をつなぐ路地、(3)街路または路地からさらに奥へと引き込む袋小路と、3 種類の通りで構成されているのである(20)。

　カサレスにおいて通りが果たす役割は大きく、地域の性格の違いが通りごとに現れている。これは、斜面地という都市の立地が、通りを軸とした都市空間をもたらしているためである。街区ごとのまとまりが強い平面的な街とは異なり、都市が斜面地に立体的に展開されるカサレスでは、通りを中心とした線状の空間が意識されるのである。

白い村の完成

　市街地の中心がエスパーニャ広場を中心としたイスラームの高台のふもとに移ると、城壁内は過疎化が進み、生活空間としての機能は急速に失われていった。決定打となったのは、1930 年代に起こったスペイン内戦である。左派の人民戦線政府とフランコ将軍を中心とした右派の反乱軍とが争ったこの戦いで、人民戦線政府を支持したカサレスの日雇い農民た

モンテ通り

バリオ・アルト通り

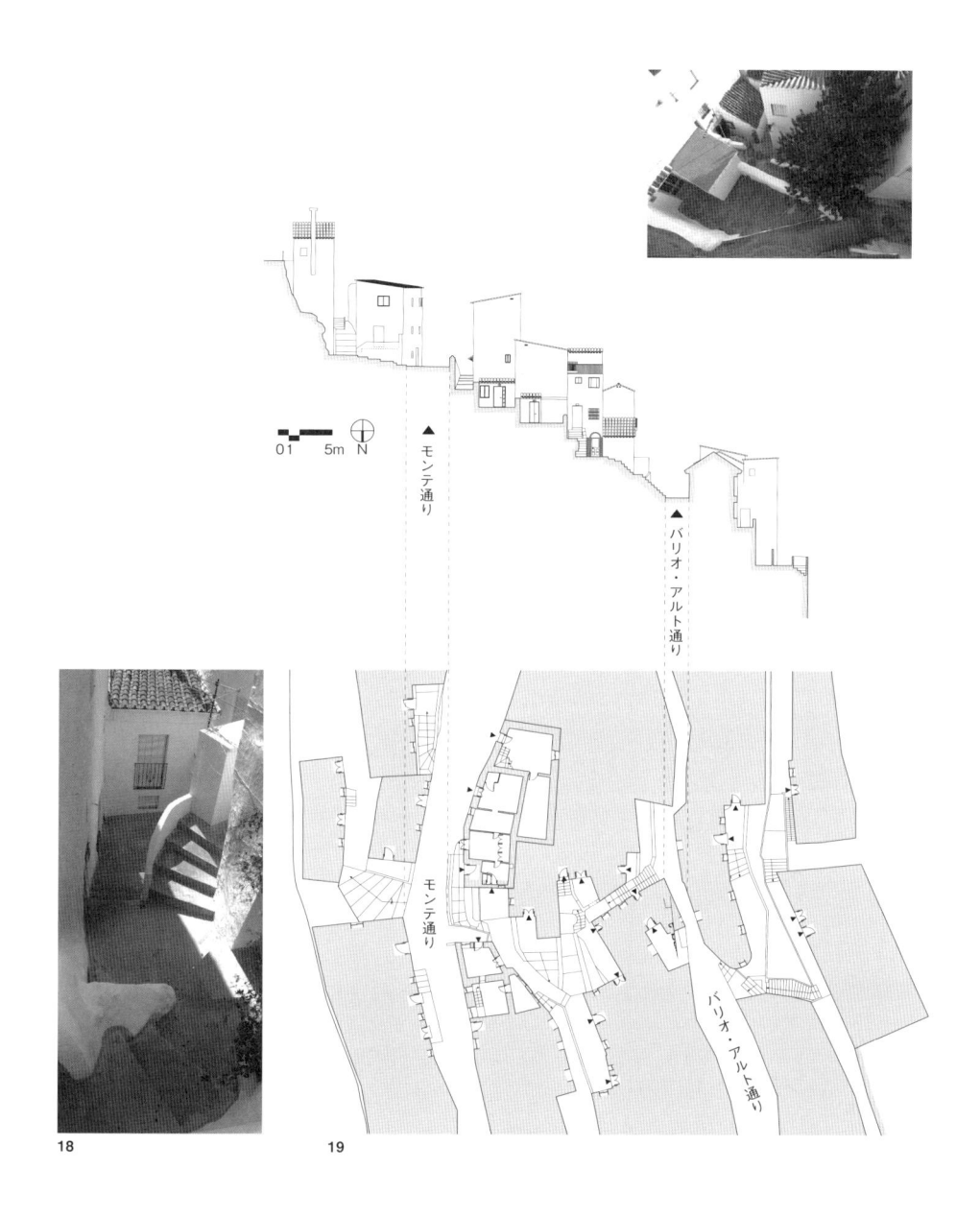

18 19

18. 階段状の路地
19. モンテ通りとバリオ・アルト通りの間を結ぶ路地。高低差のあるふたつの通りを結ぶこの路地は蛇行し、階段状になっている。ここに面して何軒もの住宅の入口がとられている

ちは、右派勢力を支持したカトリック教会や地主、資本家、軍部などと対立し、教区教会であるエンカルナシオン教会を襲撃し、聖像破壊を行った。これにより高台の教会は廃墟と化し、内戦が鎮静化した後も修復されることはなかった。2010年にようやく修復され、ブラス・インファンテ文化センターとして再生した (21.22)。教区教会はその後、街の東端のカプチン修道院の隣へ移転し、旧イスラーム地区は求心力を失った。地区内の住宅地も著しく衰退していった。

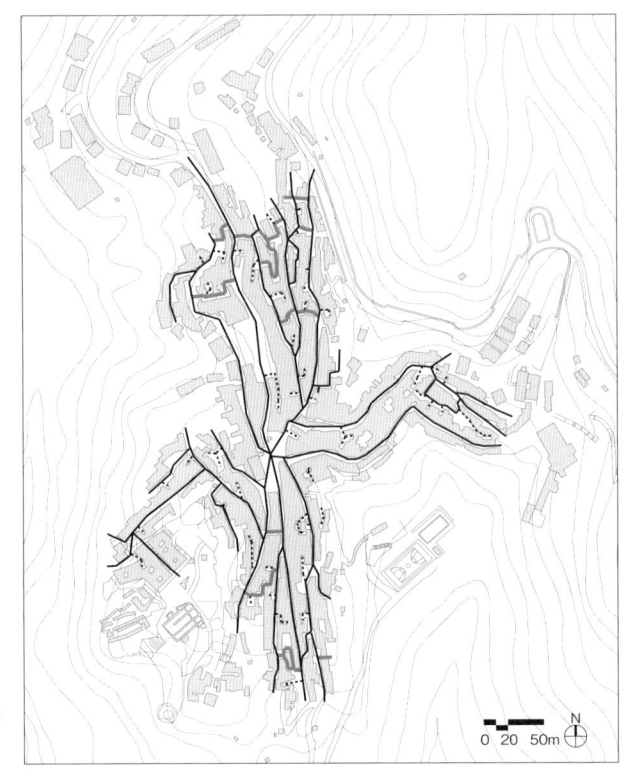

―― 広場から延びる街路 (1)
―― 街路と街路をつなぐ路地 (2)
‥‥ 袋小路 (3)

20. 3種類の導線から成るカサレスの街路構成

21

22

21. 旧エンカルナシオン教会の内部。スペイン内戦の際に襲撃を受け廃墟となっていたが、2010年にブラス・インファンテ文化センターに改装された
22. 街の東端に移転した現在のエンカルナシオン教会

これらの高台の遺構は、かつての中心的機能は失ったものの今もなお白い街並みの頂にそびえるように、カサレスの景観を特徴づける重要な要素となっている。

4 カサレスの住宅

一室積層型住宅と大規模住宅
2種類の住宅

　カサレスの伝統的な構法を用いて建設された住宅は、石を積み土で塗り固めて壁を形成している。そのため、古い住宅では壁厚が60cmにも及び、開口部は小さく、天井高も低い。しかし近年では増改築も盛んに行われており、最近では壁には石ではなく軽量で安価な日干し煉瓦を用いるため、壁厚は薄くなり、開口部は大きく、天井高も高くなった。こうした建築資材の変化をふまえ、壁の厚みを見ることで住宅の増改築の過程が窺える。厚さ60cmに及ぶ石造の壁に着目し、復元的に見て住宅の原型を観察すると、カサレスの多くの住宅は小さなワンルームを積層させた非常にシンプルな構成であることがわかる(23)。このような「一室積層型住宅」は、かつての日雇い農民や職人など庶民が暮らす住宅だったことがわかっている。カサレスのほとんどの住宅が、この一室積層型の庶民住宅である。

　そうしたなかにも規模が大きい住宅がわずかに見られる。多くの居室をもち、中庭があるものもある。石積みを露出させたエントランスや装飾を施したバルコニーなど、華やかなファサードをもつのも特徴である。このような「大規模住宅」は、かつて農場を経営していた地主など、比較的裕福な人びとが暮らす住宅だった(24)。

住宅から見る街の社会階層

　大規模住宅は、一見、アルコスで見られたパラシオと似ているが、貴族の証である紋章がエントランスの上に掲げられていない点がパラシオとは決定的に異なる。では、カサレスにはパラシオが存在するのかというと、街中をくまなく調査しても、大規模住宅はあるがパラシオは1軒も見当たらない。かつて存在していたという記録も残されていない。これは、

カサレスには貴族階級が存在しなかったことを意味している。あくまでカサレスは近隣の貴族の所領内にあって、納税者たる日雇い農民や様々な職人などの庶民が暮らす街だったのである。

住民へのヒアリングによると、一室積層型住宅に暮らしたかつての雇われ農民は、雇い主のコルティホ（農場）に住み込みで働き、休暇ごとにカサレスに戻っていたという。その間、女性や子どもなど家族はカサレスの街中で家を守っていた。街中の家はわずか1、2室の小さな家だったが、昼間は川や泉に洗濯に出掛けるなど外で過ごすことが多かったため、小さな家で充分だったという。また、雇われ農民が自ら移動手段である馬や家畜を所有することもなかったため、アルコスで見られたようなコラール（裏庭）や馬小屋、家畜小屋を設ける必要もなかった。大規模住宅にも裏庭や家畜小屋の跡は見られず、ヒアリングでもそうした証言は得られなかった。カサレスには大規模住宅に暮らす富裕層など数人の土地所有者もいたが、その経済的な豊かさは低地アンダルシアの貴族階級の大土地所有者とはほど遠

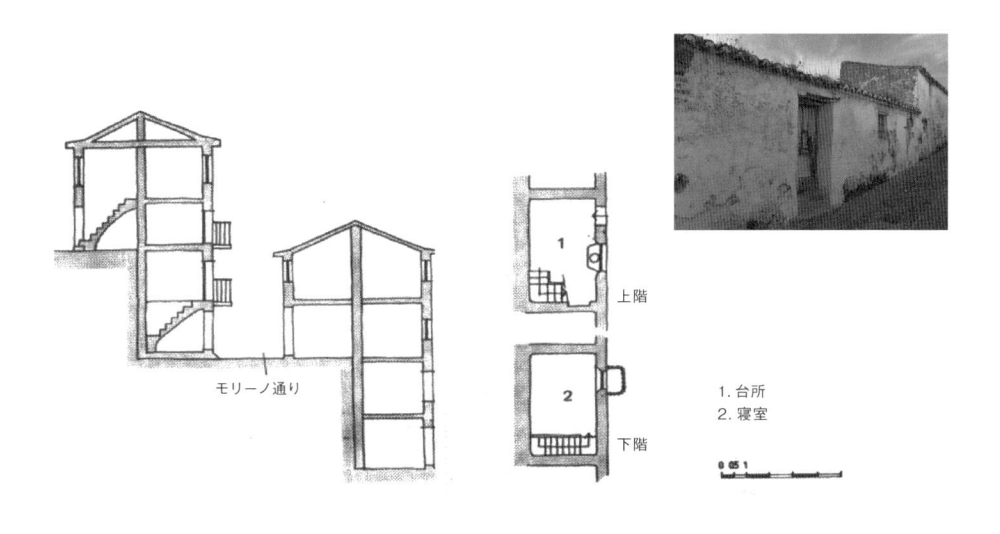

モリーノ通り

上階
下階

1. 台所
2. 寝室

23. カサレスの庶民住宅
[出典：FEDUCHI, *ITINERARIOS*, VOL.4.]

かったのだろう。

　小さな居室が積層するシンプルな住宅形式は、カサレスの場合、急斜面に立地し限られた可住地面積内に建設しなければならないことが大きな要因と考えられるが、こうした社会的背景も大きく関係していたと考えられる。

居住空間のタイポロジー
　次に住宅形態の類型を見ていく◆4。
　カサレスの住宅は、シンプルなつくりでありながら、地形的制約により、いくつかのバリエーションが見られる。まず、斜面における空間づくりにおいては、間口と奥行きの取り方が工夫される。また、1層か多層かの判断も地形の制約によりなされる。間口が広いか（アプローチする街路から見て横長か）、間口より奥行きの方が深いか（縦長か）という平面的形態と、1層か多層かという断面的形態から、大きく4タイプに分類できる。

〈横長一層型〉
　間口が広く奥行きの浅い横長の住宅は、等高線に沿うように通る勾配の緩い街路沿いに多く見られる。斜面では奥行きを得にくいため、敷地を横長に取り、居住面積を確保するのである。
　なかでも街路の谷側は断崖が多いため、谷側に建つ住宅は重層化が難しく1層になることが多い。横長で1層の住宅は、とくにアラブ・イスラーム期に街区が形成された要塞周辺に多く見られる。カサレスで最も古い街区であるイスラーム地区では、高台の縁に張り付くように住宅地が形成されたため、街中でも敷地の傾斜が最も急な地域である。この地区で見られる横長一層の住宅が、カサレスの住宅の原型といえる(25)。

〈横長多層型〉
　一方、要塞周辺の街路の山側に並ぶ住宅は、多層に積み上げられている。谷側と同様、横長に敷地を取り、山肌に張り付くように階層を重ねて居住面積を増やしている。当該地

3F

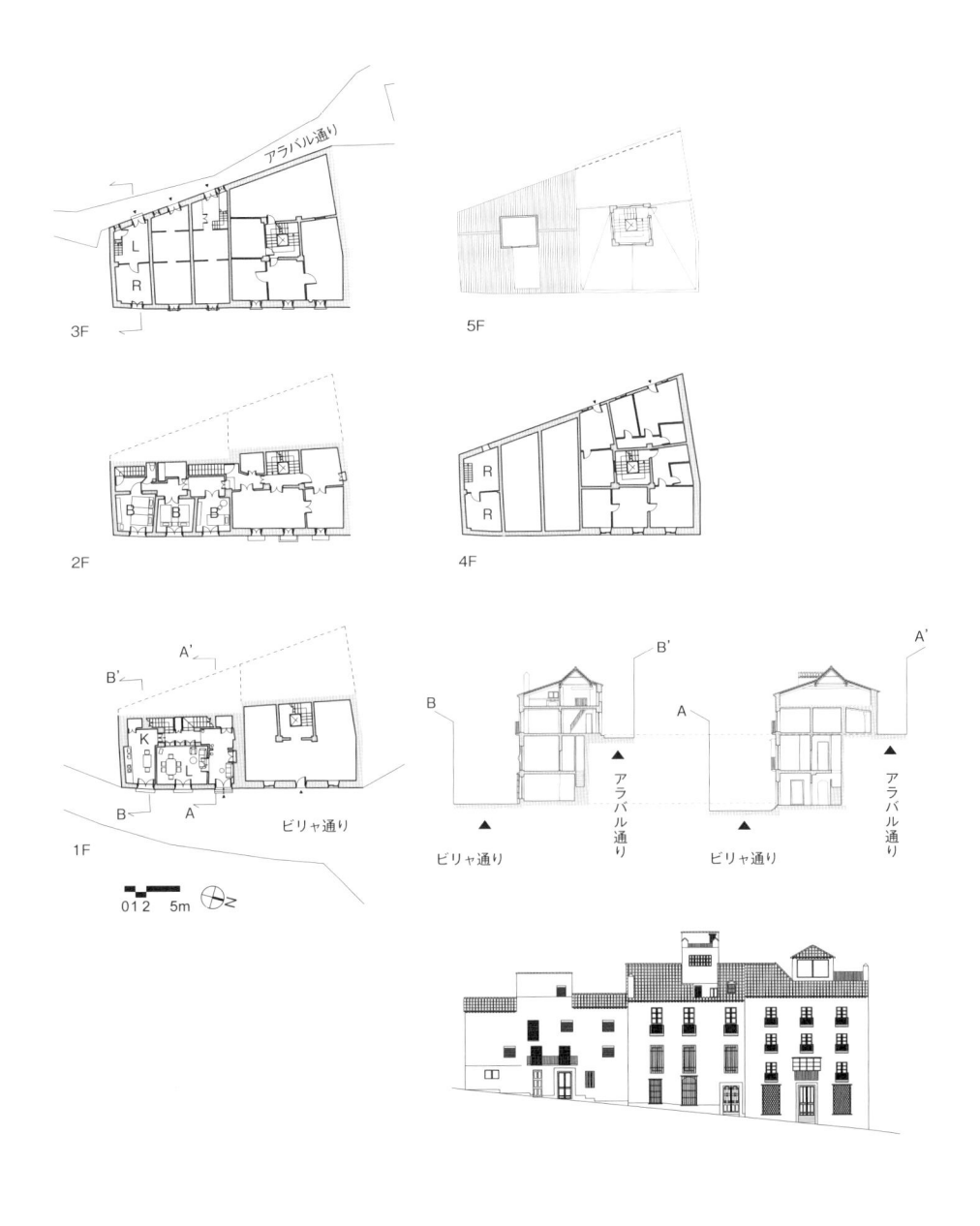

5F

2F

4F

1F
アラバル通り
ビリャ通り
0 1 2 5m

B'— A'
A —— ビリャ通り ▲ ▲ アラバル通り
B — ビリャ通り ▲ ▲ アラバル通り A'

24. カサレスの大規模住宅。エスパーニャ広場の近くに建つかつての地主の邸宅

区は険しい岩場になっており、外壁から岩肌が突き出している住宅も多い。なかには岩を掘ってつくった洞窟状の部屋クエバ cueva がある住宅も見られる。断崖の岩肌を室内の壁に利用し、前面にのみ壁をつくっているのである(26.27)。また、横長多層の住宅は、市街地が高台のふもとまで広がり、敷地の傾斜が緩やかになった地区の街路の谷側にも見られる。このケースでは、街路レベルより下にもう1層加えられていることが多い(28)。

〈一室積層型〉

　横長一層型・多層型では前面道路が等高線に沿って通り、街路の勾配が緩やかなケースだったが、カサレスでは広場から遠ざかるにつれ、等高線を斜めに横切るような急勾配の街路が増える。街路の勾配が急になるほど面する住宅の間口は狭くなる。敷地にも傾斜がある場合には奥行きも取れず、非常に狭小な敷地となる。そうすると居室を何層にも重ねることで居住面積を確保しようとする。カサレスで最も多く見られるのがこのタイプである(29)。街路の延長が進んだ19世紀は、人口増加による居住地確保の必要性に迫られていた。このころに市街化された地区は狭小な住宅が建て込んでいる。カサレスの居住環境は地形に左右されるところが大きいが、このような社会的背景も狭小敷地に建つ一室積層型の住宅が増えた理由のひとつだろう。

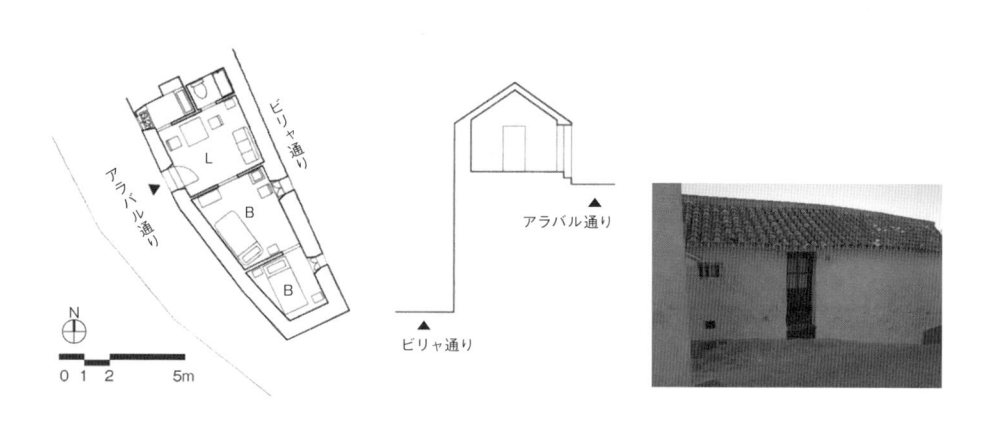

25. アラバル通りの谷側に建つ横長一層型の住宅
［作図：森田健太郎］

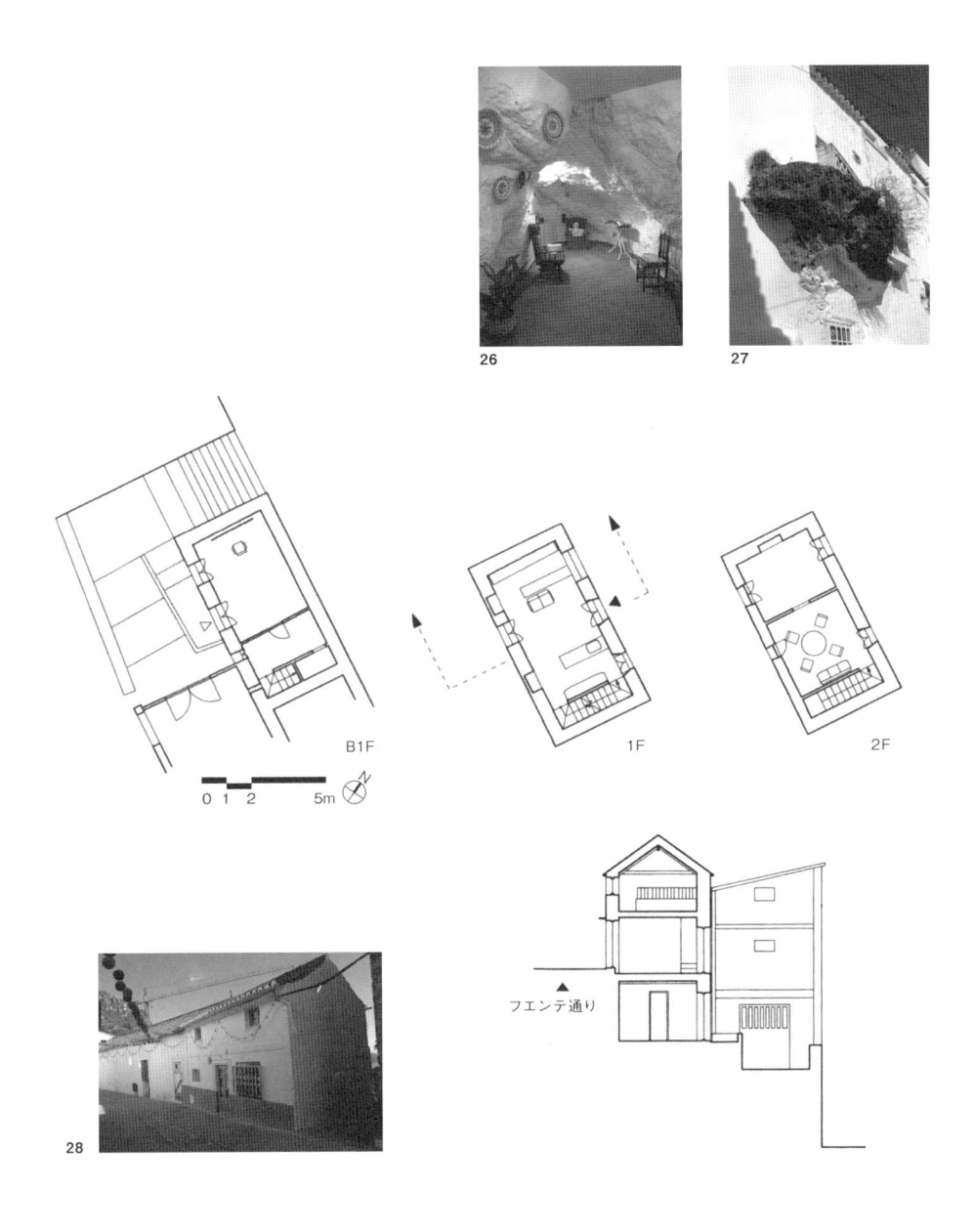

B1F 1F 2F

0 1 2 5m

フエンテ通り

26. アラバル通り沿いの住宅で見られる洞窟状の部屋
27. アラバル通りの住宅の壁から突き出ている岩盤
28. フエンテ通りの谷側に建つ横長多層型の住宅［作図：森田健太郎］

〈縦長一層型〉

　1層で奥行きが非常に長いタイプも見られる。街路から入ると、奥へ奥へと居室が連なるように延びている。こうしたタイプは、街路と街路をつなぐ路地に面する住宅に見られる。街路沿いに建つ住宅の下や裏など、他の住宅の隙間に割って入るように建っているのである。これは、街路を軸に市街地が拡大していくなかで、街路と街路の間の土地を埋めるように住宅が建設された結果できたタイプである。上下に空間を広げられず、奥行きを延ばすことで居住面積を確保しているのである(30)。

　このようにカサレスの住民たちは多様な地形のうえで居住空間を巧みに応変していったのである(31)。

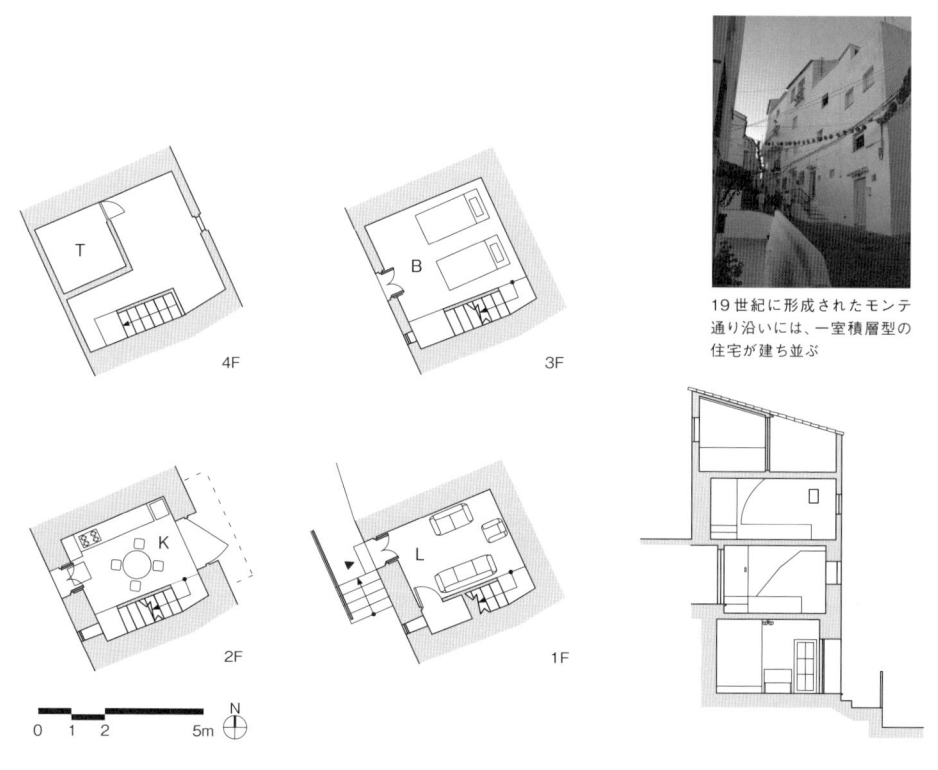

19世紀に形成されたモンテ通り沿いには、一室積層型の住宅が建ち並ぶ

29. モンテ通りの谷側に建つ一室積層型の住宅

196　3 カサレス──風情あふれる白い街

30

31

○一室積層型
急勾配の街路沿い／密集地区／街路の山側

○横長多層型
急斜面の敷地の山側／敷地の傾斜が
ゆるやかな地区の街路の谷側

○横長一層型
急斜面の敷地の谷側

○縦長一層型
他の住宅の下や裏

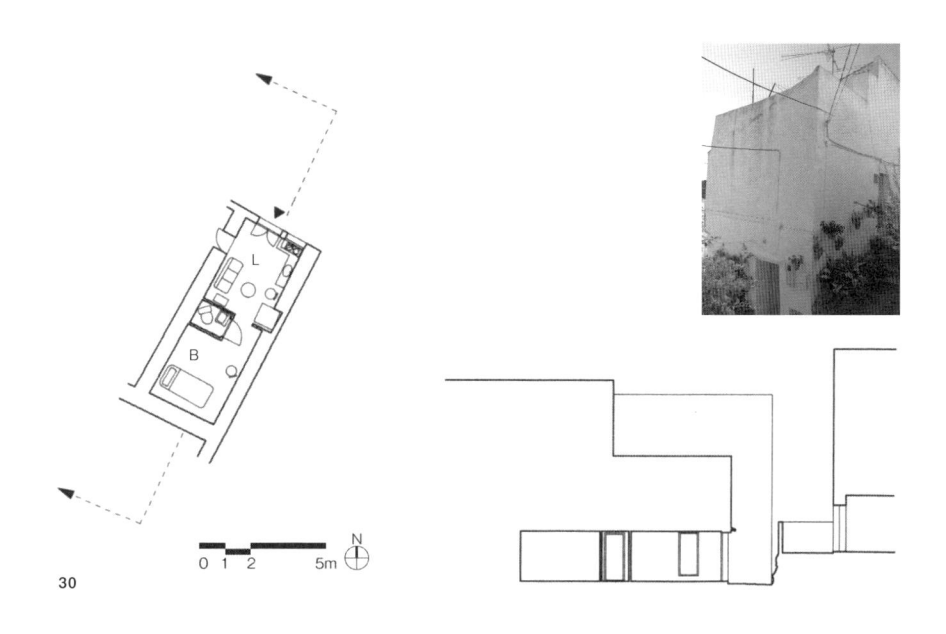

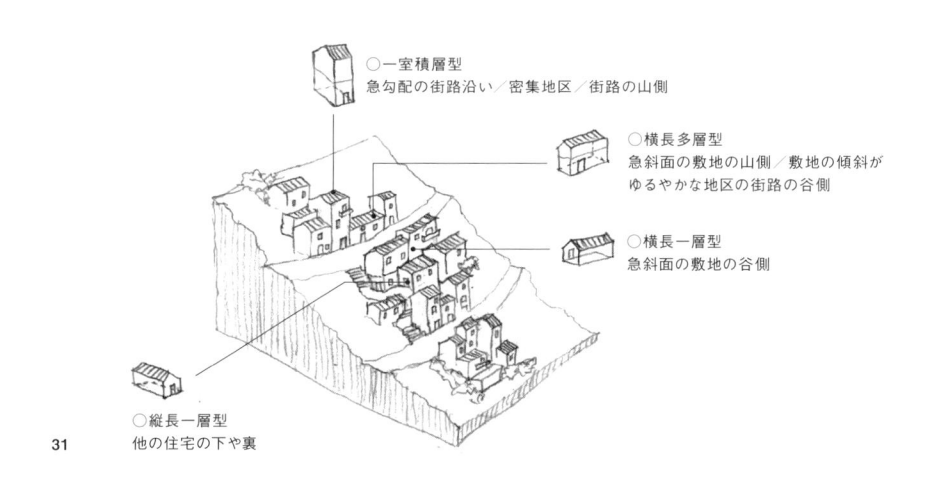

30. 他の住宅の下に入り込むようにして建つ縦長一層型の住宅［作図：森田健太郎］
31. 住宅の立地と4つの住宅形態

住宅内部の空間構成
機能の分化と配列

　カサレスの住宅は部屋数が少ないため、内部をカーテンやパーティションなどで適宜仕切り、時間と場合に応じて使い分けながら過ごしている。1室1層の最小限の住宅では、食事を取るのも日中くつろぐのも就寝するのも、生活行為のすべてがその小さな1室の中で行われる。居住面積が広くなり空間に余裕が生まれるにつれ、プライベート性が求められる空間の分化が進む。その過程には一定の傾向が見られる。

　居室の用途は大きく分けて、日中過ごす空間であるサロン salón◆5 と夜の就寝スペースである寝室 dormitorio とに分けられる。サロンは、カサレスの人びとが日中の大半を過ごす部屋で、住宅の中心であり、多様な使われ方をしている。サロンでは食事を取ったり、テレビを見たり、ソファでくつろいだりする。友人や客が訪れればサロンに招き入れ会話を楽しむ。そのため、1室のみの住宅では、まずサロンから寝室のスペースが仕切られる(32)。1層のみの住宅の場合、寝室は、入口から最も離れた場所に設けられ、多層の住宅の場合は上階に設けられる。

　寝室の次は、サロンから台所のスペースが仕切られる(33)。台所は、サロンの一角に設けられていることが多く、とくに中途半端な空間となりやすい階段の下や階段の脇に多い。台所は、サロンの片隅にシンクが置かれたのみのものから、カウンターやパーティションで簡易に仕切られたもの、サロンから独立して薄い壁で隔てられたものなどさまざまである。台所が設けられる場所はたいていサロンの奥だが、他の住宅の間に割り込んでいる縦長一層型の住宅では、例外的に街路側に設けられている。これは、換気のため外気に接するようにしたためだろう。

　次に、台所にダイニングテーブルを置くようになり、サロンから食事のスペースが分化する。これは、増築して台所を設けた場合や室内に余裕がある場合など、台所を広く取れる住宅で見られる。また、台所は階段周辺に設けられることが多いことから、しばしば食堂内に階段があるケースが見られるが、それでは食堂が通過空間となってしまう。そこで、さらに機能の分化が進むと、落ち着いて食事を取ることができるよう、台所の外に階段を設ける

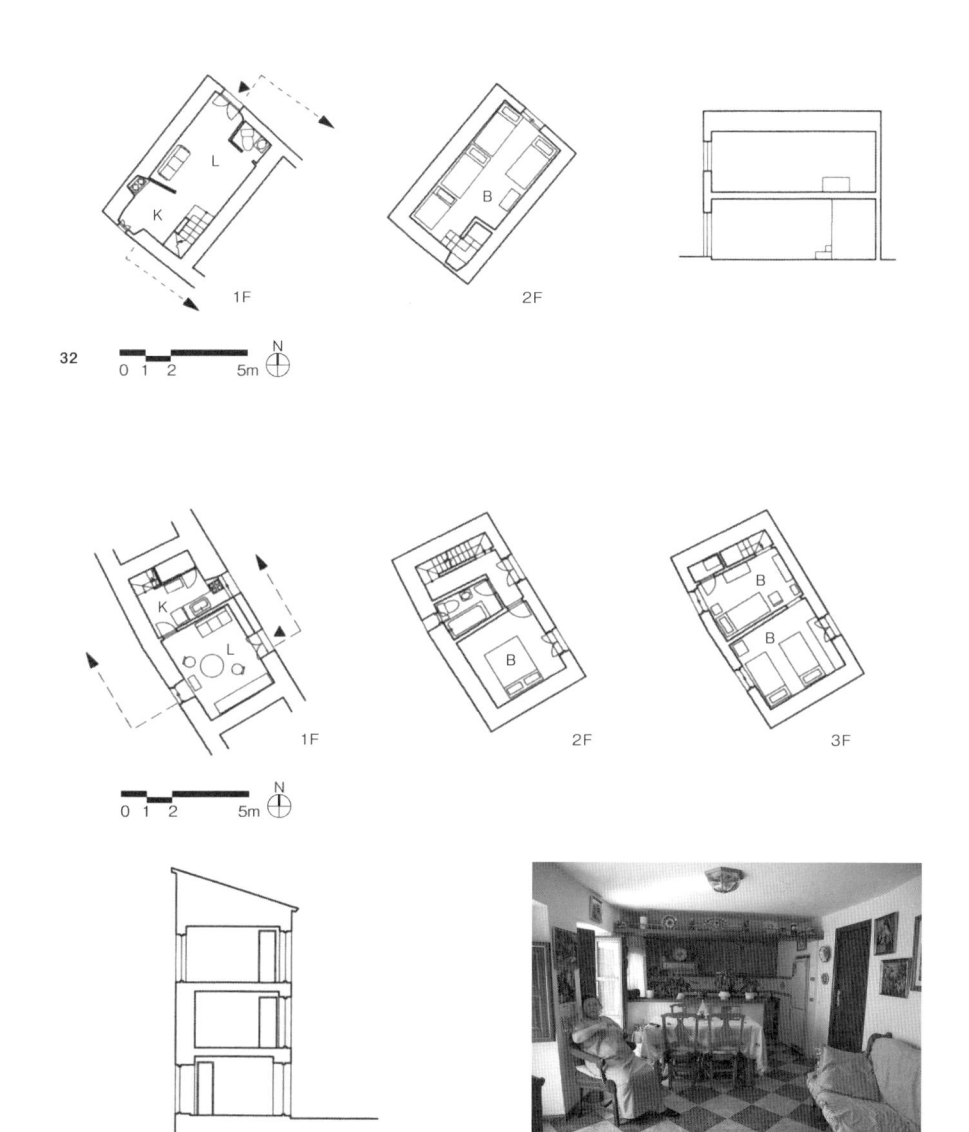

サロンから仕切られた台所

32. 寝室の分化。上階に寝室を配し、寝室のプライバシーを保っている
33. 台所の分化 [ともに作図：森田健太郎]

199

ようになる(34)。こうして動線の切り替えがサロンで行われるようになると、各部屋のプライベート性が高まる。さらに、入口を入ってすぐに2階へと続く階段を設けるなど、動線を工夫することでサロンの独立性を高めている住宅も見られる(35)。

また、3層以上の住宅になると、3階に寝室、2階に食堂と台所というように、各機能をもった箱が縦に積み重ねられた状態となる。

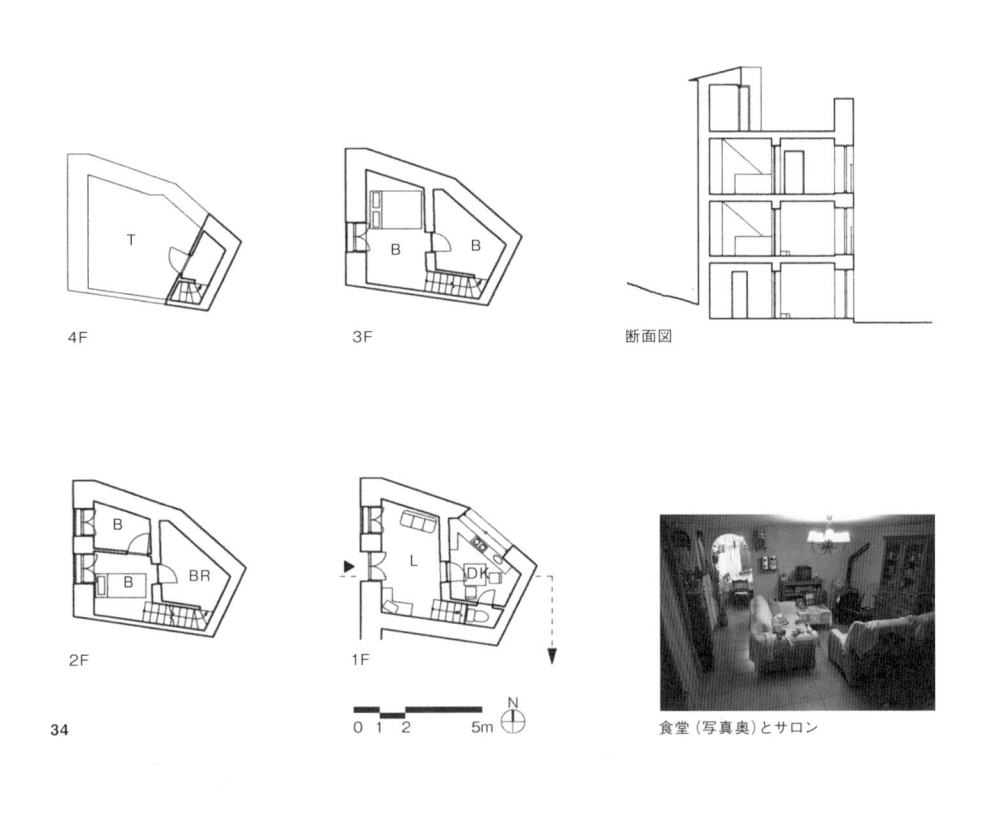

34. 食堂の分化。台所にあった階段がサロンに置かれることによって、台所のプライベート性が増し、食堂の機能が加わる
[作図：森田健太郎]

3F

2F

1F

0 1 2 5m N

B1F

B2F

断面図

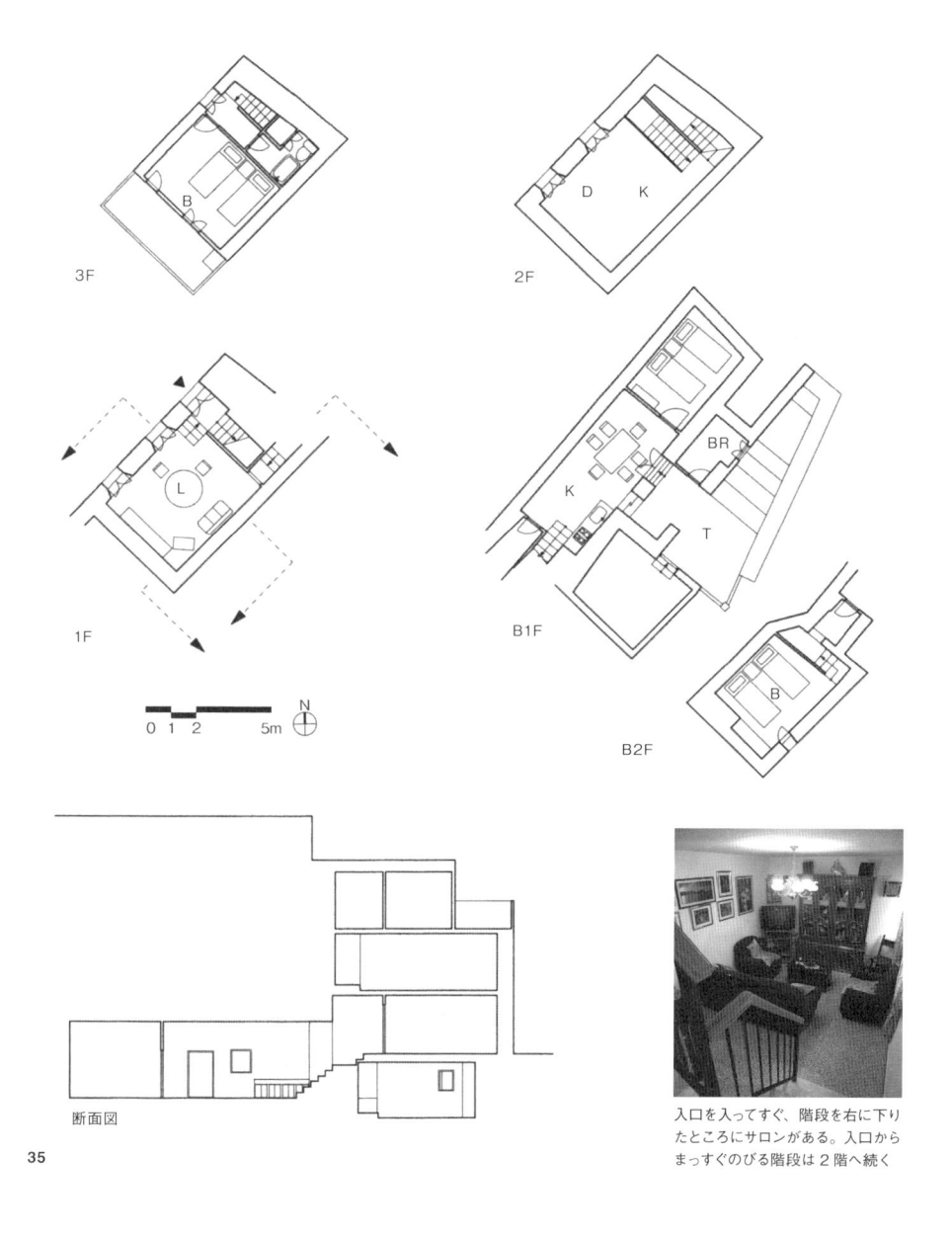

入口を入ってすぐ、階段を右に下りたところにサロンがある。入口からまっすぐのびる階段は2階へ続く

35. サロンの独立。入口を入るとすぐに階段があり、サロンが動線を切り替える場としての役割から独立する [作図：森田健太郎]

201

住宅の空間構成から見る人びとの暮らし

　現在では増改築も盛んに行われており居室数も増え、さまざまなプランが見られるようになった。しかし、どんなにプランが多様化しても、すべての住宅に共通しているのが、街路から住宅内部に入るとまずサロンがあるということである。

　サロンの扉は、日中開け放されていることが多い。住人はサロンでくつろぎながら、通りの様子を眺め、知人が通りかかると扉越しに挨拶を交わす(36)。われわれから見ると、街路の反対側の窓先に開けた雄大な眺望はとても気持ちよく見えるのだが、カサレスの人びとがくつろぐソファの多くは街路側を向いて置かれている。住宅の空間構成からも、気さくな付き合いを好むカサレスの人びとの性格が窺える。

　しかし近年では、近隣付き合いよりもプライバシーを重視するような、より現代的な生活を好む若い世帯や国外からの移住者の増加に伴い、サロンが街路から離れる傾向も見られる。とくに比較的新しく形成された地区では、扉を入ると玄関や階段室、廊下などがあり、サロンとの間にワンクッション設けた住宅が多く見られ、カサレスの伝統的な空間構成が変化しつつある様子も窺える。

36. リビングの様子。リビングの扉は日中、開け放されていることが多く、住民はリビングでくつろぎながらときに通りかかった友人と扉越しに声を交わす

COLUMN
おいしい食卓

　アグア！セルベッサ！……ポル・ファボール！！ 調査メンバーが Hola（こんにちは）と Gracias（ありがとう）の次に覚えるスペイン語は、決まってこの3つである。それぞれ、水、ビールと、万能選手の"お願いします"（英語の please）だ。日中の体感気温が軽く40度を超える真夏のアンダルシアでは、一番大切なのは水分補給。料理はともかく飲み物ぐらい自分で注文できなきゃ生きていけない。ランチは節約を兼ねて安い定食をとり、夜は少々リッチに奮発するのが調査チームの慣わしである。

　アンダルシアの郷土料理といえば、筆頭に上がるのがガスパチョ。ニンニクとオリーブオイルの効いた冷製スープ。初めは癖があると感じられても、慣れてくると最もお手ごろな栄養補給源となり、ついついリピートしてしまう。アンテケーラではガスパチョの姉妹である、とろりとしたサルモレホ（ポーラ・アンテケラーナと呼ばれる）が人気を集めた。「これ、太るのよ」という親切な？忠告も耳に入らない。不足しがちな野菜を補うべくサラダも注文するのだが、肥沃なアンダルシアで育った彼らは、ときに逞しく生き抜いてきた青虫くんなんかも同行するから少々厄介だ。

　調査メンバーが毎年心待ちにしていた一品といえば、間違いなくロモ・イベリコという、

イベリコ豚のロースの生ハムである。有名どころのハモン・セラーノ（白豚のモモ肉を原料とする生ハム）を抜いて堂々首位獲得のイベリコ豚。ドングリのみを食べて育ったものほど高級品だとか。これにラ・マンチャ地方のコクのあるマンチェゴ・チーズと地元産の赤ワインがあれば、調査の疲れも一気に吹っ飛んでしまう。

　カサレスでは、さらにバラエティに富んだ料理を堪能できた。鶏・豚・牛・羊・ヤギ・ウサギと肉料理のオン・パレード、冷えた白ワインでキュッと口を引き締め、デザートとコーヒーで宴は幕を下ろす。アンダルシアの太陽をたっぷり浴びた食材やワインというだけで、庶民的なレストランでも私たちには贅沢すぎるラインナップだ。

　しかし、調査の食事情を語るうえで外せない影の立役者は、なんといってもアイスクリーム。スペイン各地どこでも手に入るフツーのアイスだが、昼休憩後の焼け付く太陽の下、もしくはライトアップされた幻想的な夜道を、アイス１本のために遠く離れた食材店までひた走る執念に、調査メンバーの底知れないパワーを感じた。炎天下の体力勝負である現地調査。激しく消耗するはずなのに、例年街を去るころには、荷物に加えて体重増加というおまけがついていたのである。（鈴木亜衣子）

5 都市の発展における住宅の変遷

市街地の形成と庶民住宅の変遷

　カサレスの街の形成過程と照らし合わせながら、時間軸を入れて住宅の空間構成の変遷を追う。

　先述したように、傾斜が急なイスラーム地区で見られた最もプリミティブな形態と考えられる横長一層の住宅が、市街地の拡大による地形条件の多様化や、市街地が形成された時期の社会状況に伴い、住宅の形態も変遷していったと考えられる。

　まず、市街地が拡大すると、敷地の傾斜が緩やかな場所では、住宅の重層化が進んだ。これは人口増加により住宅地が過密化するなか、不可避の現象であったともいえる。

　また、敷地の傾斜が緩やかになったり、街路の勾配が急になると、横長ではなく、次第に間口が狭くなっていった。これは住宅の高密化の影響もあるが、機能面から見ても都合がよかった。横長の住宅はすべての部屋が街路に面するが、住宅が縦長になると街路から離れて私的空間を確保することができるためである。また、住宅の高密化により、住宅内部の空間構成において、プライベート性が求められる空間の分化も進んだと考えられる。

　一室多層だけでは空間が足りなくなると、外に増築が行われるようになった。とくに各家庭に水道が引かれ、水まわりの設置が必要になると、住宅の外部に増築が行われた。各住宅の背後の崖上や崖下、ときには他の住宅の上や街路へと増築し、居室面積を拡大した。

　こうした変遷を経て、現在見られるようなさまざまな住宅プランが生まれ、斜面に積層する住宅群が形成された。

大規模住宅の立地

　庶民住宅が増加の一途を辿るなか、富裕層の人びとは街中でも広い敷地を確保しやすい場所を選んで住宅を建てていった。敷地の傾斜が緩やかなエスパーニャ広場周辺や、建設当時の市街地の外縁部である。

　このため大規模住宅は、主にエスパーニャ広場周辺に見られる。例えば、地主の住宅

はビリャ通りと広場との接点に建っている。レコンキスタが終わり、新たに宅地を形成する際に、住宅が密集していたイスラームの市街地を避け、その外の広い敷地を確保したのだろう。これらの住宅の多くは、現在、1階をレストランやバルに使用しており、街の中心部に賑わいの場を提供している(37)。

　また、大規模住宅が多く建ち並ぶもうひとつのエリアが、エスパーニャ広場から東に延びるフエンテ通り沿いである。とくに通りの山側に多く、ファサードには装飾的要素が多い(38.39)。フエンテ通りは南流れの斜面上を等高線に沿って延びており、街路に勾配がほとんどない。また、通りの谷側は大きく窪んでおり、開放的な眺望が得られる(40)。フエンテ通りはもともと、市街地の東の丘に建てられたカプチン修道院への道としてつくられたと推測されるが、密集地を避けたい富裕層がこの通り沿いに建設したと考えられる。この通り沿いには、かつて映画館があったことからも、広い敷地が確保できたことが窺える。

斜面の克服 —— アプローチの手法
人口増加による市街地の拡大
　19世紀の市街地拡大で、複雑な地形の上に街路が延長された。周縁部に近づくにつれ、街路の勾配は急になり、傾斜地に住むためにさまざまな工夫がなされた。そのひとつが街路と住宅をつなぐアプローチである(41-43)。

37. エスパーニャ広場周辺の大規模住宅

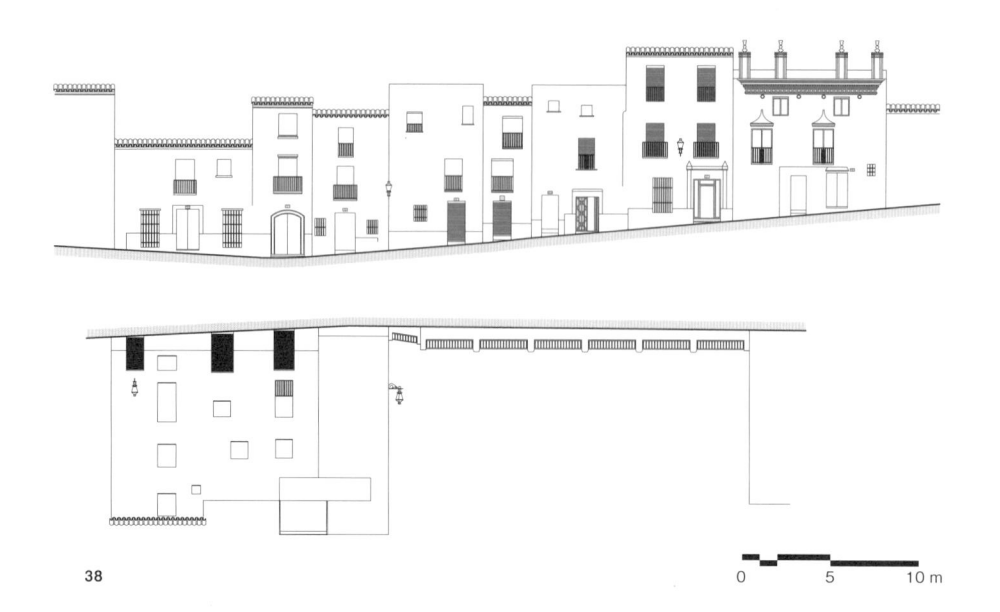

38. 大規模住宅が建ち並ぶフエンテ通り。大規模住宅は、広い敷地を確保するために住宅密集地を避けて、各時代の都市の縁や敷地の傾斜が比較的緩やかな広場周辺、フエンテ通り沿いに建てられた
39. 装飾の多いフエンテ通りのファサード
40. 視界が開け、開放的なフエンテ通り

〈街路の勾配〉

〈敷地の傾斜〉

41

42

アプローチ⑤

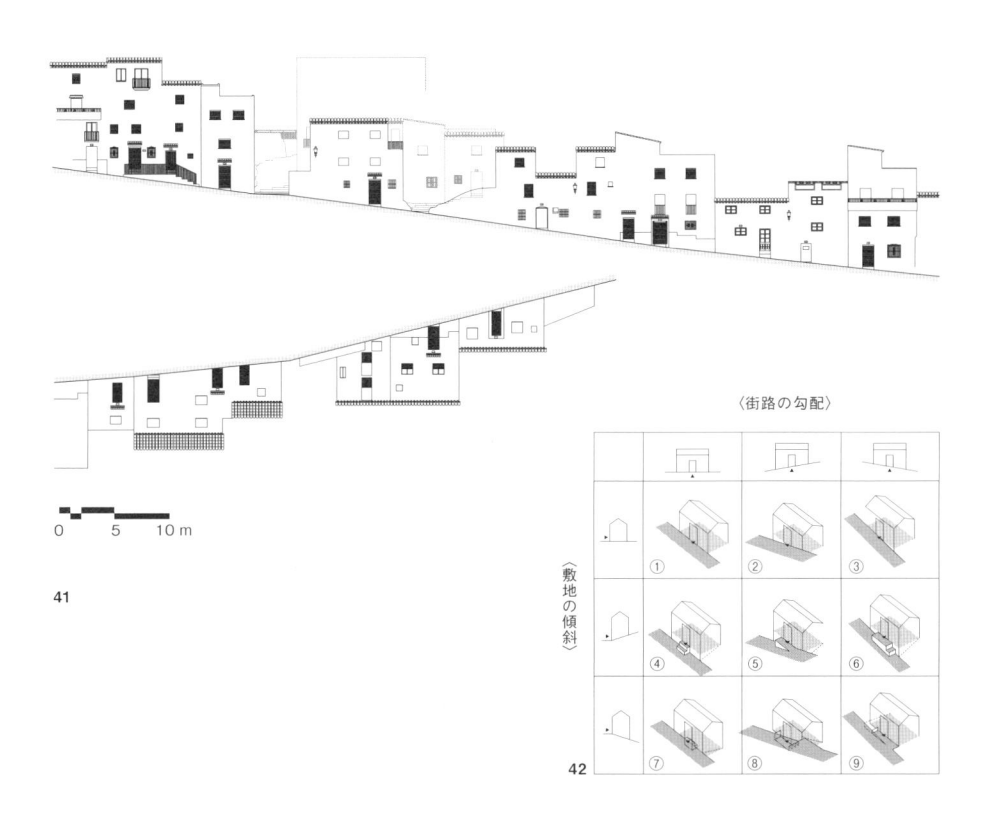

アプローチ⑥

アプローチ⑨

43

41. モンテ通りの立面図
42. 斜面の克服例
43. カサレスで見られるさまざまなアプローチ

アプローチの形態

　街路から住宅内部までのアプローチ空間を平面的形態と断面的形態の2点から分類すると、カサレスではじつに22タイプが存在する(44)。アプローチは階段やスロープによるものが多く、街がいかに急勾配の地形の上に形成されているかが分かる。また、他の住宅の上階へのアプローチとしての役割を果たすものも多く見られ、斜面に複雑に積層する住宅群の様子がアプローチの形態からも窺える。

　カサレスのアプローチの多くは、外部から視線が通るものが多く、プライベート性の低いものが大半を占める。プライベート性の強いものは勾配のきつい街路沿いのもので、プライベート性を高めるためというよりは、斜面を解決するために複雑なアプローチが必要で、結果的にプライベート性も強くなったと思われる。カサレスでは人びとのプライベート領域は街路に接しているのが一般的であるといえる。それは住民のアプローチでの過ごし方からも窺える。スロープの段差に腰掛けて編み物をする女性や、家の前の階段で毎日開催される主婦たちの井戸端会議、そして、家の前のスロープいっぱいに広げられたおもちゃで遊ぶ子どもたちなど、カサレスのアプローチは、住宅内部の私的領域を外部から守る緩衝空間というよりは、狭小な住宅内部からあふれ出す人びとの生活を街路にまで拡張する装置として働いている(45)。一般的に男性たちが広場で過ごすのに対し、女性たちは家事や子育ての合間に自宅近くの街路に集まり、傍らで小さな子どもたちを遊ばせる。その際、家の前のアプローチは腰掛けて会話に花を咲かせる絶好の場となる。アプローチ空間はサロンの延長となり、接客空間や近隣住民とのコミュニケーションの場となるのである。

上方への展開──住み分けの手法

　人口が増え、住宅地が高密化する過程では、上下を別家族で住み分ける工夫がなされた。カサレスでは斜面を上手く利用したり、アプローチを工夫するなどさまざまな住み分けの手法を見ることができる(46)。

　カサレスでは密に詰まった等高線に沿う細長い街区が多いため、街区を挟む上下の街路や、街路から延びる路地など、それぞれ異なる通りからアプローチして上下に別の家族が住

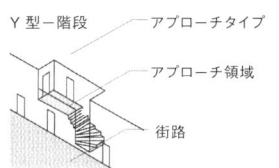

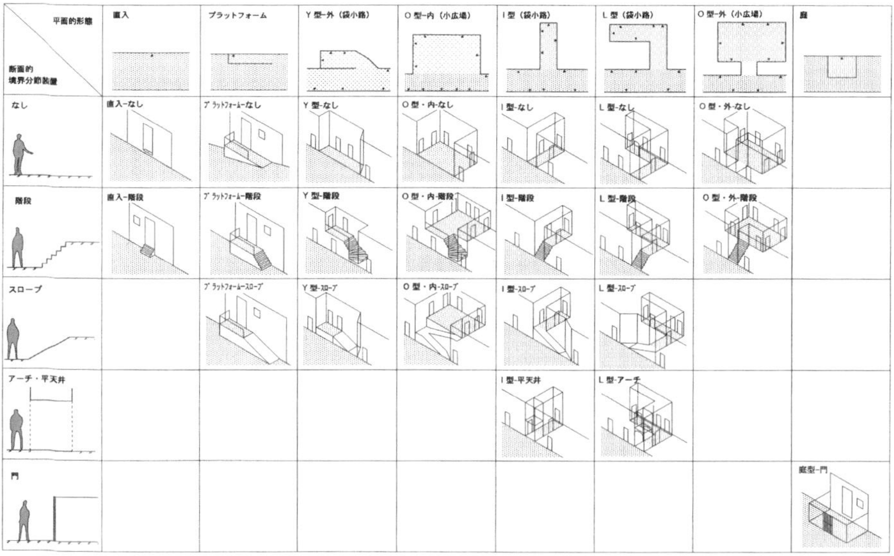

[平面的形態の定義]
・直入型……街路に面して住宅の入口があり、直接内部に入るもの
・プラットフォーム型……住宅の入口の前の街路上に小さなステージの
　　　　　　　　　　　　ようなものが出ているもの
・Y型……街路の外側に沿うようにある領域。2畳程度ぐらいのものから
　　　　路地のように延びるものまでタイプはさまざまである。
　　　　街路から視線が入る
・O型・内……住宅に囲まれた小広場で、そこを街路が通りすぎるもの
・I型……街路から延びた路地。街路から視線が入る
・L型……街路から延びた路地で、曲がり角で折れるもの。
　　　　街路から視線が入らない
・O型・外……住宅に囲まれた小広場で、広場の入口が住宅によって
　　　　　　　狭まっているもの。視線があまり入らない
・庭……住宅の前に私的な庭をもつもの

[断面的形態の定義]
・なし……段差がないか、あっても20cm程度のもの
・階段……アプローチ空間に階段が
　　　　使われているもの
・スロープ……アプローチ空間にスロープが
　　　　使われているもの
・アーチ・平天井……街路からアプローチ空間への
　　　　入口にアーチや平天井があるもの
・門……街路から住宅内部の間に門があるもの

44. アプローチの類型
[作図：森田健太郎]

む方法が一般的である(47)。また、外階段などアプローチを工夫して、入口を分ける手法も多い(48)。

　建築資材や建築技術が向上した近年では、大幅な増改築による新しい住み分け方も見られる。なかでも近年多いのが、街路レベルに階段室と入口だけを取り、2階以上に居室をもつ方法である(49)。この方法は、街路に入口のスペースさえ確保できれば上下階を分けて

45.　家の前のアプローチに集まる婦人たち(左)と遊ぶ子ども(右)
46.　上方への展開方法、住みわけの手法例
47.　地形を利用して住み分けている住宅 [作図：森田健太郎]

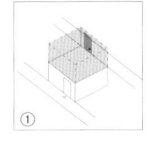

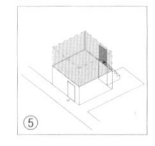

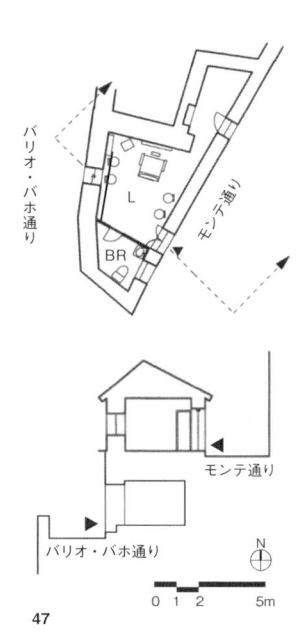

3　カサレス──風情あふれる白い街

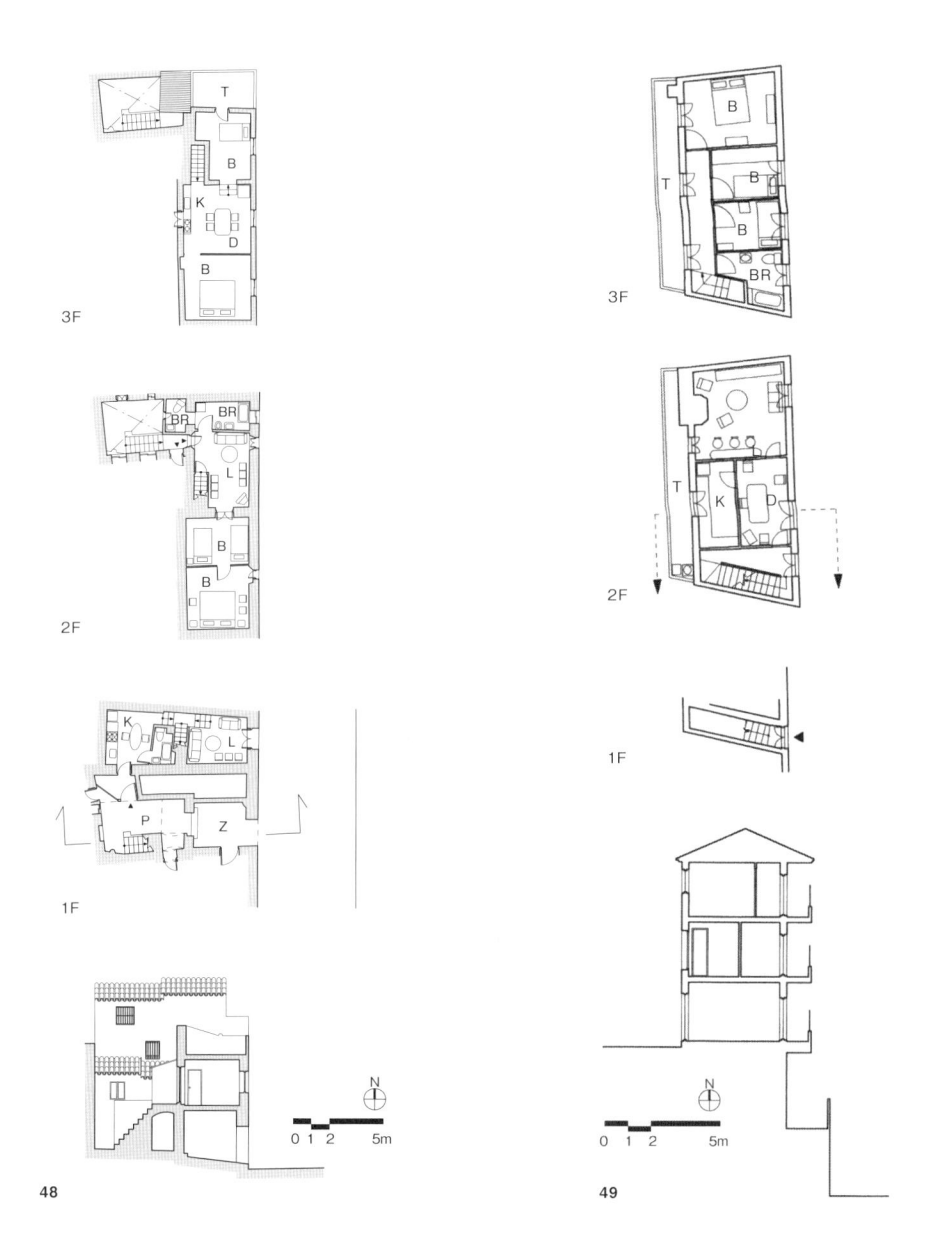

48. アプローチを工夫して住み分けている住宅
49. 現代的な空間構成の住宅。廊下を設け、リビングを奥に配してプライベート性を高めたり、眺望のよい場所にテラスを設け、大きな開口部をとるなど、カサレスの伝統的な住宅の空間構成とは異なる
［作図：森田健太郎］

住むことができ、可住地面積の限られた密集した市街地内では、大変効率的な住み分け方といえる。居室を街路から離すことにより住宅内部のプライバシーを守ることができるため、より現代的な居住空間を求める場合にも取られる。これは現代的な生活を望む若い人びとや、近年増加している国外からの移住者などにより、人びとの生活スタイルが多様化し、街路と対面するカサレスの伝統的な暮らし方が変化しつつあることを示している。

増改築による住宅の再構成
庶民住宅の再構成

　時代や社会の変化に伴い、住宅内部の空間構成にも変化が見られるなか、カサレスでのさまざまな住宅の増改築例からは、現在の需要に合わせて既存の住宅をうまく活用している様子も窺える。カサレスで多く見られる増改築法のひとつに、隣り合う小さな庶民住宅をいくつか購入し、ひとつの住宅に統合する方法がある。もともと所有していた住宅に隣接する住宅を購入して改築し、親子3代で暮らしている住宅もある(50)。

　この住宅は2世帯住宅となっており、1階に両親、2、3階に息子家族が暮らしている。かつては小さな2層の住宅だったが、空き家となっていた隣の住宅を購入し、ふたつのユニットを統合した。3階部分は、下の階に比べて壁が薄いことからもわかるようにふたつの住宅の上に増築したものである。また、改築の際、上下階を内部でつないでいた階段を取り除き、1階の隅に2階への入口となる階段室を設けて2階から上を独立させた。こうして入口を分けることにより、親族同士で上下階をうまく住み分けている。

　また、小さな庶民住宅を複数組み合わせて使いこなす家族もいる。他の街に住むある家族は、夏の休暇用の別荘として、街路を挟むふたつの住宅を所有している。どちらも1室1層の小さな住宅だが、滞在中はふたつの住宅を互いに行き来しながら過ごしている(51)。通りに面した住宅には、サロンと台所、バス・トイレがあり、昼間は主にここで過ごす。もうひとつの住宅は、通りの向かい側へ渡り、路地を下りてすぐの場所にあり、ここにはサロン、台所、寝室がある。家族でのプライベートな時間はここで過ごす。路地から少し奥まったところにあるため、家の前を前庭のように使い、洗濯物を干したりしている。昼間はサロンで

息子家族の家

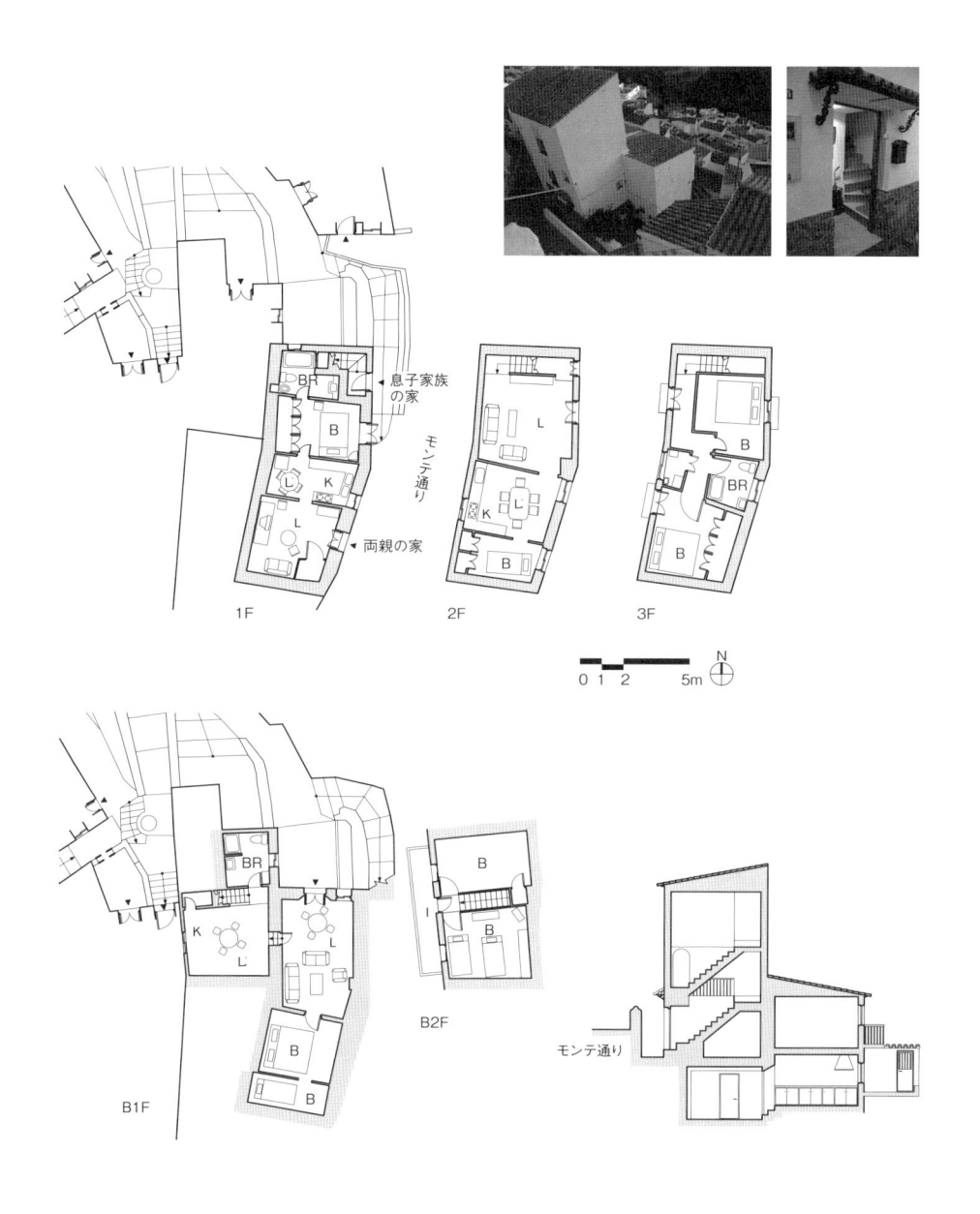

両親の家

モンテ通り

1F 2F 3F

0 1 2 5m N

B1F B2F

モンテ通り

50. 庶民住宅を解体、再構成し、統合した住宅。息子家族の住宅は街路レベルの入口に階段室だけが置かれている（写真右）

通りすがりの知人と挨拶を交わしながら過ごし、家族だけでのんびりと過ごすときは、静かな路地に面した部屋で過ごすというように、立地を活かしてふたつの部屋を使い分けている。

このように、近年の増改築では、斜面に複雑に重なり合う住宅のブロックを、1室を基本単位としてうまく組み合わせて再構成することにより、各々の需要や生活スタイルに合わせた住宅の形態を生み出している。

大規模住宅の再構成

フエンテ通り沿いに、扉のない住宅の入口がある。中に入るとその先には袋小路が続いており、12軒の住宅の入口が並んでいる(52)。この袋小路の入口は、壁と同様、漆喰で白く塗られているが、よく見ると石積みをそのまま見せていた形跡が窺え、袋小路の形態はサグアンと中庭にも似ている。石造りの入口をもつことや、大規模住宅では中庭をもつものも多いこと、そして大規模住宅が多く建ち並ぶフエンテ通りの山側に位置することから推測すると、この袋小路は、かつて大規模住宅の中庭だったのではないかと考えられる。いつの時代からか、中庭を囲む居室を分割して複数の家族で住むようになり、エントランスの扉を取り払って大規模住宅を再構成したのではないかと考えられる。このように、カサレスの人びとは、長い年月をかけて形成され受け継がれてきた住宅に工夫を加え、うまく活用しながら、自身の生活スタイルに合わせて今もなお暮らし続けている。

6 現在のカサレスと人びと

現在、カサレスでは、現代の生活需要に対応するための動きが活発に見られる。ここ数年の間に、医療センターやスポーツ施設、図書館などの公共施設が次々と建設された(53)。また、住宅の改修工事を請け負う公的機関が2004年に設立され、古くなった住宅の改修にも力を入れている。こうした背景には、1970年代に沿岸部のリゾート開発に従事するために街を離れた人びとが定年を迎え、再び故郷に戻り始めていることが関係しているという。

こうした生活空間としての質の向上をめざす動きは、地元住民の帰郷を促すだけでなく、

モンテ通り

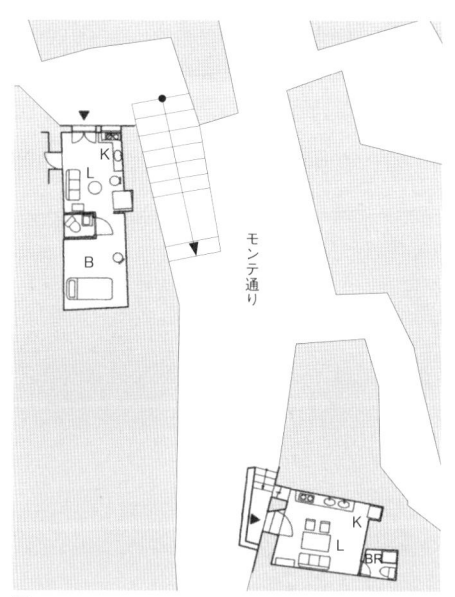

プライベートな時間を過ごす
ための、脇道沿いにある部屋

日中過ごすための街路沿い
にある部屋

51

袋小路の入口には石造り
だった跡が見える

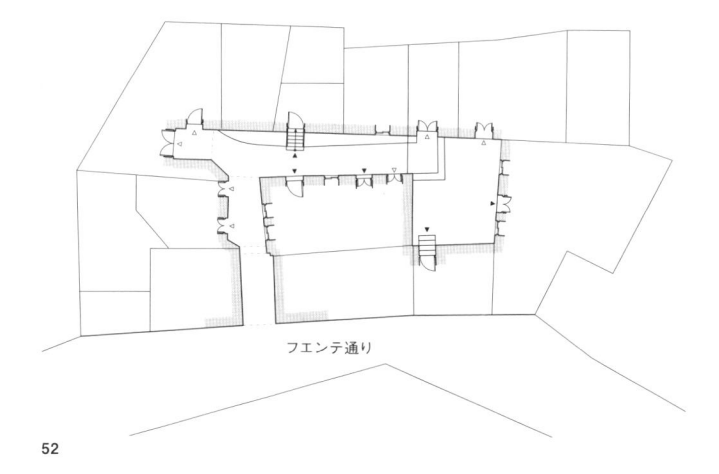

フエンテ通り

52

袋小路の様子

51. 他の街に住む家族の別荘。通りを挟んで少し離れた場所にあるふ
たつの小さな庶民住宅を用途別に使い分けている［作図：森田健太郎］
52. かつての大規模住宅を再構成し、複数の家族で分割して暮らしてい
る集合住宅

ヨーロッパ各国からの移住者をも増やしている。調査中も、リタイアした外国人がカサレスの空き家を購入し、改装工事を行っているのをしばしば見かけた。定年後の余生を太陽の光あふれるアンダルシアの素朴な田舎町で過ごそうと、主にイギリスからの移住者が多いようだ (54,55)。観光地として注目を集めた背景には、街を生活空間として充実させる動きがあり、住民の確かな生活の営みが見られたからこそ、そこに観光が追随してきたのかもしれない。「白く美しい街」「アンダルシアの素朴な生活が今なお営まれる街」として、外からの評価は高まるばかりのようだ。しかし、カサレスの住民は、そんな外の喧騒をものともせず、淡々と日々を過ごしている。沿岸部の開発ラッシュに伴い、観光地やリゾート地となった街もある。一見、アンダルシアの伝統的な街のようではあるが、その内部は、地元住民が減り、英語が飛び交い、街中は店舗やレストラン、別荘などのリゾート産業で覆い尽くされたテーマパークのような「白い街」もある。しかし、カサレスの住民は、外部からの評価に媚びることも反発することもなく、おおらかに構えて自身の身の丈にあった暮らしを続けている。彼らのこのおおらかさが、街を過度に観光化させることなく、アンダルシアの街の伝統的な面影を守り続けてきた。それがより一層、現在のカサレスの評価を高めているのだろう。

　現代都市や地域社会に対し、近代以降の価値観を見直す機運が高まる現在、気候風土や地域文化と有機的に結びつき、長い年月をかけて培われてきた地域社会のなかでのんびりと暮らす人びとの笑顔は、真の豊かさとは何かを私たちに問いかけてくる。

53. 街の南東のくぼ地につくられたスポーツ施設。夏のプールは子どもたちで賑わう。お祭りの際には、ここにステージも組まれる
54. 宿泊施設として貸し出されている街中の住宅
55. イギリスからの移住者。カサレスの街の絵を描いていた

COLUMN
カサレスと芸術

　ピカソやルノワールなどの芸術家は、南国の陽気に、柔らかな光と地中海のハーモニーを求めて、南仏に移り住んだ。カサレスもまた、多くのアーティストを惹きつけてやまないという。たしかに、山頂に向かってループを描くように連なる家々の鳥瞰は、彼らの創作意欲を刺激するのだろう。しかし魅力はそれだけだろうか。

　村に着いてすぐ、私たちは一陣の風の洗礼を受けた。すさまじい強風だ。潮の香りこそしないものの、海からいくだもない山の上という立地が原因なのは、素人目にも明らかだった。レストランのテラス席では、びゅんびゅん吹きすさぶ風をものともせず、颯爽と立ち回るウェイターさんに、「いつものことですよ」とにっこりされた（気になったのは料理に入りそうな埃だったのだが）。

　ところがこの強風、翌朝の目覚めに、新鮮な感動を連れてきた。真夏とは思えない、澄みきった冷気だ。カサレスで数日過ごしてみると、内陸性気候との違いが肌でよくわかるようになる。アルコスでは、体感温度が40℃を超すような日は、調査を開始するころに空気の圧迫感でわかるのだ。風が吹いても、内陸のため熱気や埃がこもりがちで、温度が下がっても乾燥からは解放されない。これに対してカサレスは、まさに芳潤の地だ。適度な湿度

COLUMN

は植物相にも影響する。トロピカルな風情の草木の彼方には、コバルトブルーの海が見える。空の青とのグラデーションが美しい。

　白地のキャンバスに華を添える最後のモチーフは、他ならぬ村人である。パティオを囲む文化をもつアルコスでは、夕方以降も自宅でのんびりする人が少なくない。ところがカサレスでは、日が暮れるころに老若男女こぞって通りに繰り出してくる。人口4,000足らずなのに、この活気はどうだろう。

　カサレス滞在の最終日、夏祭りがスタートした。中央の広場では、極彩色のボンボンがイルミネーションとともに放射状に架けられ、夜空を巡るメリーゴーランドのようだった。もうひとつの広場で、住民のフラメンコ・ショーが始まる。「うちの子も踊るのよ！」と誇らしげに教えてくれたセニョーラも、娘の出番を見守っていた。伝統的な髪飾りを挿し、水玉や花柄の衣装に身を包んだ少女たちが、軽やかなステップで舞い踊る。真夏の夜の夢だ。そうか、カサレスは"粋"なんだな、と思った。見る者のため息を誘う景観と穏やかな気候に、下町さながらの喧騒が、なんともアンバランスで、小気味よい。素描くらいできたら、と悔やんだ。もし色が使えるならば、赤や黄色の原色を随所に使ってしまいそうな気がするけれど。

（鈴木亜衣子）

第4章

アンダルシアの外部空間

生真面目そうな中年女性がおもむろに笛をプーと吹き、持っていた紙切れを淡々と、しかし声を張り上げて読み始める。「本じつー、午後5じー、村役場にてー、映画を上映いたしますー。題名はー、『フランケンシュタイン』、入場料はー、大人1ペセター……」。
　映画『ミツバチのささやき』（ビクトル・エリセ、1973年）の冒頭を飾るシーンである。舞台はスペイン内戦（1936〜39年）後の荒涼たるカスティーリャ地方の寒村、女性が立っているのは、おそらく役場に面した空き地。この慎ましい空き地には舗装もないし、周囲を立派な建物が囲っているわけでもない。しかしそれでも、そこは村の社会生活の中心であり、市民に対し公的情報、この場合は巡業に来た映画の上映を伝達する重要な場所なのである。
　プラサ plaza、すなわち広場は、スペインのどんな街にもある。堂々たる大聖堂を望む広場。拱廊が4辺をぐるりと取り囲み、整然とした雰囲気をもつ広場。周辺のバルが所狭しとテラス席を広げ、屋外レストランのようになっている広場。流れ込むいくつもの道の結節点のような広場。あるいは上述のような、空き地に毛が生えた程度のちっぽけな村の広場。広場の大きさ、数、形、役割はさまざまだが、いずれにせよ、戸外で多くの時間を過ごすスペイン人にとって、都市生活に必要不可欠な要素となっているのは間違いない。
　スペインの広場はどのように発達したのだろうか？　他の国の広場とは何が異なるのだろうか？　スペインの各地域や時代によって、広場の形態や機能にはどのような差異があるのだろうか？　そしてアンダルシア地方における広場の特徴は何だろうか？　本章では、こうした点を明らかにしながら、まずスペインの広場の歴史全体を俯瞰し、続いてアンダルシアの小さな街で、広場を含む外部空間がもつ特徴と魅力を探る。

1　古代地中海世界における広場の誕生

　広場が歴史上最初に整備されたのは、古代ギリシア世界においてだといわれる。ギリシア以前にもメソポタミアなどではすでに高度な都市文明が発達していたが、ギリシアの都市国家において自治を担う「市民」が誕生することにより、初めてその市民が利用する公共広場「アゴラ agora」が生み出されたのである。アゴラは機能的にはいわゆる「民主的」古代

ギリシアの政治が執り行われる場として生まれ、当初は行政、立法など公的な性格が強かったが、ギリシア文明が拡大し、ヘレニズム時代を迎え、やがて地中海世界の中心がローマに移っていく流れのなかで、徐々に商業空間としての性質を強めていった。アリストテレスは、完全に公的なアゴラと商業的なものとを、機能に応じて分けるべきだと説いているが、このコメントは裏を返せば、かの時代の実際のアゴラはかなり多目的なスペースだったということを示唆している◆1。

　紀元前5世紀にペルシア軍によって破壊されたミレトスの街は、ギリシア人によって奪回されるとすぐ、計画的な都市として再建された。ほぼ正方形に近い矩形の街区が整然と並ぶその街の中心に、南北ふたつのアゴラが配されている。当初は長方形の広場の1辺か2辺にストアと呼ばれる柱廊が設けられ、ゆるやかに閉じられたスペースとなっていたが、ヘレニズム時代、ローマ時代と時が下るにつれ、周囲に公共建築や神殿が計画的に建設されてゆき、外部とはっきりと区分された閉じた空間に変容していった(1)。一方ギリシア世界の中心アテネの場合、都市形成が自然発生的であったので、アゴラの形態や構成も、ミレトスなどの計画都市より不規則であった。アテネの防衛の拠点であり神域でもあったアクロポリスと呼ばれる小高い丘のふもとに整えられていったアゴラは、そのアクロポリスに名高いパルテノン神殿が建造された時期には、形も境界線もはっきりしない漠然とした空地だった。しかしヘレニズム時代後期から本格的に整備され始め、周囲にいくつかの長い直線的なストアが設けられ、列柱に囲われた矩形に近い空間がつくり出された◆2。つまりアゴラの構成としては列柱で囲んだ矩形の広場という理想型があり、どの都市でも多かれ少なかれそのモデルに近づいていったのであった。ちなみにアゴラの名は、広場・人込み恐怖症を表すagoraphobiaという医学用語に残っている。

　ギリシアから地中海世界の覇権を継承した古代ローマでは、ギリシアのアゴラにあたる都市広場は「フォルムforum」と呼ばれた。今でも市民集会や公開討論の場をフォーラム（イタリア語やスペイン語ではフォーロforo）と呼ぶのは、このローマ時代の公共広場からきている。フォルムもアゴラと同様に、計画的に造成された植民都市のものと、首都ローマに見られるような断続的な改造・拡大を経たものとではその規則性に大きな差がある◆3。以

下に3つの異なった条件下に生まれたフォルムを見てみたい。

　国家としてのローマは、北アフリカからイングランド、ポルトガルから近東にまで及ぶその広大な版図に多くの計画都市を新造した。軍隊の駐屯地や退役軍人の居留地としてつくられたこれらの植民都市の構成は、南北方向の通り（カルド）と東西方向の通り（デクマヌス）による格子を都市軸としたきわめて明快なもので、フォルムもこの街割に合わせて設けられた。この理念的な碁盤目状の都市の有様をそのまま残すものに、アルジェリアのティムガッドの遺跡がある(2)。退役軍人のためにトラヤヌス帝によって紀元100年に建造されたティムガッドは、初期中世に遊牧民族のたび重なる略奪を受けるなどして放棄されたため、古代の街全体の構成がよく残されている。フォルムは主軸となるカルドとデクマヌスの交点近く、碁盤目状部分の中央南側にある街区およそ9ブロック分を占め、劇場やバシリカ（多目的ホール）に囲われたスペースである。

　紀元79年のヴェスヴィオ山噴火によって火山灰の下に埋もれたポンペイの街は、ローマ以前から存在し、ローマ人による支配の間にも発展を続けていた中規模都市である。そこには一挙に計画されたティムガッドほど強烈な規則性は感じられない。フォルムはもともとの集落の中心にあったが、市街が北東方向に発達したため、その位置が街の中心でなくなってしまったことも、そう感じさせる一因だ。フォルムの内部や周囲には、市場などの商業広場、集会などに用いられたバシリカ、アポロ神殿やカピトル神殿などの宗教施設があり、それぞれの施設の向きには多少のずれがある。しかし、細長いフォルムの外周に沿って並べられた列柱が全体の造形をまとめ上げ、軸線の先にははるかヴェスヴィオ山を望む構成は、まさに街の中央広場としての風格を備えている(3)。

　首都ローマのフォルム「フォルム・ロマヌム Forum Romanum」は、ティムガッドのような小規模植民都市やポンペイのような地方都市とは比べものにならないほど複雑な形成過程を経た、巨大な広場と建築の複合体である。紙面の都合上、ここでその全容を詳らかにすることはできないが、おおまかに述べればその形成過程は以下のようである。まず、ローマは7つの丘の街といわれるが、その丘と丘の間の沼地がフォルムの敷地となった。地形によって規定されたこの不定形の空地はさまざまな用途に用いられていたが、ローマがイタ

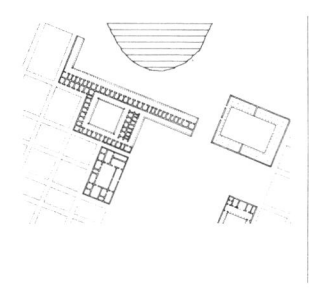

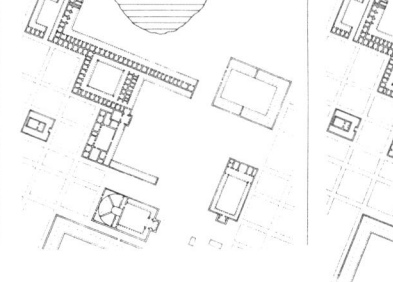

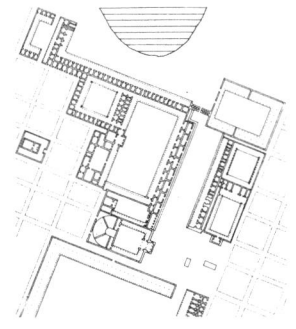

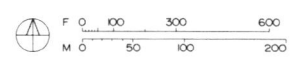

北アゴラの3段階の発展の様子。
左:紀元前 5-4 世紀のアゴラ
中:紀元前 3 世紀のアゴラ
右:紀元前 1 世紀のアゴラ
1

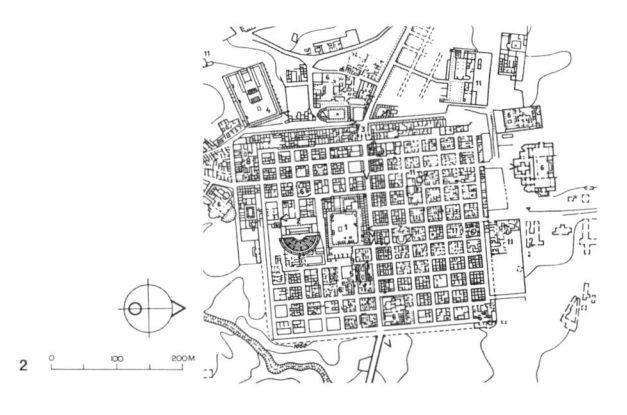

2

3

1. ミレトスのアゴラ [出典:コストフ『建築全史』1990]
2. ティムガッドとそのフォルム
[出典:ベネーヴォロ『図説都市の世界史1』1983]
3. ポンペイのフォルム

リア半島、続いて地中海全体の覇権を掌握し、首都としての役割を求められるようになるにつれ、徐々に政治的、精神的中枢としてその形が整えられていく。カエサル、アウグストゥス、トラヤヌスといった統治者たちは、前任者に対抗するかのように新たなフォルムを付加し、立派な神殿を建て、商業空間を整理し、記念門や記念柱で飾り立てていった(4)。周辺部の住人を立ち退かせ、場合によっては火災を利用して家屋を撤去するなど、一つひとつのプロジェクトはきわめて強権的で計画的だが、歴代の為政者たちが過去の計画を踏襲し、未来を見据えて都市整備を行ったかといえば必ずしもそうではない。一連の「皇帝のフォルム」を含むフォルム・ロマヌムの整備は、為政者のコントロールを超えて猛烈な勢いでメガロポリス化する首都に対し、その中心部だけでも統制し、さまざまな都市問題を少しでも軽減しようとする、一種の対症療法なのであった。

　イベリア半島は、共和制後期にそのほぼ全域がローマの植民地となり、トラヤヌスやハドリアヌスといった皇帝を輩出するほどの、ローマ帝国の重要な一翼となった。ローマ時代に創建され、あるいは大きく発展した都市で、現在まで保たれているものも数多い。バルセロナ、サラゴサ、セビーリャといった大都市の他、中規模な都市でもメリダ、タラゴナ、コルドバなどがあり、小さな地方都市も含めると、ローマ時代の痕跡を残しているものは枚挙にいとまがない。

　イベリア半島北部を包括するタラコネンシス州の州都であったタラゴナ Tarragona（ローマ時代の *Tarraco*）は、ふたつのフォルムをもっていた。共和制時代につくられ、港に近い市街西端部にあった植民市のフォルムと、紀元70年ごろから建設の始まった州政府のフォルムである。州政府のフォルムは碁盤目状に街路がひかれた街の中心付近ではなく、街の北方、丘上に位置する皇帝を祀った主神殿の南側に置かれ、皇帝の神殿に接した前庭スペースと、その南側のやや低い位置にある政治の中心となる広場のふたつのエリアに分けられていた。前者が後にキリスト教の大聖堂となったのに対し、短辺175m 長辺318mという巨大なオープン・スペースであった後者は、中世以降、徐々に家屋に浸食されていった(5)。現在、フォルムの敷地は中世の色濃い旧市街のアーバン・ファブリックに覆われ、わずかにその残滓である小広場が数ヵ所残るのみである。

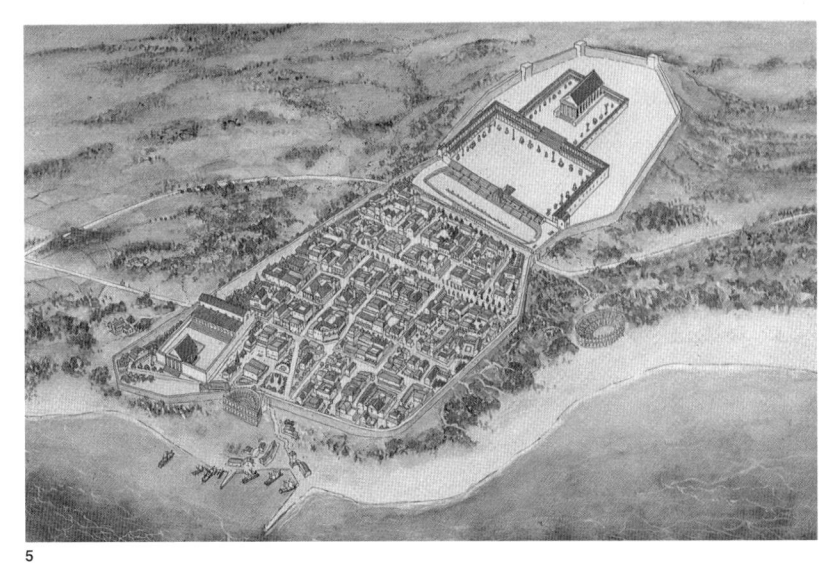

4. フォルム・ロマヌム
5. ローマ時代のタラゴナ(復元図)［出典：*TARRACO. GUIA ARQUEOLÒGICA*, TARRAGONA, 1991.］

タラゴナのフォルムは配置、規模ともに例外的であり、格子状の街区の中にフォルムが設けられた例の方が多い。アウグストゥスによって創設されたメリダ Mérida (*Emerita Augusta*) には、州政府と市政府のフォルムがそれぞれ、デクマヌスの軸線上と、デクマヌスとカルドの交点に接して設置されており、サラゴサ Zaragoza (*Caesaraugusta*) でもフォルムは主軸の交点に 2 辺を接して配されている (6)。バルセロナ Barcelona (*Barcino*) も直交する主軸の交点付近にフォルムが設けられた例である。バルセロナでは市、州の両政府という政治の中心が古代以降もつねにこの付近から離れることはなかった。州政府の現在の建物は 15 世紀に建設が始まり、ルネサンス様式のファサードも 17 世紀初頭には完成している。とはいえ、広場が現在の姿となったのは、サン・ジャウマ広場が拡幅整備され、市庁舎が装いを新たにした 19 世紀前半である (7.8)。広場を一直線に貫くフェラン通り・ジャウマ 1 世通りも一見ローマ時代の直交軸のようであるが、これらも同時期のもので、ローマ時代のカルドはというと、その 19 世紀の直線道路とほぼ平行に、よれよれと走る狭い小道となっている。

2 中世ヨーロッパとキリスト教スペインの広場

　フォルムという語は、都市広場を指す言葉としては中世ヨーロッパには受け継がれなかった。スペインの plaza、イタリアの piazza、フランスの place、ドイツ語圏の platz は、いずれも大通りを意味する別のラテン語、platea から派生した語である。ローマ時代の建築家ウィトルウィウスは forum については公共建築と同様にどう設計すべきか解説しているが◆4、platea については「大きな道」という意味で各所に用いているにすぎない。一方、7 世紀セビーリャの知識人イシドルスはその百科事典的著作『語源論』内で forum とともに platea の解説もしているが、あくまでもそれはウィトルウィウスが用いたのと同じ「大きな道」という意味でである◆5。それが 1611 年のスペイン語辞書『カスティーリャ語辞典』になると、plaza を「集落内にある広々とし開けた場所のこと。そこで商人と住人との間で物品の売買が行われる」と定義している◆6。つまり、この対称的な記述の間に横たわる中世という時

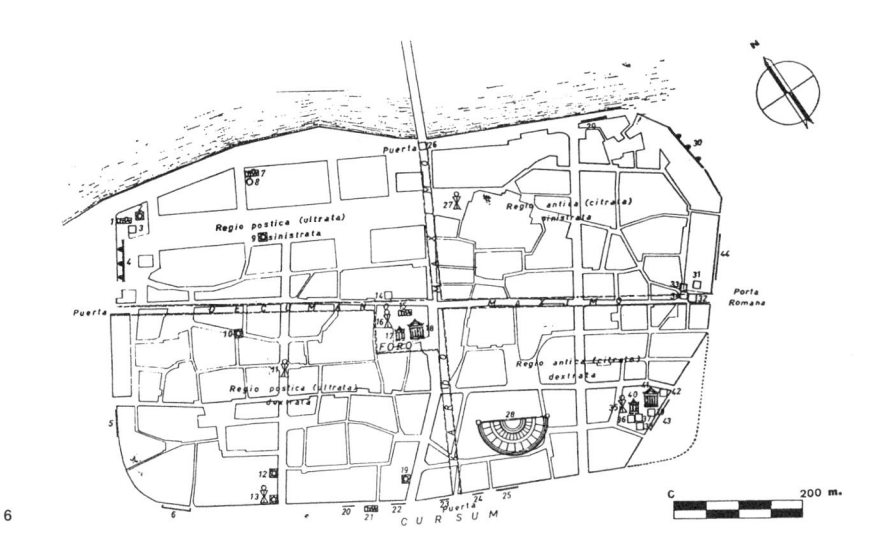

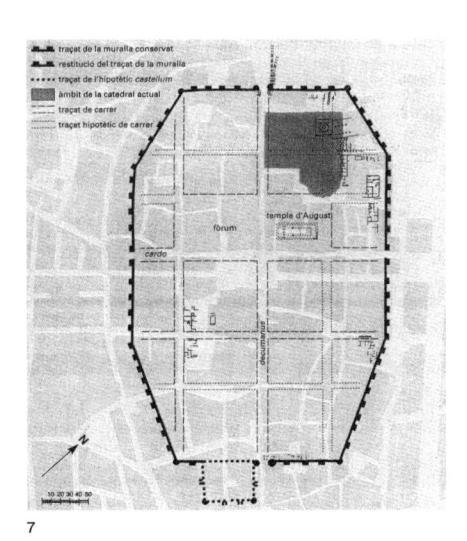

6. ローマ時代のサラゴサ
［出典：M. MONTERO, *HISTORIA DEL URBANISMO EN ESPAÑA I*, 1996.］
7. ローマ時代のバルセロナ［出典：J. M. GURT & C. GODOY, "BARCINO, DE SEDE IMPERIAL A URBS REGIA EN ÉPOCA VISIGODA" IN *SEDES REGIAE (ANN. 400-800)*, BARCELONA, 2000.］
8. 現在のサン・ジャウマ広場

代に、単なる「大通り」であった言葉が「商取引が行われる開けた場所」、すなわち市場広場になったわけである。

　こうした語義からも推し量れるように、中世ヨーロッパにおける広場の形成は、都市の経済的発展と切っても切り離せない。中世後期に経済的に繁栄し、自治政治を発達させた都市が、その都市文化を発揚させるモニュメンタルな広場の整備に乗り出したからである。機能から見ると市場広場、教会前広場、自治政治の発達とともに都市のオフィシャルな中枢となった市民広場があり、これらの機能はしばしば複合する◆7。主要な広場には、とくにイタリアの場合、ヴェローナのエルベ広場、ボローニャのマッジョーレ広場などフォルムから発達したものも少なくないが、市場広場の場合は城外の市場スペースが都市域拡大に伴って市街に取り込まれ、整備されたものもある。中世以降の広場では周囲の建物に住宅が見られる点が、フォルムとの大きな違いのひとつとして挙げられる。

　リューベック、ブルージュ、ブレーメンなど、ドイツや低地地方の中世商業都市では、モニュメンタルな市場広場（マルクト）が発達した。何よりも商業空間であり、時に政治・宗教的役割を兼ねたこれらの広場は、やがて単なる都市機能を超えた街のシンボルになった。これら北方の広場と並び、ヴェネツィア、フィレンツェ、ジェノヴァなど、中世に勃興した中規模の都市が覇権を競い合ったイタリアにも、当時の趣を残すユニークな広場が数多く見られる。ルネサンス以降の再整備をほとんど被っておらず、政治と祝祭の舞台であった中世広場の雰囲気を今に最もよく伝える広場は、丘陵都市シエナのカンポ広場 Piazza del Campo であろう。　市庁舎を望むすり鉢状の地形を生かし、デザインの統制された建物によって立面が整えられたこの広場がもつ、心地よい囲まれ感は独特である(9)。ローマ時代のフォルムを起源とする広場は、街全体にローマ時代の街区割をよく残すヴェローナに見られる。ヴェローナのエルベ広場 Piazza delle Erbe は、南北軸のカルドの中央が凸レンズ状に膨らんだ形状である。もともと細長い長方形だったフォルムの隅部が、徐々に家屋によって占拠されることによってこうした独特の形になったものと考えられる。このエルベ広場と、1ブロック挟んで東側にあるのが、中世起源でルネサンス期に整形されたシニョーリ広場 Piazza dei Signori である。商業広場であるエルベ広場と、市民広場であるシニョーリ広場

9. シエナのカンポ広場
10. ヴェローナのエルベ広場とシニョーリ広場
[出典:加藤晃規『南欧の広場』1993]

の複合体は、ヴェローナの中心部に市民生活の核となる絶妙な空隙を生み出している(10)。ルネサンス以降再整備されているが中世に直接の原点をもつイタリアの代表的な広場には、その他フィレンツェのシニョーリア広場や、ヴェネツィアのサン・マルコ広場などがある。

スペインのキリスト教圏においては、都市の「顔」として広場を整備しようという考えが発達するのが、イタリアやドイツ、オランダよりも遅れ、シエナのカンポ広場ほどモニュメンタルな中世広場はほとんど見受けられない。その理由のひとつとしては、王権や教会権力が都市政治を掌握し、市民が自治政府をもつに至らなかったことが挙げられよう。中世に繁栄したバルセロナを見ても、旧市街の中に街を代表するような中世広場はない。大聖堂のファサードは1888年のバルセロナ万博まで仕上げられなかったし、14世紀後半に、市政府、アラゴン王、司教らがこぞって邸館を建設した際も、そのファサードに面して建設することができたのは、猫の額ほどの小さな広場であった(11)。中世バルセロナにおいて市場広場の役割を果たしていたのは、旧市街中心部の城壁外側に沿って走る、もともと河床であったとされるランブラス通りなど、外縁部のオープン・スペースであった。ランブラス通りの市場としての性格は、現在でもボケリア市場に継承されている。

市場広場が大きく発展したのはむしろカスティーリャ王国においてであった。しかし中世の市場広場の趣を現在まで残す広場というのはそう多くない。カトリック両王の時代以降、カスティーリャの主要な市場広場の多くが再整備され、市庁舎が建設され、プラサ・マヨール Plaza Mayor と呼ばれるようになるからである。プラサ・マヨールには建築様式からプロポーションに至るまではっきりとした指針の下で設計されたものと、中世の市場広場の延長として徐々に整備されたものとがあるが、いずれにせよカトリック両王の時期に大きな転換点を迎えるので、次節で論じていきたいと思う。

中世起源の広場のタイプとしては、他に教会前広場がある。ただ、教会堂を含むスペインの都市建築で、後世のバロック様式による改修を免れたものはごくわずかであり、中世そのままの広場というのは、このタイプにもほとんど見られない。中世の教会前広場から発展したものとしては、巡礼の街サンティアゴ・デ・コンポステーラの大聖堂を囲っている、中世からバロック期まで断続的に整備された広場群をその代表例として挙げられるだろう(12)。

11

12

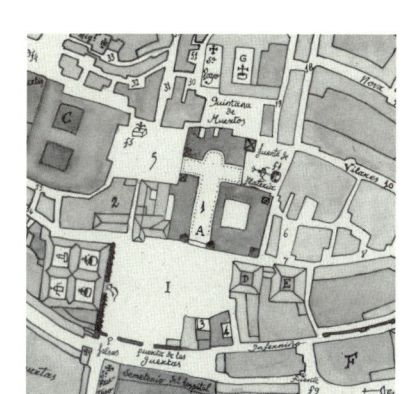

11. バルセロナ旧市街（1944年の地図）。直線道路や広場は、いずれも19世紀以降、ほとんど隙間のなかった中世の街にうがたれたもの［地図：© INSTITUT CARTOGRÀFIC DE CATALUNYA］
12. サンティアゴ・デ・コンポステーラ大聖堂を取り囲む広場群（1750年の地図）とバロック様式で改修されたファサードを望むオブラドイロ広場［地図：©INSTITUT CARTOGRÀFIC DE CATALUNYA、写真：©AYUNTAMIENTO DE SANTIAGO DE COMPOSTELA］

3 ルネサンス・バロック広場とスペインのプラサ・マヨール

　直交する道路網とそこに収められた矩形の広場をもつ新造された計画都市は、中世ヨーロッパにも存在する。しかし、中世後期におおいに発展した都市の内部やそのすぐ外側に、何よりもその都市の権威を高めるという目的で、建築的な美観が考慮された広場がつくられ始めるのは、ルネサンス以降である。ルネサンス・バロック時代のイタリアでは、ミケランジェロの設計により再整備されたローマのカンピドリオ広場、同じくローマのポポロ広場、ナヴォーナ広場、サン・ピエトロ大聖堂前広場など、都市の全体計画の一環として広場が有効に用いられる一方で、広場そのものの空間的・視覚的なデザインが設計の対象となった (13)◆8。ヴェネツィアのサン・マルコ広場やフィレンツェのシニョーリア広場など、多くの中世広場が装いを新たにしている点も興味深い。

　イタリアのルネサンス建築の理念と、ルネサンスの建築言語をもとに17世紀ローマで生まれた華やかで立派なバロック建築の影響は、やがてヨーロッパ各国にももたらされたが、この理念と手法を都市に敷衍することで誕生したルネサンス・バロック広場も、同様に伝播していった。スペインにおけるルネサンス・バロック広場の最も典型的なタイプは、プラサ・マヨールであり、このタイプの代表的事例がマドリッドのプラサ・マヨールである。しかし、ルネサンス、あるいはバロック様式の建築的都市空間としてのプラサ・マヨール以前に、機能や制度としてプラサ・マヨールというものが確立していたことには留意する必要がある。つまり、マドリッドのもののように矩形で柱廊をもっているか否かにかかわらず、スペイン各地のプラサ・マヨールの成立には共通の背景があるということである。

　その背景というのは、ひとつには1480年、トレドにいたカトリック両王が全国の都市に命じた市庁舎建設令であり、もうひとつには、多くのプラサ・マヨールの前身である中世の市場広場の存在である。15世紀末に街の権威を体現する立派な市庁舎の建設が命じられた際、多くの街がその立地に選んだのは、街の活動の中心であり、ファサードの映える広い空地をもつ市場広場であった◆9。もちろん、この市庁舎建設令が下される以前から、権威を象徴する空間として美観を整えつつあった広場は少なくなかったであろうが、その大

13. ローマのサン・ピエトロ広場

半は16世紀以降に大きくその姿を変えることとなる。

　後世の再整備を受けながら、ゴシック様式の邸館などに今なお中世の面影を残しているプラサ・マヨールとしては、カンタブリア地方のサンティリャーナ・デル・マル Santillana del Mar のラモン・ペラーヨ広場(14)、バルセロナ県ビック Vic のプラサ・マヨールなどがある(15)。

　これら中世のモニュメントをもつ広場に対し、建造物の年代は中世まで遡ることはないものの、広場の原風景とでもいうべき素朴な雰囲気を今に残すプラサ・マヨールがある。小さな田舎町につくられた、不整形の敷地としばしば木の柱や梁を用いた民家のたたずまいを特徴とするもので、セゴビア県ペドラサ Pedraza のものや、マドリッド県チンチョン Chinchón のものが有名である。チンチョンの広場をぐるりと取り囲む建物の階上は、いずれも吹き放ちのバルコニーとなっていて、闘牛などイベントが行われる際には絶好の桟敷席として用いられてきた(16)。

14. サンティリャーナ・デル・マルのラモン・ペラーヨ広場
[photo=Fernando Arévalo La Calle]

15. ビックのプラサ・マヨール
16. チンチョンのプラサ・マヨール

中世の市場広場がまず都市機能としてプラサ・マヨールとなり、その後徐々にデザイン上の整備が試みられた事例としては、アビラÁvilaのメルカード・チコMercado Chico（小市場）広場がある。11世紀後半にキリスト教徒によって征服されたアビラでは、やがて城内にあるサン・フアン教会前の広場と城外の2ヵ所で毎週市が立つようになり、前者がメルカード・チコ、後者はメルカード・グランデMercado Grande（大市場）と呼ばれた。市政は当初サン・フアン教会に間借りするかたちで行われていたが、16世紀にメルカード・チコに面して市庁舎が造られた。これによりメルカード・チコは、市が立ち、闘牛をはじめさまざまなイベントが行われ、また政治・社会的活動を行う市庁舎が置かれた典型的なプラサ・マヨールとなった。アビラのプラサ・マヨール（メルカード・チコ広場）を拱廊で囲われた矩形広場として整える試みは、ずっと後の18世紀から20世紀初頭にかけて断続的になされたものであるが、その都市機能は16世紀には成立していたのである(17)◆10。

　穀類の生産などで栄えたメディーナ・デル・カンポ Medina del Campo の広々としたプラサ・マヨールの場合は、15世紀初頭に街を統治していたフェルナンド・デ・アンテケーラによって、もともとの市域外部に新たに建造されたものである。この広場はまず商業空間として栄えたが、1480年、その一角にサン・アントリン教会堂が建てられ、さらに1654年、もともとの旧市街にあった市庁舎が広場の短辺に引っ越してきた◆11。つまりメディーナ・デル・カンポの場合、市壁外に意図的につくられた市場広場が祖型としてあり、その繁栄に引き寄せられるように教会が建設され、さらにその後市庁舎が移されてきたのである(18)。

　このように15世紀末から16世紀にかけてカスティーリャにおいて確立していたプラサ・マヨールという都市空間に、はっきりとした造形を与えたのが、ハプスブルク家の王フェリペ2世であった。フェリペ2世の厳格な建築理念に適合した最初の整形プラサ・マヨールは、1561年バリャドリッドで誕生した。この年火事にあった同都市のプラサ・マヨール再建にあたり、拱廊を備え統一されたデザインのファサードによる矩形の広場という定型が実現したのである◆12。経済事情もあり完成は1605年までずれ込んだものの、同じように矩形や統一されたファサードをもつパリのヴォージュ広場（王の広場）に先行するバリャドリッドのプラサ・マヨールは、イタリア外でつくられたルネサンス広場の最初期の事例のひとつとい

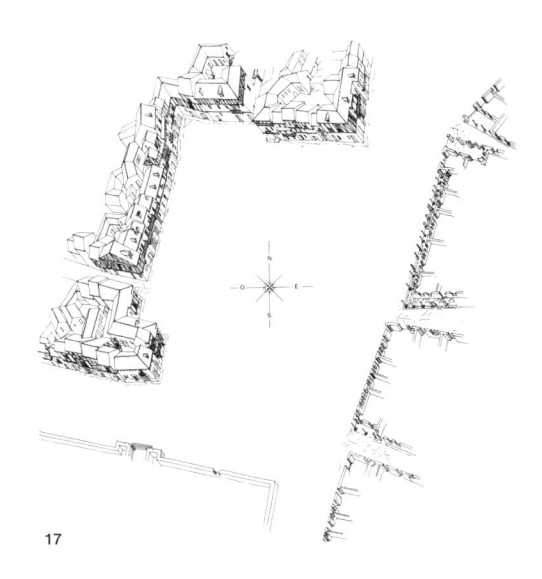

17. アビラのプラサ・マヨール（メルカード・チコ広場）。
中世の様子の想像復元図（左）と現在の様子（右）
［出典：L. CERVERA, *PLAZAS MAYORES DE ESPAÑA I*, 1990.］
18. メディーナ・デル・カンポのプラサ・マヨール
［出典：L. CERVERA, *PLAZAS MAYORES DE ESPAÑA I*, 1990.］

うことができる。ヴォージュ広場ともうひとつ大きく異なる点は、バリャドリッドのプラサ・マヨールは、他の一般的なプラサ・マヨールと同様、中世の市場広場をベースに市政の実体であり象徴である市庁舎が加えられたものであり、なおかつ祝祭の場だということだ。つまり、そこは王や貴族や高位聖職者の権力を誇示する以前に、市民社会の中心なのである。周囲の建物は多くが19世紀以降再建されてしまったため、当初の姿は変容しているが、依然として街の中心たる気品が感じられる空間である(19)。

このバリャドリッドの発展形が、マドリッドのプラサ・マヨールである。その建設開始までには紆余曲折があったが、その間に、スペイン領の都市計画のあり方を規定した有名なフェリペ2世による「インディアス法」発布(1573年)がなされたことは重要なファクターであろう。既存の都市の形態にかかわらず異物のように挿入された矩形の広場と、エル・エスコリアル修道院やインディアス法に見られる厳格で簡素なデザイン、いずれにもフェリペ2世の意向が強く表れているのは明白である。

マドリッドのプラサ・マヨールの敷地は、当初サン・サルバドール教会前の広場が想定され、15世紀後半には整備が始まったものの、この城内の既存の広場では、首都のプラサ・マヨールとしては手狭すぎると判断された(20)。そこで目をつけられたのが、十分なスペースをもち、経済活動の中心として機能しつつあった城外の市場スペースであった。この不整形の「アラバル Arrabal」(城外)広場の整備をフェリペ2世が初めてフアン・デ・エレーラに命じたのは1581年であったが、既存建物の撤去や部分的な建設が始まったのはその10年後であった。広場の本格的な建設は、フェリペ3世治世の1617年からフアン・ゴメス・デ・モラによって行われ、2年後の1619年に完成した◆13。このときつくられたプラサ・マヨールの姿は、1656年に描かれたマドリッドの地図に刻まれている(21)。17世紀のプラサ・マヨールが現在の姿と最も異なる点は、流れ込む道によって広場を囲う壁の一部が開かれていることである。現在のより閉じられたプラサ・マヨールの姿は、1790年の火災の後、新古典主義の建築家フアン・デ・ビリャヌエバが改修した結果であり、また現在広場の中央にあるフェリペ3世の騎馬像も、当初は存在しなかった。首都マドリッドにおいても、プラサ・マヨールのもつ基本的な用途は他の都市と同様であり、市政府こそサン・サルバドール広場に残っ

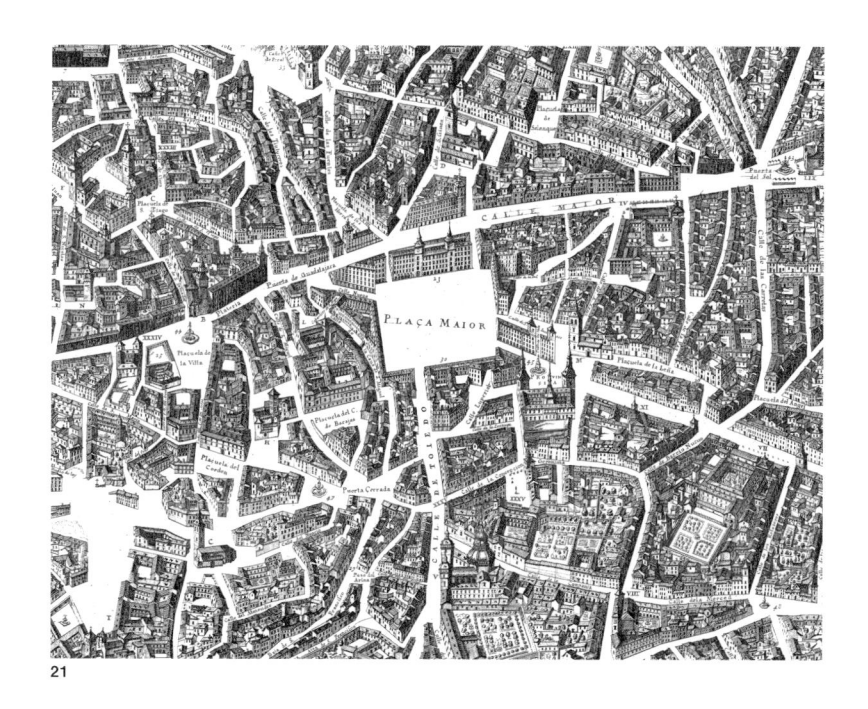

19. バリャドリッドのプラサ・マヨール。現在の様子
20. マドリッドのプラサ・デ・ラ・ビリャ（旧サン・サルバドール広場）
21. 1656 年に P. Teixeira によって描かれたマドリッドの地図。矩形のプラサ・マヨール左手にプラサ・デ・ラ・ビリャが見える
［出典：©BIBLIOTECA DIGITAL DE LA COMUNIDAD DE MADRID］

たものの、普段は活気ある市場として機能しつつ、闘牛や擬似騎馬戦、異端審問や処刑など、ありとあらゆるスペクタクルの舞台となった〈22.23〉。

　マドリッドのプラサ・マヨールは、カスティーリャ地方を中心に各地で続々とつくられていく整形プラサ・マヨールのモデルとなった。そのひとつ、レオンのプラサ・マヨールも中世の城外市場から発達したものである。この市場は、11世紀初頭からの市域の拡大に伴って生まれたサン・マルティン地区に取り込まれて不整形な市場広場となったが、1654年の火災を機に、市の主導で拡大・再建が始まり、フェリペ2世お抱えの建築家フアン・デ・エレーラが好んだ厳格で無装飾な様式でファサードが統一された矩形広場となった◆14。中世から続く市場としての機能が現在でも保ち続けられているのは興味深い〈24〉。その後も、スペインのプラサ・マヨールのなかでも随一の美しさを誇る18世紀のサラマンカのもの、19世紀に入ってから修道院を取り壊した跡地につくられ、若き日のガウディが街灯をデザインしたことでも知られるバルセロナのプラサ・レイアル Plaça Reial など、時代ごとに社会背景や機能、デザインを少しずつ変えながら、プラサ・マヨールはつくり続けられていった〈25.26〉。逆に、スペインの都市広場の代名詞となったこのプラサ・マヨールを除けば、バロック期のスペインでは、ローマに代表されるような大規模で整然とした都市計画は行われず、とくに目新しい趣向の都市広場もつくられなかった。

22　　　　　　　　　　　　　　　　**23**

22. マドリッドのプラサ・マヨールでの騎馬戦の様子
[出典：JUAN DE LA CORTE, *FIESTA EN LA PLAZA MAYOR DE MADRID*, 1672. マドリッド市博物館蔵 (*LA PLAZA EN ESPAÑA E IBEROAMÉRICA. EL ESCENARIO DE LA CIUDAD*, MADRID, 1998)]
23. 現在のマドリッドのプラサ・マヨール

24. レオンのプラサ・マヨール（サン・マルティン広場）
25. サラマンカのプラサ・マヨール [photo = Paulo Guerra]
26. バルセロナのプラサ・レイアル

4 アル・アンダルスの都市広場とキリスト教化の影響

ここまでキリスト教スペインにおける広場の形成を見てきた。しかし中世スペインにおけるもうひとつの都市文化、すなわちイスラームのそれにおいて、広場の役割はどのようなものだったのだろうか。中世ヨーロッパの都市においては、機能上、マーケットが開かれる広場、教会前の広場、そしてとりわけ中世後期からの自治政府の台頭に伴って市庁舎に面した市民広場が発達し整備されたことはすでに述べた。いうなれば、キリスト教世界では機能上の必要性から都市にオープン・スペースがつくられたのである。これに対しイスラーム都市では、ヨーロッパ的な意味での広場がほとんど発達しなかった。ではイスラーム世界では、こうした都市機能を広場をつくらずにどのように発揮できたのだろうか。

まず市場広場であるが、じつはイスラーム世界では、ヨーロッパよりもはるかに早い時期から都市文化が発達しており、半恒久的な商業空間スーク（バザール）が誕生していた。各都市で最も重要なスークは、大モスクの周りの街路に発達し、ときには大モスクの門前から市門まで延びるショッピング・ストリートとなった(27)。アル・アンダルス（イスラーム・スペイン）においては、香水や絹製品などの高級品は、屋内化し厳重にセキュリティ管理された公営のスーク、アルカイセリア alcaicería で取引された。野外で一時的な市場が開かれる場合、それは市壁内ではなく、市壁外のスペースで行われるのが普通だった。また教会前広場の代わりに、大モスクの敷地にはサフンと呼ばれる大きな前庭がつくられた。中世ヨーロッパ都市のような自治政治は発達しなかったから、市庁舎がそびえる市民広場はなかったが、モスクの前庭は礼拝時に信徒を収容するだけでなく、集会、裁判、学校と多目的な用途をもったオープン・スペースであった(28)。

イスラーム勢力は、しばしば古代ギリシアやローマ以来の都市を占有しているが、イスラーム都市の特徴とされるカオティックな都市構造の徴候は、イスラーム占領以前の後期古代からすでに現れていたという◆15。古代都市の整然としたアゴラやフォルムはイスラーム黎明期にすでに風化した文化となっており、ムスリムもそれをわざわざ復興させることはなかった。こうした広場の不在は、歩行者やロバの通行のみを想定し、宗教行列のような都市儀礼に

27. イスラームのスーク
28. コルドバ大モスクと周囲の旧市街
[photo = Javier Gómez Moreno]

用いることもない細い道やそれよりさらに細い路地ともあいまって、高密なイスラーム都市をつくり出した。袋小路と中庭型住宅、狭く曲がりくねった街路、街路の閉鎖性を強めるトンネルや上層部の突出、そして広場の欠如といったイスラーム都市に典型的な特徴は、基本的にはアル・アンダルス都市にも当てはまる(29)。迷宮的な都市構造は、イスラーム都市がその初期段階からもっていた特徴というより、長期に渡る都市発展の結果であるが、早くも12世紀には、法律家イブン・アブドゥーンによってセビーリャの市内に全くオープン・スペースがないと報告がされているのは興味深い◆16。

　だがスペインの場合は、レコンキスタによってこうしたアラブ・イスラーム都市がキリスト教徒の手に継承されたため、その機能的、美的な改変がなされていった。19世紀後半に加速する工業化以前の都市改造には大きく分けてふたつの段階があり、まず中世を通して緩やかな変更が加えられ、その後17〜18世紀のバロック期に、よりラジカルな都市改造が行われた。それは多くの場合、街路の拡幅または新たな街路の挿入と、広場の開設によった。つまり旧アル・アンダルスの広場を考える際には、イスラーム勢力による征服とキリスト教勢力による再征服を経た、各都市の複雑な変容の段階を考える必要がある。現在われわれが訪れるアンダルシアの街は、3つの段階、すなわち(A)イスラーム征服時、あるいはムスリムが新造したばかりの都市の状態、(B)キリスト教徒による再征服直前直後の状態、そして(C)その後の都市改造を経ているということである。

　(A)を知ることはなかなか難しい。まずイベリア半島のイスラーム以前の都市遺跡としては、帝政ローマ期のものはいくつかあるが、後期古代・西ゴート時代のもので都市の全容がわかるものというのはなかなかない。イベリア半島におけるイスラーム都市計画の事例としては、コルドバ郊外に936年から建設され、976年ごろに放棄された宮廷都市マディーナ・アッザフラー Madinat al-Zahra があるが、この都市遺跡の発掘は今のところ宮廷部分が主で、都市の全体像はまだよくわかっていない。一方、キリスト教徒によって改造される前のイスラーム都市の様子を類推するにはシエサの遺跡が格好の分析対象となるだろう(★コラム「シエサの遺跡」参照)。一説によれば、シエサの城壁内に設けられた広いオープン・スペースは、広場というよりはその後の都市人口の増大を想定したものだといい、(A)から(B)へ移る中

29. コルドバ旧市街の路地

間的段階が窺える◆17。

　(B) に関してはレコンキスタ直後からバロック都市改造以前の史料、例えば16世紀初頭以降にトレドやセビーリャで発布された条例が参考になる。「道路上のトンネルや出窓は槍を携えた騎士が通過するのを妨げないようにせよ」といった条文からは、イスラーム都市の構造と慣習がいまだに根強く残っていた様子がよくわかる◆18。現在まで続く旧アル・アンダルスの都市で、アルコスのように歴史的変遷の跡をよく残しているものからは、(B) から (C) への移行を知ることができるが、20世紀前半まではもっと大きな街でも中世イスラーム都市の余韻がかなり残っていた。広場が形成されたのは主に (C) の時期で、モニュメントや公的行事に結びついた大きな広場の他、都市全体というよりは近隣コミュニティのための小広場がある。キリスト教支配のなか、イスラーム都市のフィジカルな構造からどのように広場空間がつくり出されていったかを以下に見てみたい。

　グラナダのビバランブラ広場は、現在の長方形の整然とした広場からは想像もつかないが、その名前からも推察されるようにその祖型をイスラーム時代から継承している。ビバランブラ Bibarrambla とは「川の門」の意で、広場の西側にあった城門の名称である。城壁は11世紀ズィーリー朝に遡ることができ、ビバランブラ広場はもともとこの城門内側に開けたスペースであったようだ。13世紀からのナスル朝時代には、大モスクの門前に発達したスークやアルカイセリアが城門近くまで延び、後のビバランブラ広場は北東側でこうした賑やかな商業空間に接した。カトリック両王によってグラナダが陥落すると、直後の1495年に拡張され、ビバランブラ広場と名づけられた。その後のキリスト教時代、闘牛や異端審問などの祝祭や儀礼の舞台として、そこは街で最も重要な広場のひとつとなった。16世紀前半にヴェネツィア共和国の大使としてスペインを旅したナヴァジェーロ (A. Navagero) は、ビバランブラ広場を「大きな長方形の整然とした美しい広場」であると描写している◆19。1616年につくられた街の俯瞰地図にも名前つきで登場するが、そこに見えるのも、ほぼ現在の形に整えられた長方形の広場である。そこには絞首台が描かれており、華やかな祝祭だけでなく処刑の場でもあった当時の広場のあり方を暗示している (30.31)。

　すでに述べたように、イスラーム都市において、市場・商業空間はスークと呼ばれた。

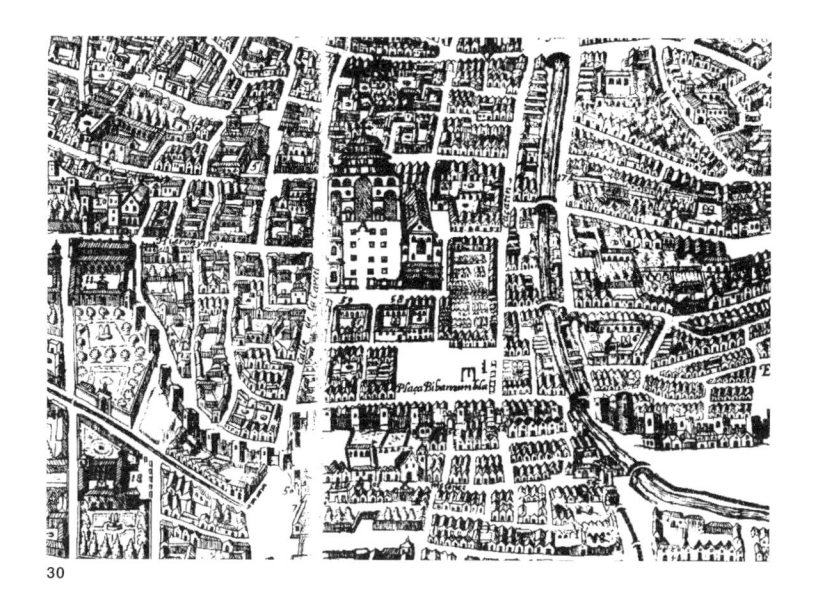

30. 17世紀初頭の版画に描かれたグラナダのビバランブラ広場
[©BIBLIOTECA VIRTUAL DE ANDALUCÍA]
31. 現在のビバランブラ広場

13 世紀半ばにコルドバがキリスト教徒により征服された際、大モスクが無数の店舗群、すなわちスークで覆われていたのを、アルフォンソ 10 世が命じて取り除かせたという記録がある◆20。一方、マーケットの開催場所として、イスラーム時代には馬場であったコレデーラ広場など、旧大モスクからはやや離れた空地が用いられ始めている。コレデーラ広場 Plaza de la Corredera は、後にカスティーリャの整形プラサ・マヨールの形式を踏襲することになるが、それ以前の 14 世紀から市場、祭り、裁判の場所として賑わっていたという◆21 (32)。こうしてコルドバはイスラーム都市の特徴であるスークを失い、キリスト教都市に一般的な市場広場を獲得したわけだ。

　これに対し、suq やその複数形 asuwaq、縮小辞 suwayqa という語がスペイン語化し、広場等の地名として残されたケースもある。スークの跡地が市場広場となった典型的な事例はトレドにある。トレド旧市街は、現在でも大きな広場がきわめて少ない (33)。巨大なゴ

32. コルドバのコレデーラ広場の現在の様子
[photo = Javier Gómez Moreno]

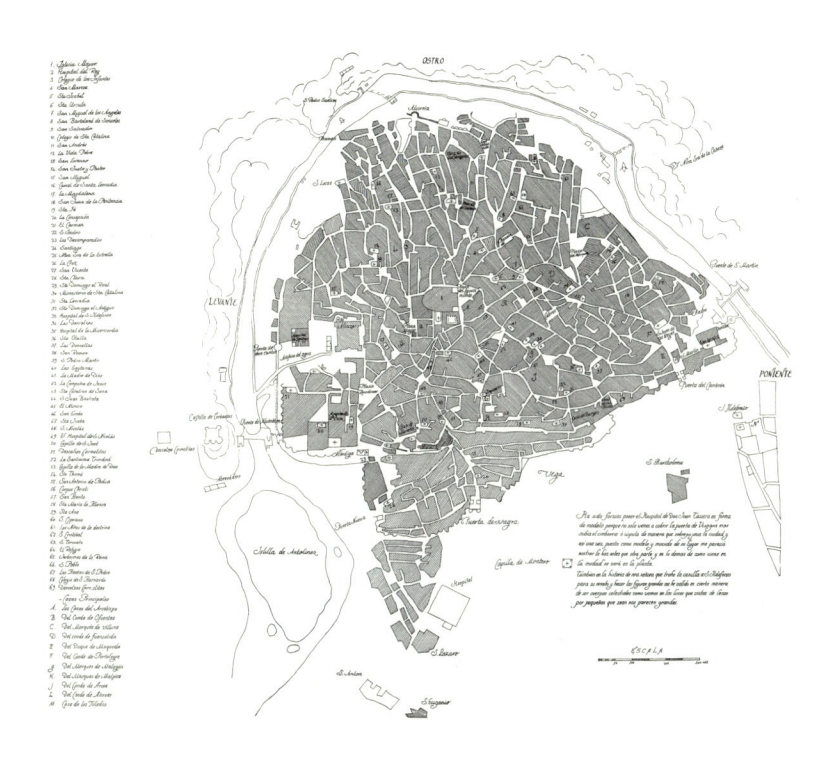

33. エル・グレコが描いたトレドの古地図（1610年ごろ）[出典：A. BONET, *EL URBANISMO EN ESPAÑA E HISPANOAMÉRICA*, 1991.] と現在のトレド

シック様式の大聖堂正面の広場は驚くほど狭く不整形であり、しかもそこへ至るアクセスは細く曲がりくねり、迷路のようである。前述の16世紀のヴェネツィア大使ナヴァジェーロは、この古都を「不規則で不整形、窮屈だし、人が多く、庭もない」とけなし、「広場はソコドベール Plaza de Zocodover と呼ばれるちっぽけなものひとつしかない」と述べている◆22。ソコドベールはアルカサルの北西に位置する広場で、その名前はアラビア語の「動物の市場」に由来する。実際ここはイスラーム時代に市門の脇、つまり都市周縁部にあって家畜などを取り引きするスークであり、文献上は1176年から登場している。こうした中心を外れたオープン・スペースが、その後のキリスト教都市のなかで「唯一の」広場となったのであり、そこは闘牛、異端審問などが行われる中世・近世スペインの典型的な都市広場となった。ソコドベール広場は1585年の火災の後、フェリペ2世の建築家フアン・デ・エレーラなどの手によって改修されてゆく(34)。

　一方、同じくスークという語から派生したアソゲ Azogue の名は、スペイン各地で広場の名前として散見される。もともとムデハル（★コラム「ムデハルとモリスコ」参照）の用いた語と考えられ、文献上サラマンカなどカスティーリャの都市において12世紀ごろから登場している。なかでもとくに注目に値するのはセゴビアのふたつのアソゲである。セゴビアは1085年のトレド再征服までキリスト教勢力とイスラーム勢力の戦線上に位置しており、それまで都市組織はほとんど存在していなかったと見られる。現在の都市の骨格が形成されたのは11世紀末から始まるカスティーリャ王国時代である。したがって、この時代から記録されているアソゲの名は、イスラーム時代のスークがキリスト教化したのではなく、キリスト教社会でこれらの市場広場がスークの代替物とみなされていたことを示し、アラビア語社会から移住した商人や職人たちの影響を感じ取ることができる。アソゲのひとつは後にプラサ・マヨールとなる大聖堂に面した広場で、もうひとつは有名な古代ローマの水道橋に面するアソゲッホ広場 Plaza del Azoguejo である。アソゲッホ広場の方は旧市街からは外れ、中世の市壁外に位置しており、キリスト教、イスラーム問わず中世都市にしばしば登場する市壁外のマーケットを起源としていると考えられる。セゴビアの場合は、プラサ・マヨールの銘とともに美麗な都市広場として再整備されたのは、マドリッドのように城外の空地ではなく、城内の

34

35

34. スペイン内戦（1936〜39年）直前のトレドのソコドベール広場（左）
[EDUARDO SÁNCHEZ BUTRAGUEÑO 提供]と現在のソコドベール広場（右）
35. セゴビアのプラサ・マヨールとアソゲッホ広場（1950年の地図より）
[地図：© INSTITUT CARTOGRÀFIC DE CATALUNYA をもとに作成]

市場広場の方であった(35)。

　さてアンダルシアには、前節で見たようなカスティーリャのプラサ・マヨールはほとんど存在しない。前述のコルドバのコレデーラ広場は、カスティーリャのプラサ・マヨール文化を例外的に直輸入したものである。アンダルシアの街の主要な広場の多くは、カスティーリャの広場の整然とした雰囲気よりも、それぞれのモニュメントの華やかな装飾性を好み、周辺との一体感をあまり考慮しなかったといえる。アメリカ大陸との交易によって潤うセビーリャのサン・フランシスコ広場に16世紀に新築された市庁舎のプラテレスコ様式（スペイン・ルネサンス建築の一種）のファサードは、こうした傾向の初期の例である(36)。17世紀後半になると、農産物の価格の上昇などでアンダルシアの経済はひとつのピークを迎え、教会堂やパラシオのファサードがバロック様式で仕上げられるようになるが、同じプログラムで広場まで設計されることはやはりまれで、ハエンやマラガの大聖堂のように、巨大なファサードが小さな広場を圧倒することもしばしばである。そんななかで、広場全体のデザインは統一されていないが、スペイン南部の代表的なバロック広場のひとつといえるのが、ムルシアのベリューガ枢機卿広場 Plaza Cardenal Belluga である。1749年に完成した後期バロック様式の大聖堂ファサードが、同じ18世紀建設の司教館とともに華麗な教会前広場を演出している一方で、1998年にはラファエル・モネオ設計による市庁舎の現代的ファサードが姿を現し、新旧の建物が鮮やかなコントラストを成している(37)。

　イスラーム都市のスークを祖型とする市場広場というのが、旧アル・アンダルスの歴史的広場のひとつの典型例だとすれば、もうひとつの典型例は、路地の脇や袋小路の先に開ける小広場 plazuela であろう。こうした小広場のうち、パラシオ palacio（貴族の邸宅）や教会のファサードに面するものは、それらのモニュメントの建造に合わせてつくられたものもある。一方、とくにそういったモニュメントをもたない小広場には、コラール corral と呼ばれる近隣住民が共有するオープン・スペースが転化したものがあると考えられる。コラールはトレドのモサラベ（★コラム「ムデハルとモリスコ」参照）によってすでに12、13世紀に用いられていた用語であるが、セビーリャの16、17世紀の事例を見ると、それらは中央に井戸または水盤とイチジクの木を配し、周囲に2層の住宅群をめぐらしたパティオであった◆23。こう

36

37

36. セビーリャのサン・フランシスコ広場
37. ムルシア大聖堂前のベリューガ枢機卿広場

したいわば共同利用のパティオ、あるいは構成のよく似たフンドゥク（隊商宿）のパティオが、本来もっていた都市機能を喪失し、完全に閉じられた空間でなく半ば街路に開かれるようになったのが、レコンキスタ後だと考えられる。ただし、イスラーム時代の街路網が維持されている場合、こうした小広場は幹線道路から細くクランクした路地によって隔てられているから、完全にパブリックというよりはセミ・パブリックな街路空間となっていることが多い (38)。

　これまで述べてきたアンダルシアの都市と広場のあり方は、アルコス旧市街ではどう現れているだろうか。アルコスの旧市街には、街の中心にあるカビルド広場以外に目立ったオープン・スペースはない。広場の不在は、丘上という地形や、要塞都市という軍事的機能とももちろん関係があろうが、同時に、アルコスに色濃く残るアラブ・イスラーム都市構造という文化的なバックボーンに由来する。ファサード前にスペースを取るのが常套手段である教会堂でさえ、前面や側面に申し訳程度に教会前広場が設けられるにすぎない。サン・ペドロ教会の場合、付加されたバロック様式の扉口が面する小さなプラットフォームは、街区の形と地形の高低差という制約のなかでなんとか捻り出された空隙である。一方、サン・アントニオ教会前広場やカナエオ小広場は、上述したコラール、つまりイスラーム時代のコミュニティのための閉じた空間だった場所の名残であると考えられる。現在でも、基本的にはごく近隣の住民のための空間というその性格は大きく変わっていないが、カナエオ小広場にちょこんと置かれた小さなステージが示すように、夏にはフラメンコの夕べ、クリスマスには子どもたちの合唱コンサートの会場として用いられるなど、小さいながらも都市広場的な役割も与えられている。

　しかし規模の面でも、役割の面でも、アルコスの広場といえば旧市街のある丘の頂上に開けたカビルド広場であろう。カビルド広場は、イスラーム時代に存在した何らかのスペースをもとに、レコンキスタ直後、カトリック両王期、17世紀、19世紀と大規模な改変を受けた結果、ほぼ現在の姿になった。名称もレコンキスタ以来、城の広場、プラサ・マヨール、憲法広場、エスパーニャ広場 Plaza de España などさまざまな名前で呼ばれ、結局カビルド Cabildo（市議会）広場に落ち着いたという経緯がある◆24。

38. コルドバ旧市街の小広場

広場の北側にあるサンタ・マリア教会と西側にあるアルコス公爵の城館の敷地には、イスラーム時代にそれぞれ大モスクとアルカサルがあった。現在パラドール Parador de Turismo（スペインの半公営高級ホテル）がある広場の東側がイスラーム時代何であったかは不明だが、カスティーリャ王国軍による征服後、そこはアルコス攻略に戦功のあった騎士ガマーサに与えられ、パラシオが建てられた。ガマーサ家の末裔はアルコスの信徒を統括する司教代理を輩出するなど、長期に渡って聖俗両面でアルコスに影響力をもった。街最大の教会、領主であるアルコス公爵の城館、そしてガマーサ家のパラシオに三方を囲まれた広場の存在は、レコンキスタ直後から文献中に確認できる。当初は単に城の広場などと呼ばれていたようである。この広場がイスラーム時代にどのような機能・形態をもつスペースであったかはわからない。しかし 14 世紀前半という早い段階から閲兵などの大規模行事に用いられており、イスラーム時代からあった同様の性格のスペースを転用した可能性が高い。

　15 世紀末、カトリック両王によって広場の西側、現在の城と広場に挟まれた土地がサンタ・マリア教会に下賜された。前述のように、カトリック両王は各都市に市庁舎を建設せよという勅令を出し、プラサ・マヨールの誕生を促したのだが、アルコスではこの広場西側の土地に市庁舎を建設し、広場をプラサ・マヨールとして整備する計画が立てられた。計画の実施は大きくずれ込み、市庁舎が建設されたのは 1634 年であったが、このとき市庁舎新築と同時に広場の拡幅と整備が行われたようである。1640 年ごろの記録によれば、広場はほぼ正方形で周囲に拱廊をめぐらし、拱廊上には闘牛などのイベントの際に桟敷席となるバルコニーを備えていたという。こうして、一般住宅や店舗をもたず、オフィシャルな性格のきわめて強いアルコス版プラサ・マヨールが一旦完成した。イスラーム時代にもコルドバやセビーリャと同様、アルカサルと大モスクが近接するかたちで建てられていたわけで、聖俗に渡る権力と結びついた場所の性格がキリスト教時代にも継承されたことになる。

　しかしこのアルコスのプラサ・マヨールを戦禍が襲う。その元凶は、1810 年にアルコスを制圧したナポレオン軍であった。1812 年 8 月 25 日、アルコス撤退を決めたフランス軍は、反対勢力に自分たちの武器が奪取されることを恐れ、広場に大砲を集めて爆破したのである。これにより広場を囲っていた拱廊は破壊され、ガマーサ邸など周囲の建物も大きな

39. 昼の広場 [photo = 宮城島崇人]
40. 夜の広場
41. バルセロナ現代美術館前の広場。スケートボーダーたちの溜まり場になっている [photo = Sebastian Bayona]

損害を受けた。広場は1838年から47年にかけて再建されたが、この際にガマーサ邸のあった東側にさらに4m拡幅された。現在パラドールの中にはこのとき損壊を免れたガマーサ邸のパティオが一部残っている◆25。

　以上のように、17、18世紀にはスペイン各地で多かれ少なかれ計画的な都市広場が数多くつくられた。イスラーム都市を骨格とし、入り組んだ街路網が張りめぐらされたアルコスのようなアンダルシアの都市においても、しばしば規模の大きな都市広場がつくられ、宗教的な祭礼をはじめとするさまざまなイベントの舞台が整えられた。こうした祝祭の舞台としての広場は、現在まで受け継がれている。アルコスのカビルド広場のように、普段は駐車場となってしまっているものも少なくないが、ひとたび祝祭となればそこは街の文字通り中心となるのである。

5　街を使いこなす——広場の文化の現在形

　ここまで見てきたスペインの歴史的広場は、19世紀後半以降の社会とライフ・スタイルの急激な変化にもかかわらず、現在まで市民生活の要として受け継がれている。もちろん、異端審問や処刑はされなくなり、市場は屋内化し、闘牛のためには闘牛場がつくられたが、日常から非日常まであらゆる面で、いまだに広場はスペイン都市になくてはならないものである。

　日常の広場、とくに周囲にバルがありテラス席が広がっているような広場は、お年寄りがひなたぼっこし、主婦が井戸端会議をし、仕事帰りの男女が集まって歓談し、子どもたちが歓声を上げながらボールを蹴り、学生楽団（トゥナ）がギターをかき鳴らす（あるいはアンダルシアであれば即興のフラメンコ・セッションが始まる）場所である〈39.40〉。きわめて現代的でありながら、まさにスペインの広場の遺伝子を継承しているケースとしては、都市改良の結果誕生したバルセロナ現代美術館（MACBA）前の広場が思い浮かぶ。リチャード・マイヤー設計の白く抽象的なMACBAの前面は、スケート・ボーダーやストリート・ダンサーたちが日常的に集う、教会前ならぬ「美術館前」広場となっている〈41〉。

一方、聖週間や、教区や都市の聖人の日を祝う祭りなどの宗教行事、フェリアと呼ばれるアンダルシアの春祭りといった伝統的なものから、夏のジャズやロックのコンサート、地元サッカー・チームの祝勝イベント、ゲイ・プライド、現代アート・イベントといった新顔まで、スペインの広場はありとあらゆる都市的祝祭の受け皿となっている(42)。さらに、デモの盛んなスペインでは、街路と広場が市民によって埋め尽くされることもしばしばだ。2011年5月にマドリッドのプエルタ・デル・ソル広場が、政治システムに対する抗議の泊まり込みをする若者のテントであふれかえったのも記憶に新しい(43)。広場の非日常的イベントにおける利用は、徐々にそのかたちを変化させながら、ますます盛んになっているのである。

42. マドリッドのゲイ・プライドの様子(コロン広場) [photo = Mike Slichenmyer]
43. 政治システムに対する抗議の泊まり込み(プエルタ・デル・ソル広場) [photo = Valerio Platania]

COLUMN
街歩き、食べ歩き

　街の全体像を把握し、調査のガイドラインを確認する。これが、調査初日に行う街歩きの大義名分である。ところがみんなちゃっかりしていることに、その時点でめぼしいレストランやバルをしっかりチェック。ヒアリングが始まるや否や、地元の人にお勧めの場所をきくよう私にせっつくのも忘れない。

　朝は9時半に集合、ミーティングのあとに調査を始め、台所から漂う煮込み料理の濃厚なにおいが鼻をくすぐる13時半ごろに一時撤退。どこかの国のように、ご飯を流し込んですぐに作業再開なんて、無粋なことはしない。灼熱地獄と化す昼間は、住民を見習ってしっかりシエスタをとり、17時ごろに調査を再開。オレンジ色の街灯が点り始める20時半ごろ、各々の作業を終えて夕食となる。夜は夜で一日のデータ整理に追われるため就寝は遅く、平均睡眠時間4時間といったところだ。

　そんなハードスケジュールをこなす調査隊を支えるのは、毎日の食事に他ならない。大抵ひとつの街で3件か4件、行きつけのレストランができ、毎日ローテーションでランチと夕食を楽しむ。何度も足を運ぶうちに、それぞれの得意料理やコストバリューにアンテナが働くようになり、饗宴は日々充実度を増す。"食は文化"はさておき、人間や外部空間の観察

にうってつけなのが、じつはこうしたお食事処なのだ。

　街路に面した小広場にあるアルコスのレストランでは、夜の11時を過ぎても地元の子どもたちがサッカーをしたり、飼い犬と遊んだりする姿を見かける。かつての洞窟を利用した薄暗いバルには、立ち話に興じる地元のオジサンばかり。注文は客が肘を置くカウンターにチョークで直接書き込んでいる。カサレスでも、街の中心広場に位置しながら観光客にはするりとかわされてしまう、顔なじみばかりのバルがある。その一方で市街地を離れたところに、カサレスの絶景を前に、胃袋と視覚の両方を十二分に満足させてくれるシックなレストランがあったりする。得られる情報は場所によってさまざまだが、実際にワインや数々の料理に支払うバリュー以上の収穫がある。

　昼間の"死の時間"を補うかのように、アンダルシアの夜は長い。報告や打ち合わせで夕食が12時をまわる日も珍しくなかったが、そんな時間に「Hola！」と、昼間話をしてくれた婦人に声をかけられるのも、日常的な出来事であった。食文化を堪能しつつ、情報収集、人脈づくり。一石三鳥の味を占めた調査チームにとって、お食事処探索はもはや調査の一環と、ついつい調子よく考えてしまうあたり、私たちもスペインに影響されているのだろうか。
（鈴木亜衣子）

6 アンダルシアの広場・中庭・街路

ここまで、「広場」と名のついた都市空間を切り口に、そのスペインにおける歴史的発展を追ってきた。しかし、ことアンダルシアの小さな街に関していえば、「広場」と名のあるものだけが、外部空間の代表格であるとはいえないのではないか。そこで、広場を含む外部空間が、アンダルシアの小都市ではどのように機能し、どんな豊かさをもっているのか、実地調査の経験をもとに具体的に紹介していきたい。

広場の原型

侵略と奪還の歴史が繰り返されてきたアンダルシアでは、人びとは外敵から身を守るために条件の厳しい土地を選び、街を築く道を選んできた。その限られた空間の中でも、彼らは複雑な地形を読み、快適な空間づくりを巧みに行ってきた。今でも人びとが楽しげに集う姿は、アンダルシアの街の至るところで見られる。アンダルシアでは、あらかじめ広場として整備されたというよりも、住民たちによって広場的空間として性格づけられていった場所が人びとの憩いの場として利用されている姿を多く見かける。

グラナダ県モンテフリオ Montefrío のエスパーニャ広場と、これに連なる広場群は、プリミティブな広場の典型と考えられる。周囲の建築の建設年代と市役所の資料によれば、18 世紀に形づくられたものと判断できるこの広場は、広場と呼ぶにはあまりに不整形で、どちらかといえば街路と呼ぶのがふさわしい〈44.45〉。

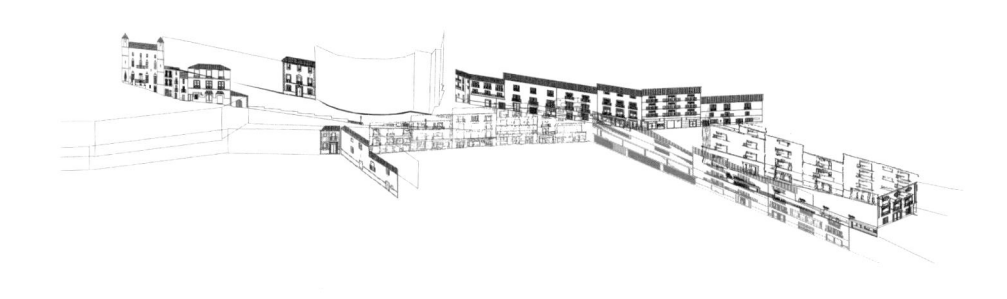

44. モンテフリオの広場群 3D イメージ

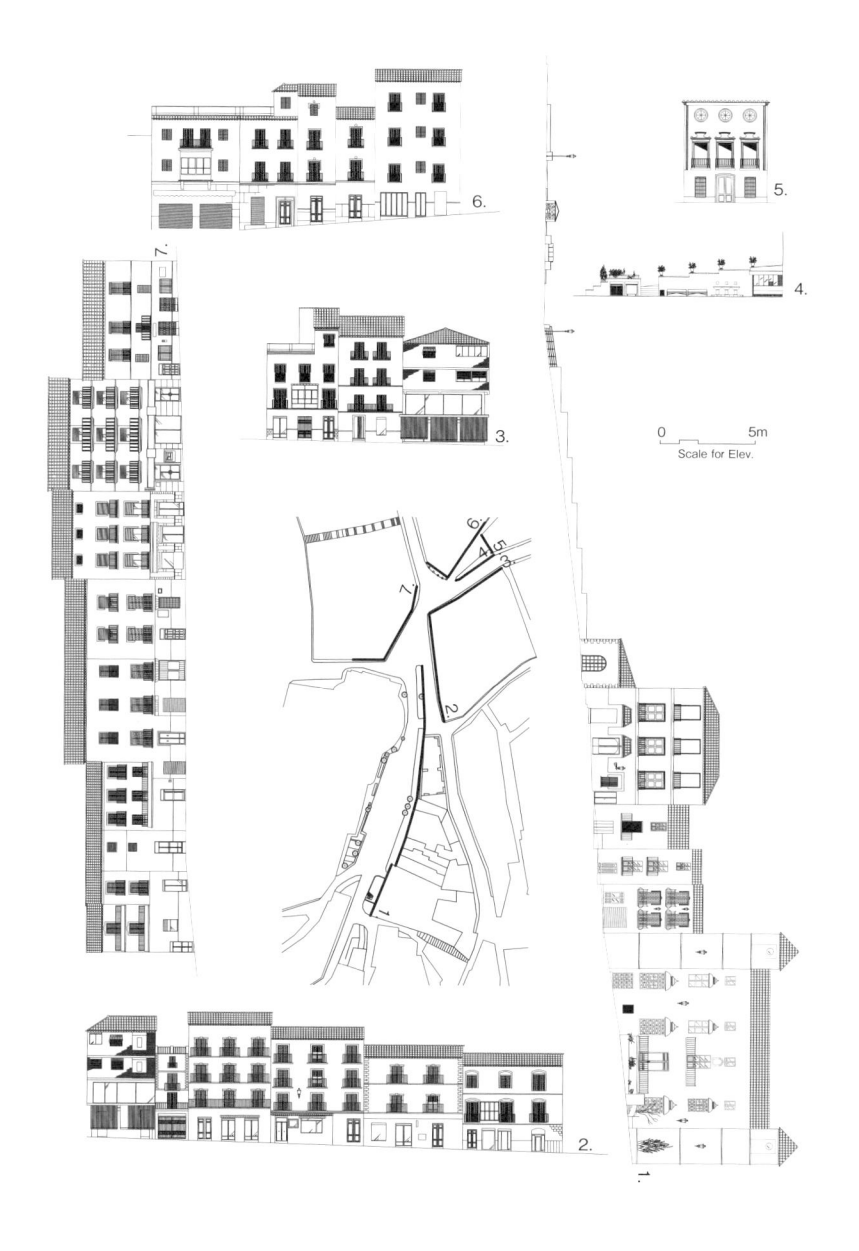

45. モンテフリオの広場群　平面図・立面図

それにもかかわらず、住民たちの使い方はまさに広場的で、どこからともなく人びとが湧いてきてたちまち賑わい始める。例のごとくシエスタには人の姿は影を潜め、夕暮れになると再び街中の老若男女が集い、分け隔てなくたむろする姿はどこか微笑ましい。広場に面したバルからあふれ出す人びとは、店の前に停まっている車のルーフやボンネットをテーブル代わりにして団らんするのだ〈46〉。

マラガ県のカサレスでもエスパーニャ広場が街の中心を成している。ここでは中央に設けられた泉が長い間、人びとののどを潤してきた。泉は7本の街路が集まる、グロリエタ Glorieta（ロータリー形式の交差点）の中心を成している。住民たちはあらかじめ置かれたベンチにはなかなか座らず、階段や自らが持ち出した椅子、外壁の窪みに腰を掛けては談笑にふける。あたかも「お気に入りの場所は自分たちが知っている」といわんばかりだ〈47〉。この広場で、夏には祭り Feria が開かれ人びとが手を取り合って踊る。この街の中心へと通じる曲がりくねった急勾配の街路は、自動車のスピードを抑制してドライバーの横暴を許さない。

プリミティブという点では、グラナダ県パンパネイラを紹介したい。パンパネイラにはリベルタッド広場 Plaza de la Libertad というれっきとした広場がある。ところが、街の人びとはこれをあまり利用せず、自宅付近の街路に集まる傾向が強い。梁のかかった、渡り屋根のティナオ tinao と呼ばれる街路空間に椅子を持ち出してたずむのである。街路の広場化ともいえる現象が起きているのだ〈48.49〉。セミパブリックなティナオは住民たちのお気

46

47

46. 車のルーフをテーブル代わりに団らんする住民
47. 思い思いのスタイルで夕暮れを過ごす住民たち

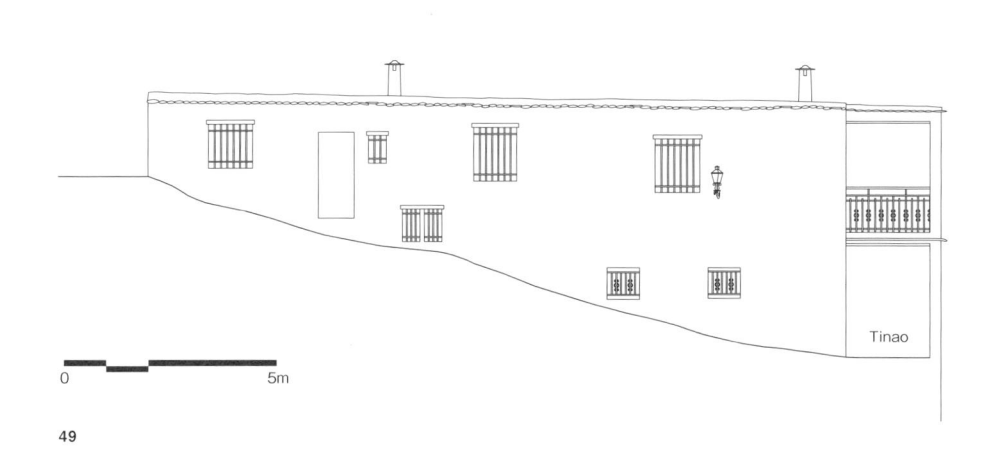

48. ティナオの様子。ティナオの上部は街路に面する住宅の専有空間となっている
49. ティナオ立面図

に入りで、眺望を確保するために壁の中央をくり抜いているところもある。陸屋根の低層住宅が並ぶ、ともすれば単調になりがちなパンパネイラのなかで、このティナオは光と影のコントラストを生み、豊かな都市空間をつくり出している。

生活に根付いた中庭

中庭はアンダルシアの住宅の最大の特徴のひとつである。長いイスラームの支配はこの土地の気候風土に適した住空間をもたらした。乾燥した大地のなかでも緑あふれる別世界をつくり出した人びとの知恵の結晶といえるだろう(50)。

アンダルシアの人びとの生活は中庭を中心に回っている。笑い声が絶えず、食事どきには

50. 飾られた中庭の様子

おいしそうな香りが漂う。晴れた日には洗濯物がよく乾く場所でもあり、住民の話によると、洗濯機が普及するまでは貯水槽の水を引き出して洗濯物を手洗いする習慣もあったそうだ。

　団らんや食事、洗濯の場にもなりうる住宅の中間領域は、かつて農業が盛んだった時代、コラール（裏庭）やクアドラcuadra（家畜小屋）まで押し広げられて活用されていた。パティオは「中庭」を指すのが一般的だが、アンダルシアの人びとは当時の産業や生活習慣に合わせて中間領域を変化させてきたのである⟨51⟩。

　ヨーロッパの一般的な住宅は１層目に居住空間を置かないことが多いといわれる。しかしスペインの邸宅であるところのパラシオの、ことアンダルシアにおいては、パティオを囲むようにして１層目にも居住空間を設ける例が、最もポピュラーなかたちで現れている。

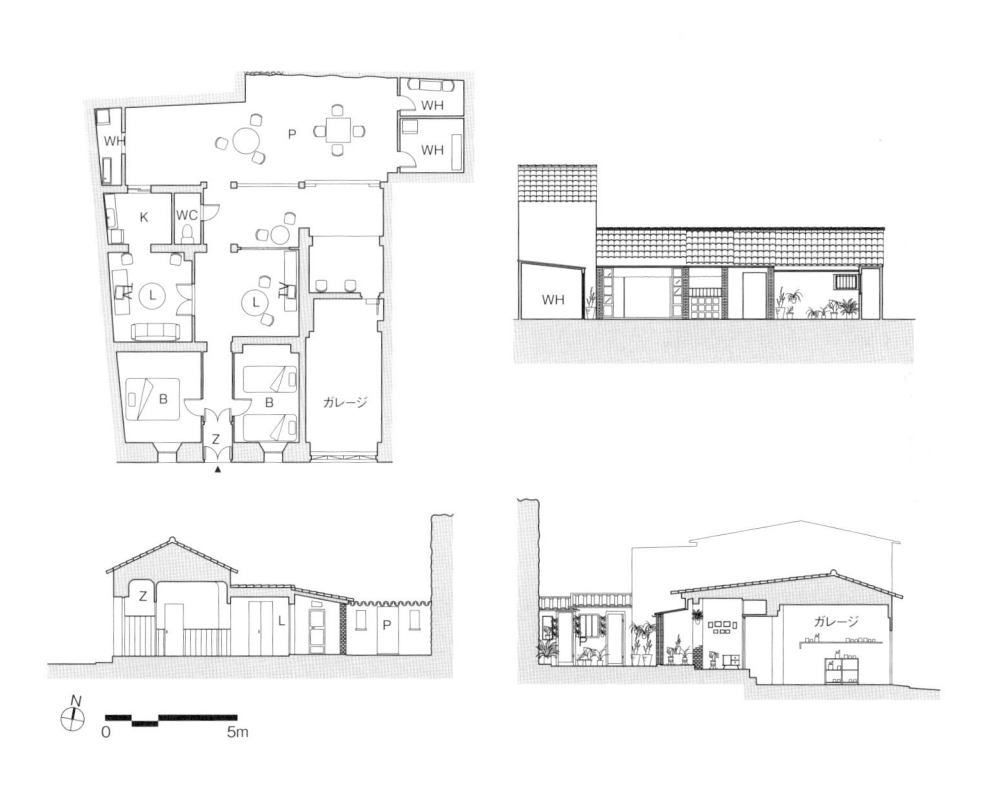

51. 裏庭をパティオと呼ぶ住宅

1層目に居住空間を設けたアンダルシアの人びとは、今では中庭の床にきれいなタイルを張りめぐらせ、壁面は一面の緑で覆ったうえで、一角にはマリア像を置いて思い思いの空間演出を試みる。この複雑に飾り立てられた空間は、なるほど彼らの気質がスペイン・バロックを生み出したとも思えば妙に納得できるのではなかろうか〈52〉。

　タイル装飾はイスラーム建築にとって不可欠な要素である。スペインではイスラームのアラベスク模様の入ったタイルが、アスレホ azulejo と呼ばれて親しまれている。マジョリカタイルの原型としても知られるアスレホはアンダルシアでもポピュラーで、彼らは中庭を中心にタイルを張りめぐらせ、互いの美意識を競う。

　この中庭の装飾は、かつて富を誇示する要素でもあった。中庭の空間演出は自分の地位をアピールする絶好の機会だったのである。今では社会階層をめぐるシリアスな対立こそ影を潜めたが、コンテストが開かれるほどの白熱ぶりは健在で、趣味の領域を超えた空間づくりの文化が根強く残っている。

　中庭を引き立てる重要な要素のひとつがサグアン zaguán（玄関路）である。薄暗いサグアン越しに覗く中庭には光が降り注ぎ、さながら街なかのオアシスといった印象を与える。それは光と暗闇の絶対差がもたらす視覚的な効果が大きいといえる。アンダルシアの人びとはサグアンの長さを意図的に延ばすだけでなく、中庭へのアプローチとなる暗の空間にクランクや階段を設けることで、その先の別世界を期待させる効果を演出しているのである。自分の住処に対するアンダルシアの人びとの愛情や、華やかさへのこだわりは半端なものではない〈53-57〉。

　ところで中庭は、前述したようにそこに住む人びとにとっての中間領域といった意味が強く、それと同時に、住宅の内と外を結ぶ緩衝空間としての役目も果たしている。ひとつの住宅に1世帯で住んでいる場合、よほど気を許した相手でなければ室内に招くことは珍しく、たいていは中庭で応対する。あるいは複数世帯が住まう大型の住宅であっても、室内に他の家族が出入りすることは稀で、概ね中庭を介してコミュニケーションが図られる。

　また、アンダルシアの住宅にはカンセーラ cancela と呼ばれる鉄格子の扉が取り付けられている。カンセーラはサグアンと中庭を仕切るためにあり、取り付けられるのは中庭の入

52. 飾り立てられた中庭
53-57. サグアンを通り、中庭までのシークエンス
[作画:鶴谷真衣]

口、もしくはその1〜2mほど手前であることが多い。部外者の侵入を防ぎながら通風を確保するカンセーラは、住宅を完全に閉ざさず、中庭の華やぎを通りからも窺えるようにつくられているのが素晴らしい。どの住宅のカンセーラも熟練した職人が手がけ、芸術性と耐久性に優れた見事なものばかりである。

　アンダルシアの人びとはこの他にも、さまざまな要素でもって中庭を引き立てる。様式に忠実な柱の造形や開口部の金物装飾には、職人が惜しげもなく腕をふるったディテールが随所に見られる。丁寧に塗り分けられたドアの色彩や、階段の手すりのデザイン、汲み上げ式の井戸のユニークさには、生活の色がにじみ出ていながらもどこか特別な空間と思わせるたたずまいがある。中庭はまさに小宇宙という形容がふさわしい空間なのである。

　そんなアンダルシアの中庭空間が近年、大きな変化を迎えている。天井をふさぎ、吹き抜けの居室としてつくり変えられる傾向にあるのだ。アルコスではとくに顕著な現象のようである。

　切妻屋根を陸屋根に替えた家々では、新たに屋上をつくり、一部にはトップライトを設け、新しい居室の快適性を確保している。夕暮れの快適な時間帯になると椅子やテーブルを屋上に持ち出し、見晴らしのよい場所で家族団らんの時間を過ごす。ときには街路に場所を移し、近隣とのコミュニケーションを図る。中庭のもっていた空間の性格が屋上と街路に二分されたとも考えられる(58)。

　これまで中庭の話題を中心に触れてきたが、アンダルシアのなかには庭をもたない住宅が集まる街もいくつかある。そのような街でもオリジナリティを発揮した居住空間をつくり出している。

　カサレスではワンルームの居室を垂直に積み上げた住宅が多く、パンパネイラでは1、2層分のボリュームの住宅が水平方向へ延々と広がっている光景が見られる。グアディクスでは洞窟の中に居室をつくり上げた住居が見られる。そしてどれもが庭をもたない住まい方をしている。袋小路に面した住宅ではそこを庭的な空間として用いているものもあるが、パティオのように積極的なコミュニケーションが図られる場所には成り得ていないようである。

　それでは、これらの街で中庭に取って代わるコミュニケーションの場所がないのかといえ

平面図

断面図

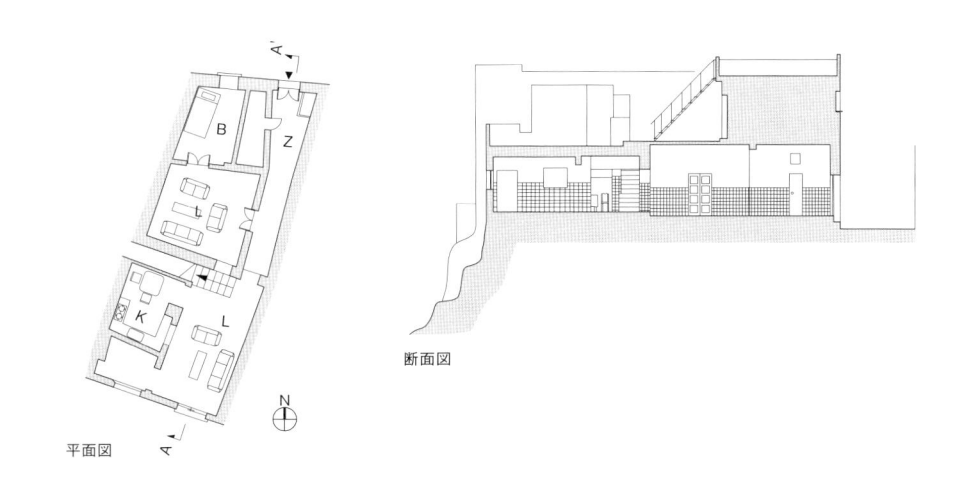

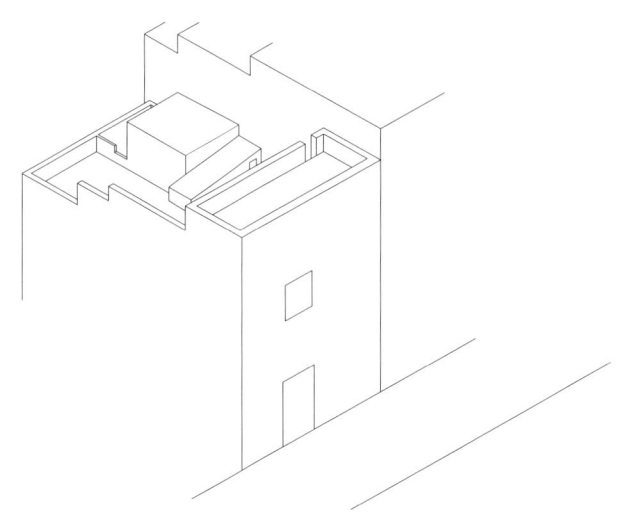

外観パース

58. 中庭を室内化し、屋上を新設した住宅

273

ばそうではなく、家の前の街路や街の中心の広場がこの役目を果たす。起伏の激しいカサレスのような街の広場は傾斜があり、形がそれほど整っているわけでないが、それでも街中の人びとが椅子を持ち出して思い思いに団らんの時を過ごす。ごく少数の男性のみが集まるアルコスの広場とは対称的に、老若男女が一同に街の中庭——広場に集まってくるのである。

人が主役——舞台装置としての街路

　アンダルシアの外部空間の気持ちよさを一度でも体感すると、室内に住むことの意味すら考え直してしまう。シエスタを終えて日が傾いたころ、人びとは涼を求めて街路にあふれ出す。遅い夕食までの時間を、自ら持ち出してきた椅子に腰掛けて思い思いに過ごす。街一番の大通りでは、時折通りかかる自動車に団らんの輪を乱されながらも、それを意に介さず語り合う。こうした風景はアンダルシアのどこの街でも見られ、交通の場としての街路は影を潜めざるを得ないのである(59,60)。

　幅の異なる街路が頻繁に屈折しながら連なるアルコスでは、曲がり角にしばしば余白が生まれる。動線にふいに生み出された吹き溜まりは、近隣に住む人びとが井戸端会議に花を咲かせるのに絶好の場所のようだ。

　しばしば「迷宮」と称されるように、アンダルシアの街の街路は至るところで屈曲している。イスラームの支配時代、外敵から身を守るために生まれたものであり、また起伏を生かした街づくりを心がけたがゆえでもある。そしてそれは今、とても豊かな都市空間をもたらしている。教会や歴史的な邸宅が多く建ち並ぶアルコスでは、曲がり角にさしかかるたび、趣のある建築物に遭遇する。特徴ある建物は迷宮的な都市空間のランドマークとなり、迷宮の中で自分の居場所を把握するのにも一役買っている。

　丘上都市カサレスでは土地の高低差が激しく、多くの住宅には小さなアプローチ階段が付いている。階段は擁壁や鉄柵などで仕切られ、セミパブリックな空間として位置づけられているが、人びとは鉢植えを置いたり、ベンチ代わりに腰掛けて談笑したりと、比較的オープンな使い方を楽しむ(61)。階段の下にバイクが停められているのもよく見られる風景で、サグアンをもたないカサレスの住宅では、階段の下が格好の駐輪スペースとなる。しかし、

59. 街路が膨らんでできた吹きだまりを利用して賑わうレストラン
60. 夕暮れの涼を求めて街路に繰り出す住民
61. 住戸のアプローチ階段に集う女性たち

きれいに並んだ植木鉢の下でバイクは少し居心地が悪そうだ。

　アルコスでもカサレスでも、緩やかな斜面を下りてゆくと突然、眼下に豊かな田園風景が広がる場所がある。カサレスのような街中にまとまった緑地を確保できないコンパクトな街の、とくに旧市街では、距離を隔てて設けられたふもとの豊かな自然の風景を積極的に取り入れようとする気楽さがある。

　曲がりくねった街路が多く走るアルコスで、比較的直線の下り坂にさしかかると、その先ではたいてい、色鮮やかな田園風景に向けて視界が開かれる一角が待っている。白い壁にフレーミングされた数少ない見通しのよい街路はスペクタクルの予感に満ちた絶景へのアプローチなのである(62)。

　これまで見てきたように、アンダルシアにおける広場、中庭、街路は、それぞれ単体としても人びとの居場所、生活の場として成り得ている。人びとは、広場で食事をし、街路に座って話し込み、中庭に集う。アンダルシアにおける外部空間は、互いがそれぞれの機能を担うことができる、許容量の大きな空間といえよう。人が集う場所が多くあるからこそ、住民のコミュニケーションが活発に図られている。豊かな都市生活を実現し得るヒントが、アンダルシアの外部空間にはちりばめられているのだ。

62. 街路の先に広がる田園風景

第5章

アンダルシアの諸都市

1 ふたつの都市空間を生み出した背景

アンダルシアのふたつの顔

　ともに真っ白い住宅群が丘の上に集積するアルコスとカサレスは、一見似たような印象を受けるが、これまで見たようにその都市構造や住宅の形態はそれぞれ異なっている。アルコスは中世アラブ・イスラームの都市を基盤に展開した都市であり、カサレスは中世アラブ・イスラーム期の都市を核とし、その周囲に現在にまで続く都市空間を形成した都市である。セビーリャやコルドバなど、アンダルシアを代表する都市を見てもわかるように、アンダルシアには中世アラブ・イスラームの都市を基盤とした都市が数多くあるが、アルコスは小さい街であることからそうした都市の特徴を、シンプルに見せている。また、カサレスのようにアラブ・イスラーム時代の遺構を街の頂に冠し、その裾野に住宅が広がる都市もアンダルシアには数多く見られる。そして、アルコスとカサレスの中間的な特徴を見せる都市も多数あり、アラブ・イスラーム都市の継承の仕方やレコンキスタ後の都市との関係性によって、さまざまなバリエーションを見せているのである。アルコスとカサレスはいわばアンダルシアの諸都市のバリエーションのなかで両極に位置し、その特徴を表しているといえる(1)。

　ここでは、このような対極的な位置づけにあるアルコスとカサレスを比較することにより、その特徴をより明確に浮かび上がらせると同時に、その違いを生み出した背景を探っていく。

レコンキスタという歴史的転換点

　そもそもこのふたつの街に特徴の違いが生まれた発端は、レコンキスタ後のイスラーム都市の継承の仕方にある。レコンキスタ後、イスラーム都市をそのまま受け継いだアルコスと、イスラームが築いた城壁の外側に新たな居住区を建設し発展したカサレスでは、レコンキスタを境にそれぞれが異なる方法で都市を形成した(2)。現在の都市空間を決定づけたのは、このレコンキスタ期に由来していると考えられるだろう。では、レコンキスタの際、ふたつの街に何が起こったのだろうか。

アルコスとカサレスのレコンキスタの過程

　アルコスは 13 世紀半ばに、キリスト教国であるカスティーリャ国王アルフォンソ 10 世によるレコンキスタを受けた。その経緯は波瀾続きで、キリスト教徒が征服してはムスリムが奪還するという入れ替わり立ち替わりの占領がしばらく続いた後、1264 年のキリスト教徒による征服を最後に、以後キリスト教国の支配下に落ち着いた。征服の暁には積極的なキリスト教徒の再入植が国王によって意識的に行われた◆1。

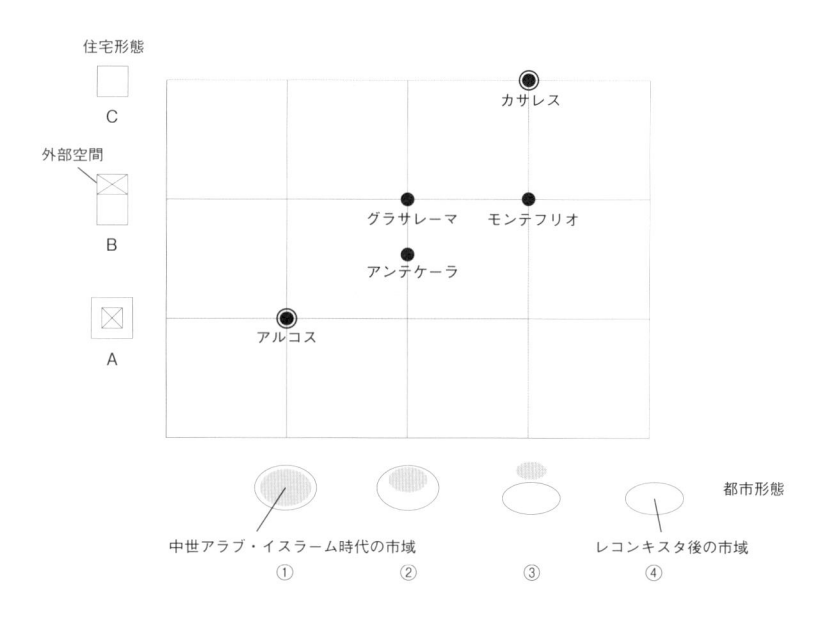

● **住宅形態**
住宅内部の外部空間の取り方から3つに分類

A　中庭型住宅
B　裏庭型住宅
C　庭をもたない住宅

● **都市形態**
レコンキスタ後のイスラーム都市の継承の仕方から4つに分類

① イスラーム時代の市域をそのまま継承した都市
② イスラーム時代の市域内とその周囲に形成された都市
③ イスラーム時代の市域を核としてその外に形成された都市
④ レコンキスタ後に形成された都市

1. アンダルシアの都市の分類。都市形態と住宅形態からアンダルシアの都市を分類すると、アルコスとカサレスは両極に位置するといえる

一方、カサレスがキリスト教徒によって征服された経緯については明確な記録が残っていない。おそらくロンダの降伏に続いてロンダ山系の村々の陥落が続いた1485年だろうとされている。カサレスを征服した貴族に褒章としてカサレス侯爵号が国王から授与され、街と周辺一帯の山地が与えられたが、記録によるとその6年後の1491年にはその土地はカディス公爵の支配下に置かれており、さらに18世紀半ばにはアルコス公爵が所有していたことがわかっている。キリスト教徒の手に渡った後のカサレスにはアルコスのような積極的な再入植は行われておらず、ムスリムが去った後、次第に街は衰退していった。

レコンキスタの情勢

　アルコスがキリスト教徒による再征服を受けた1264年は、カスティーリャ王国が当時西ヨーロッパ最大の都市のひとつであったセビーリャを奪還した1248年の直後にあたる。セビーリャ陥落後の100年間はアンダルシア南部では、キリスト教勢力とイスラーム勢力による激しいせめぎ合いが続いた期間で、劣勢に危機感をもったモロッコのイスラーム勢力・マリーン朝がアンダルシアに軍隊を投入し、キリスト教徒へ激しい抵抗を続けた◆2。アルコスがレコンキスタを受けたのはちょうどこの期間にあたる。アルコスで積極的な再入植活動が行われた背景には、征服した土地にすぐさまキリスト教徒を定住させ、領土を守る必要があったのだろう。

　1340年にマリーン朝が決定的な敗北を喫すると、キリスト教国の再征服運動はイベリア半島最後のイスラーム国家であるグラナダ王国の征服を残すのみとなり、以後、レコンキスタは最終局面へと突入する。このレコンキスタの終結期においては、前線での再征服運動はそれまでのような国王自身によるものではなく、辺境の地方貴族に委ねられた◆3。この地方貴族たちは、自身の領土拡大を目論見ながらイスラーム勢力としのぎを削り、レコンキスタを推し進めていった。

　アルコスを統治したアルコス公爵はこのような地方貴族のうちのひとりであったことが知られている。1256年にカスティーリャ王国から地方特別自治法フエロ fuero が与えられていることからも、当時のアルコスが再征服運動の前線において重要な要衝としての役割を

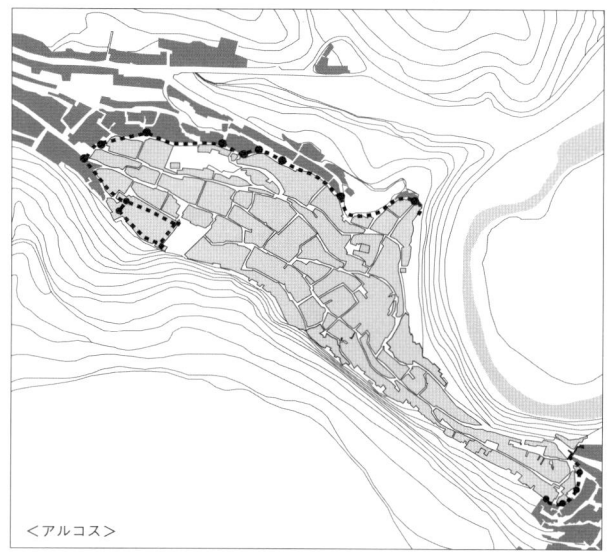

凡例:
- ...... イスラーム時代の城壁の位置
- ■ イスラーム支配時代
- □ 19世紀末

＜アルコス＞

凡例:
- ...... イスラーム時代の城壁の位置
- イスラーム支配時代
- 18世紀末
- 19世紀末
- 20世紀

＜カサレス＞

2. イスラーム時代の城壁外への市域の拡大時期の比較。城壁外への都市の拡大が、アルコス（上）では近代に入る19世紀末まで行われなかったのに対し、カサレス（下）では、レコンキスタ完了後の16世紀半ばからすでに行われていた

担っていたことが窺える◆4,5。何よりも、街の名前に「フロンテーラ frontera（国境、境界）」とつけられていることが、それを雄弁に物語っているだろう。

　他にはメディーナ・シドニア公爵やカディス侯爵などが当時辺境において力をもっていた貴族として挙げられるが、これらの有力貴族たちは、近郊のアンダルシア貴族を率いてムスリムに対して再征服を行い、またときには互い同士で争いながら、所領を獲得していった◆6。こうして兵を統率して再征服を進めていたアンダルシア貴族たちが、16世紀以降のアンダルシアの大土地貴族として知られるものの起源となる◆7。彼らは、自身の所領内の都市の司教職や総督職といった官職を支配し統治した◆8。カサレスの街の支配者が次々と代わっていったのは、このようなアンダルシア貴族たちの所領拡大の過程のなかでさまざまな貴族の手に渡っていったためである。

都市の発展方法を決定づけたレコンキスタの情勢
　低地アンダルシアに位置したアルコスは、キリスト教徒とムスリムとの激しい攻防の前線にあり、キリスト教徒が激しい奪い合いの末にようやく手に入れた城であった。そのため、街を征服した際にはイスラームの要塞にキリスト教徒が入城し、街の中心にそびえるモスクを教会へと建て替え、キリスト教国家のもとにおかれたことを知らしめたのだろう。力をつけ始めた駆け出しの地方貴族たちは、レコンキスタを推し進めると同時に、自身の所領拡大のためにイスラームから城を奪い、そこを確固たる拠点として戦った。そして、当時成熟した都市空間を完成させていたイスラームの都市をそのまま使用した。

　一方、旧グラナダ王国周辺にあたる高地アンダルシアに位置するカサレスがキリスト教徒の手に渡ったのは、イベリア半島における約800年間に及ぶレコンキスタが完了する目前のことだった。すでに多くの土地を征服し強大な力をつけた有力貴族たちが、自らの所領を拡大させている過程でその領域に入った。激しい攻防は終わり、グラナダ王国の陥落を待つばかりであったため、戦略的な重要性もなくなっており、征服した土地に防御を固めて立てこもる必要はなく、城は奪還後放棄され、街は衰退していった。モスクを教会に建て替え再び人びとが暮らし始めたのは、レコンキスタ完了から1世紀以上がたった16世紀に入っ

てからのことであり、そのころにはすでにスペインは大航海時代に突入しており、黄金期を迎えようとしていた。このような時代情勢のなかで街の再建が始まったカサレスでは、イスラームの城壁に囲まれた都市に留まる必要はなかったのであろう。荒廃した城壁内から出てイスラームの城壁の外に新たな街を形成していったのである。

このように、レコンキスタを受けた際の戦況が、その後の都市の継承方法を決定したといえるだろう(3)。

2 レコンキスタ後のアンダルシア

都市の社会的位置づけ

レコンキスタの際、広大な所領を獲得した貴族たちは、レコンキスタ後、土地の集積を推し進め大規模な農場を経営した。これらのひと握りの貴族に対し、大多数の土地をもたない人びとは彼らに雇われて働くこととなった。これが、スペイン南部において近代まで続

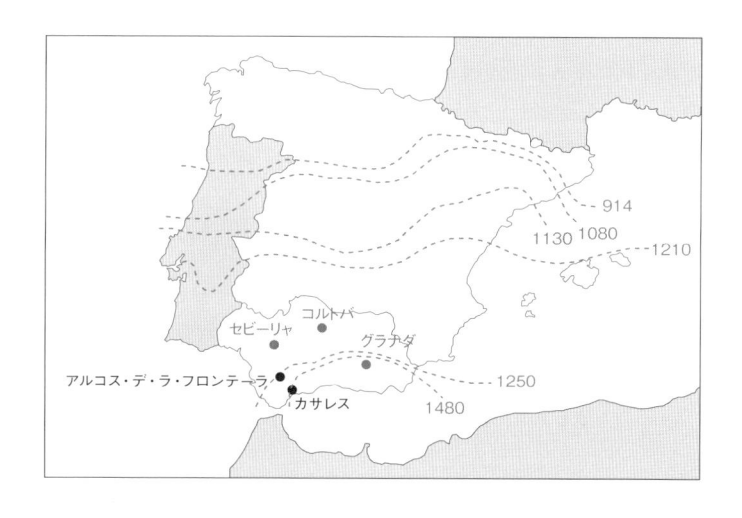

3. レコンキスタの過程。アルコスとカサレスはわずか57kmしか離れていないが、レコンキスタを受けた時期が約200年違い、その際の情勢は全く異なっていた

283

いた、ラティフンディオ（大土地所有制）による農業形態の始まりである。レコンキスタ後のアンダルシアの街は、主に農業を経済基盤としたアグロタウンとして発展していった。

　アルコスもレコンキスタ後、こうしたラティフンディオにおける支配層にあたる大土地所有者の貴族が支配し、彼らに雇われた大勢の農民が住むアグロタウンとしての性格を強めた。商人や職人が多かったとされるイスラーム時代の都市に、大量の日雇い農民が住むことになった。こうして、経済基盤や住民構成が変わりながらも、もともとの都市と住宅の構造が受け継がれたと考えられる。

　一方、高地アンダルシアに位置し、レコンキスタの終結期にアルコスをはじめ周辺都市の支配層であった貴族の属域に取り込まれたカサレスの街には、地主に雇われて働く農民や、生産物の加工をする職人、加工品を販売する商人などが集住するようになった。カサレスそのものの貴族は存在せず、したがってパラシオという住宅タイプもここには見られない。18世紀半ばには、カサレスはアルコス公爵の属域にあったことがわかっており、当時の社会階層において、アルコスとカサレスは主従関係にあったといえる。

　レコンキスタの際の歴史的背景は、その後の都市の社会的位置づけや、街の住民構成をも決定づけたのである。

都市空間に表れる社会構成

　このような街の社会的位置づけは、中心広場に最もよく表れている。

　カサレスのエスパーニャ広場は、まさに街の中心として機能している。日暮れ前になると、主に男性たちが集まり、友人と立ち話をしたり、広場のバルに立ち寄ったりしながら過ごす(4)。対して、アルコスのサンタ・マリア教会前のカビルド広場では、普段、住民が過ごす光景はほとんど見られない。メインストリート沿いにあるこの広場には普段から多くの車が駐車しており、アルコスの旧市街において格好の駐車場となっている。アルコスの広場とカサレスの広場はだいぶ様相が異なるのである(5)。

　まず、ふたつの広場は、街中での位置が異なる。アルコスの広場が街の頂に位置するのに対し、カサレスの広場は街のくぼみに位置する。また、広場を囲む建物も異なる。

カサレスの広場

　街のくぼみに位置し、街中のすべての街路に通じるカサレスの広場には、教会やバル、レストランなど、住民が集うための都市機能が集中している(6)。バルにいたっては、広場に面するものしか存在しない。カサレスでは、住民が集まる場所としての広場の性格は、アグロタウンであった1970年代以前の生活と深く結びついている。

4. 広場で過ごす住民たち。カサレスの住民、とくに男性たちは、広場に集まる。とくに用がなくても、広場に来て時を過ごすのが日課である

COLUMN
アンテケーラの思い出

　かつてアラブの城砦があった高台から、夕日に染まり行くアンテケーラの街並みと、果てしなく広がる沃野を眺めるとき、私たち調査チームはしばし言葉をなくした。人口 43,000 人ほどの小さな街だが、アラブの城壁跡に囲まれた最も古い地区にはローマ時代の遺跡も残り、レコンキスタ後、南の平野部に拡大された市街地には、ルネサンスやマニエリスム、バロック様式や新古典様式の装飾やファサードを擁する 30 以上もの教会や修道院が、ちりばめられた宝石のごとく彩を添えている。

「何かが違う」と思い始めたのは、数件続いてヒアリング調査を断られたころだった。アンダルシアの田舎では、住民はだいたい開放的でフレンドリーである。しかし、都市部に行くほど、警戒心は強くなる。白壁とスペイン瓦という典型的な白い村に漂う"都会的"な空気に戸惑いを覚えた。アンテケーラは、アンダルシアの至宝セビーリャとグラナダ、古都コルドバと海の玄関口マラガを結ぶ幹線上に位置する街だ。"アンダルシアの心臓"という別名どおり、古くから交通の要所として栄えた。近世以降は、アンテケーラ平野のもたらす豊かな農産物と活発な商業活動で拡大し、18 世紀に最盛期を迎えた。街を埋め尽くす宗教施設や豪奢な貴族の邸宅が、当時の繁栄を物語っている。この街のシンボルともいえる華

麗なバロック芸術も、イスラームの栄華を偲ぶアンダルシアでは随一の質と量を誇るといえよう。住民の意識のなかに、こうした歴史背景や街の性格に由来するプライドを垣間見た気がした。

　人びとが街路で夕涼みを始めるのは、午後8時を回ったころである。手を取り合って夕日を眺める老夫婦や、飼い犬を広場で遊ばせる婦人、おしゃべりを楽しむ若者たち。そんなある日、「あの岩をなんていうか知っとるか？"恋人たちの岩山"だ」と教えてくれた人がいた。高台から東を望むと、人の横顔のような、奇妙な輪郭線をもつ巨大な岩山が横たわっているのが見える。かつてこの地がキリスト教勢力とイスラム勢力の国境地帯だったころ、囚われたキリスト教の青年と恋に落ちたアラブの娘が逃亡し、追い詰められたふたりはあの岩山から身を投げたという伝説があるという。黄昏の美しさに似合いすぎる悲哀話に、思わず微笑んでしまった。

　最近ではAVE（高速列車）が開通し、経済危機以前には空港建設も計画されていた。観光地として名が知られるようになるのも、時間の問題かもしれない。広大なアンダルシアの真ん中に、ひっそりと息づく美しい街。変わってほしくない。そんな思いが胸をよぎった。
（鈴木亜衣子）

日ごと、季節ごとに農園所有者に雇われて働くカサレスの農民たちは、夕刻になると、職を得るために広場や広場に面するバルに集まった。そこに大農場の管理人が来て、翌日および今後の労働についての契約交渉が行われていた◆9。広場は仕事の契約を行う場だったのである。また、広場のバルは政治的議論が繰り広げられる格好の場となっていた。広場やそこに面するバルは、住民間の社会関係を形成する重要な場となっていた◆10。バルや広場で語り合う男性たちの姿は、経済基盤が変化した現在も変わらずその役割が受け継がれていることを示している。また、広場の中央に設置された泉も、住民が広場に来る要因のひとつであった。18世紀後半に国王の公共事業によって引かれたカルロス3世の泉は、各家庭に水道が引かれる以前まで、街の唯一の水源であった。そのためこの泉には、毎日街の女性たちが水を汲みに来ていた。

　こうした役割を担っていたカサレスの広場に面して、街の守護聖人を祀った小さな教会が建っている。カサレスの住民にとって身近な信仰の対象は、街の頂に威風堂々と建つ権威的な教会よりもむしろ、街の広場の片隅の小さな教会である。1920年代に起きた内戦の際、住民たちによって破壊されたエンカルナシオン教会は、その後修復されることなく長い間、風雨に晒されていた。現在は教会としてではなく、文化センターとして利用されている。

アルコスの広場

　一方、アルコスのカビルド広場を囲むのは、教会や市役所、パラドール parador（国営ホテル）などである◆11。アルコスのパラドールは、もともと都市最高役人であるコレヒドール corregidor（国王代官）◆12 の邸宅を改装したものであり、また、市役所の裏には、アルコス公爵の城跡 Castillo Ducal があることから、広場周辺にはかつての権力中枢が集中していたことがわかる。これらの都市施設をイスラーム時代の機能に遡ると、アラブ・イスラーム軍の軍営都市として誕生し発展した都市の空間構成そのままであることが一目瞭然である(6.7)。権力中枢を、街の中心部に象徴性をもたせて配置する中世アラブ・イスラーム都市の空間構成は、アルコスのように有力貴族が統治した街では都合がよく、そのまま機能したのだろう。

<アルコスのカビルド広場>

パラドール

サンタ・マリア教会

カビルド広場

0 5 20 m

A

メインストリート

A'

<カサレスのエスパーニャ広場>

←街路

街路

街路→

A

A'

←街路

街路→

B サン・セバスティアン教会

街路

街路

街路

街路

エスパーニャ広場

カルロス3世の泉

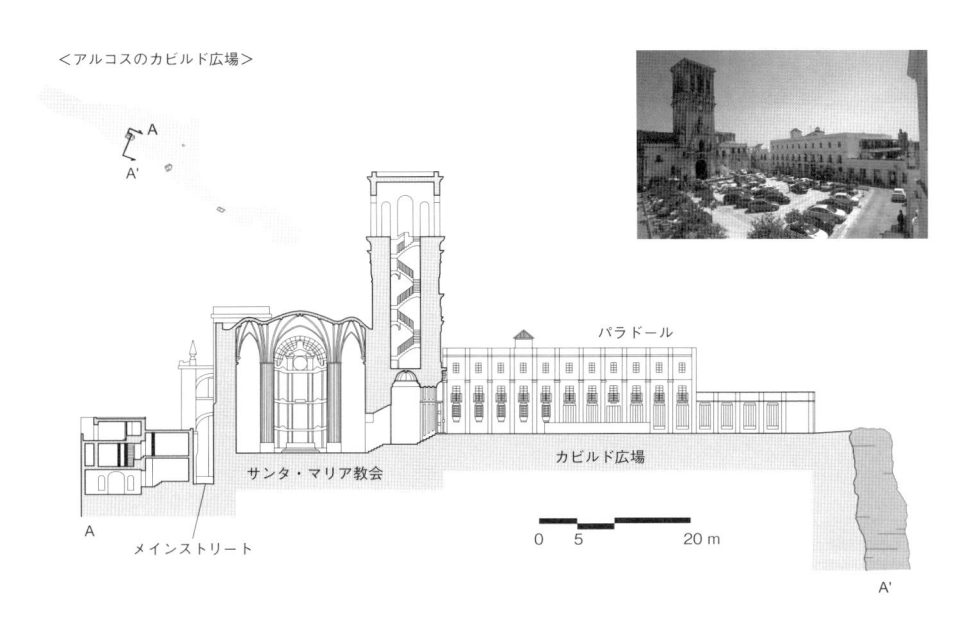

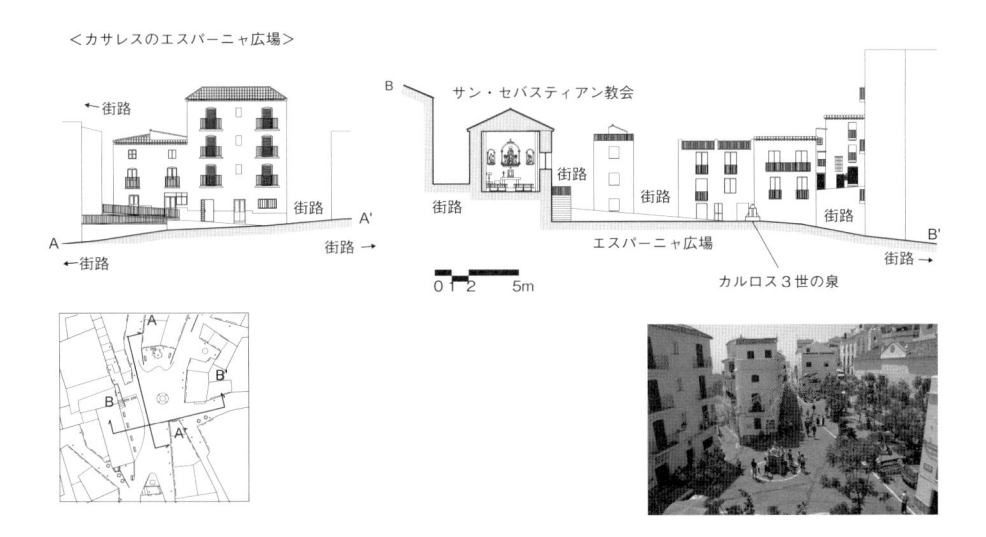

街路→

0 1 2 5m

B'

5. 広場の比較。教会が象徴的にそびえ立ち、市役所やアルコス公爵の城跡、パラドール（旧国王代官の邸宅を国営ホテルに改装したもの）など公共施設が整形に取り囲むアルコスのカビルド広場と、教会や店舗などが不整形に取り囲むカサレスのエスパーニャ広場。広場を構成する建物が違い、広場の性格も異なる

普段は閑散としているアルコスのカビルド広場も、祭礼の日になると普段とは違った華やかな顔を見せる。夏祭りの日には、教会正面をバックに舞台が設けられ、フラメンコの宴が催される。この日は、街中の住民が広場に集う。他にも、生活用品の市場が開かれたり、仮設の闘牛場に早変わりするなど、アルコスの広場は季節ごとの行事や祭礼の重要な舞台となる。カサレスの広場が日常の生活の舞台であるのに対し、アルコスの広場は、その象徴性から非日常のハレの日のための舞台となるのだ。ちなみに日常の社交場の役割は街中に分散するバルが担っている。住民の間に身分階層があったアルコスでは、日常生活のなかでは各階層によって集まるバルも違ったのだろう。

＜アルコス＞

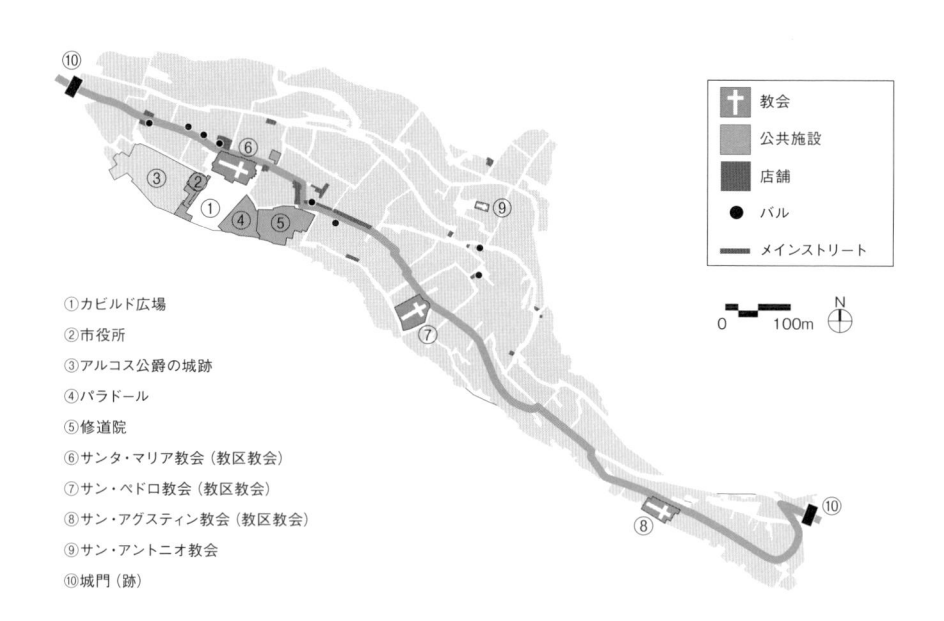

凡例：
✝ 教会
公共施設
店舗
● バル
― メインストリート

① カビルド広場
② 市役所
③ アルコス公爵の城跡
④ パラドール
⑤ 修道院
⑥ サンタ・マリア教会（教区教会）
⑦ サン・ペドロ教会（教区教会）
⑧ サン・アグスティン教会（教区教会）
⑨ サン・アントニオ教会
⑩ 城門（跡）

住宅の空間構成——中庭の空間的価値

　アルコスでは、街区の中にぎっしりと詰まった中庭型住宅も現在まで受け継いでいる(8)。住民の階層や立地条件により違いはあるものの、貴族の立派なパラシオから庶民の小さな住宅まで、すべての住宅が可能な限り中庭を中心とした居室配置を取ろうとしている。そして、中庭の大小にかかわらず植栽やタイルで中庭を飾り、そこにつくり出された小さな楽園が住宅の中で最も自慢の空間となっている。中庭が生活空間を豊かにするものとして高い価値をもっており、美しく快適な中庭をもつことこそがステータスとなっていることが窺える(9)。アルコスでは、使い方や形態を変容させながらも、その基層には中世アラブ・イスラーム

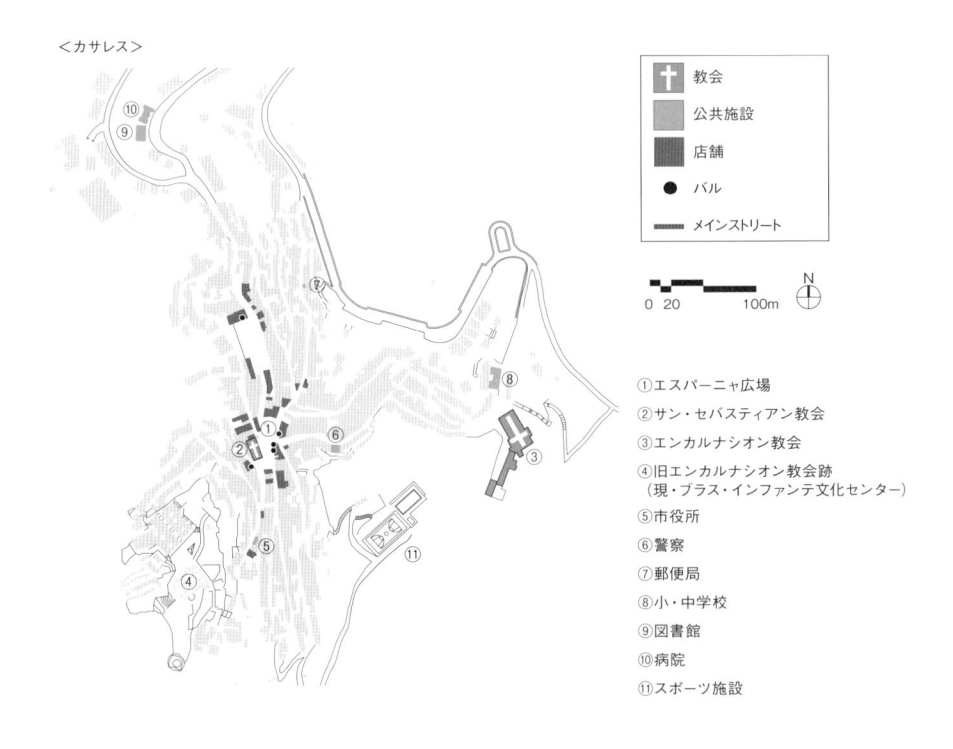

<カサレス>

凡例：
- 教会
- 公共施設
- 店舗
- バル
- メインストリート

0　20　　　100m　N

①エスパーニャ広場
②サン・セバスティアン教会
③エンカルナシオン教会
④旧エンカルナシオン教会跡
　（現・ブラス・インファンテ文化センター）
⑤市役所
⑥警察
⑦郵便局
⑧小・中学校
⑨図書館
⑩病院
⑪スポーツ施設

6. 都市構造の比較。アルコスでは、広場に面して公共施設が集中しており、店舗やバルはメインストリート沿いを中心に分布している。一方、カサレスでは市役所などの公共施設は街中に分散しており、広場周辺には店舗やバルが集中している

●アルコスの街路システム

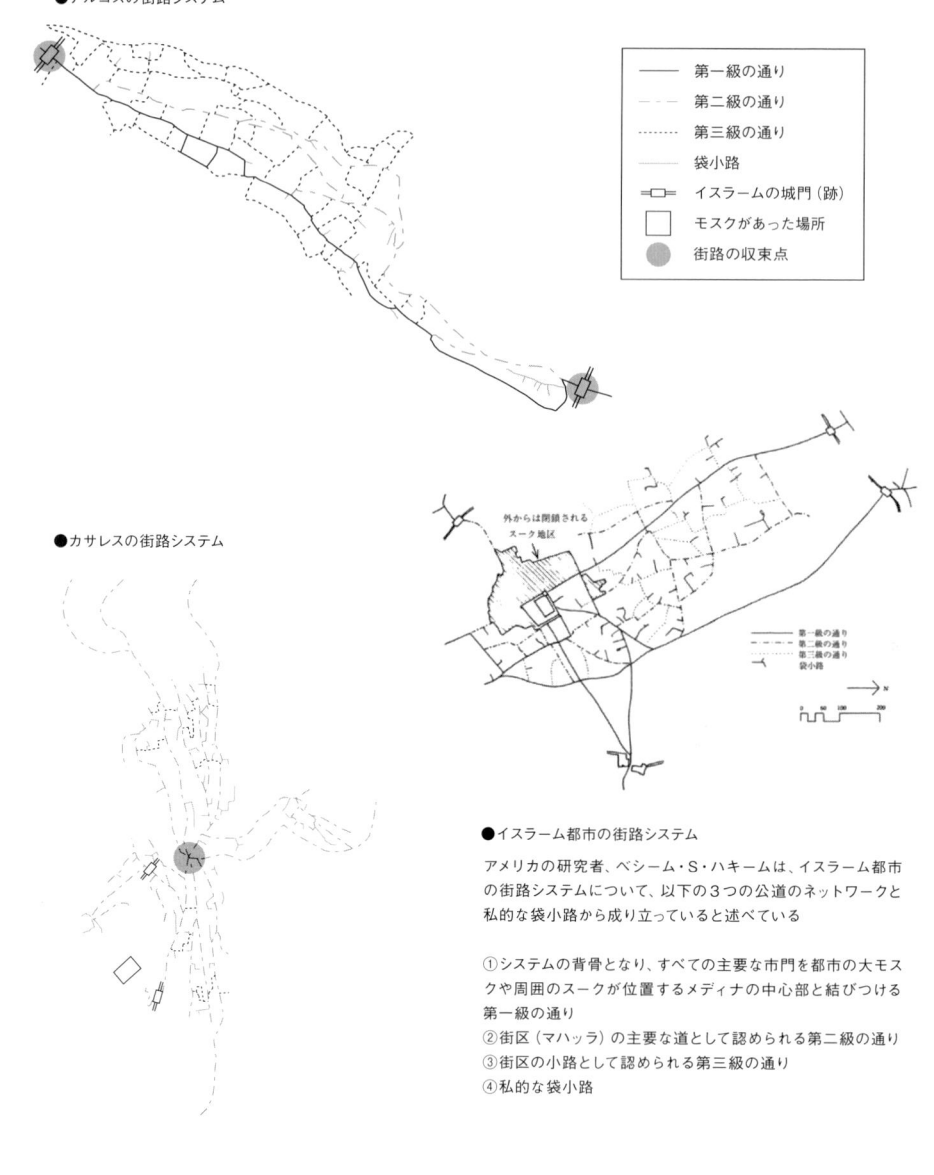

―――― 第一級の通り
――-――- 第二級の通り
･･･････ 第三級の通り
―――― 袋小路
=▭= イスラームの城門（跡）
▢ モスクがあった場所
● 街路の収束点

●カサレスの街路システム

●イスラーム都市の街路システム

アメリカの研究者、ベシーム・S・ハキームは、イスラーム都市の街路システムについて、以下の3つの公道のネットワークと私的な袋小路から成り立っていると述べている

① システムの背骨となり、すべての主要な市門を都市の大モスクや周囲のスークが位置するメディナの中心部と結びつける第一級の通り
② 街区（マハッラ）の主要な道として認められる第二級の通り
③ 街区の小路として認められる第三級の通り
④ 私的な袋小路

7. 街路システムの比較。ハキームの定義にならい、アルコスとカサレスの街路構成を比較すると、アルコスでは城門をつなぐ第一級の通りを軸としたイスラーム都市の街路システムが現在まで継承されていることがわかる。一方、カサレスの街路は地形に沿って通され、必要に応じて延長されたという形成過程からもわかるように、ヒエラルキーに基づく街路ネットワークを構成するという意識がないまま、自然発生的に形成されたといえる
[出典：ベシーム・S・ハキーム『イスラーム都市　アラブのまちづくりの原理』1990]

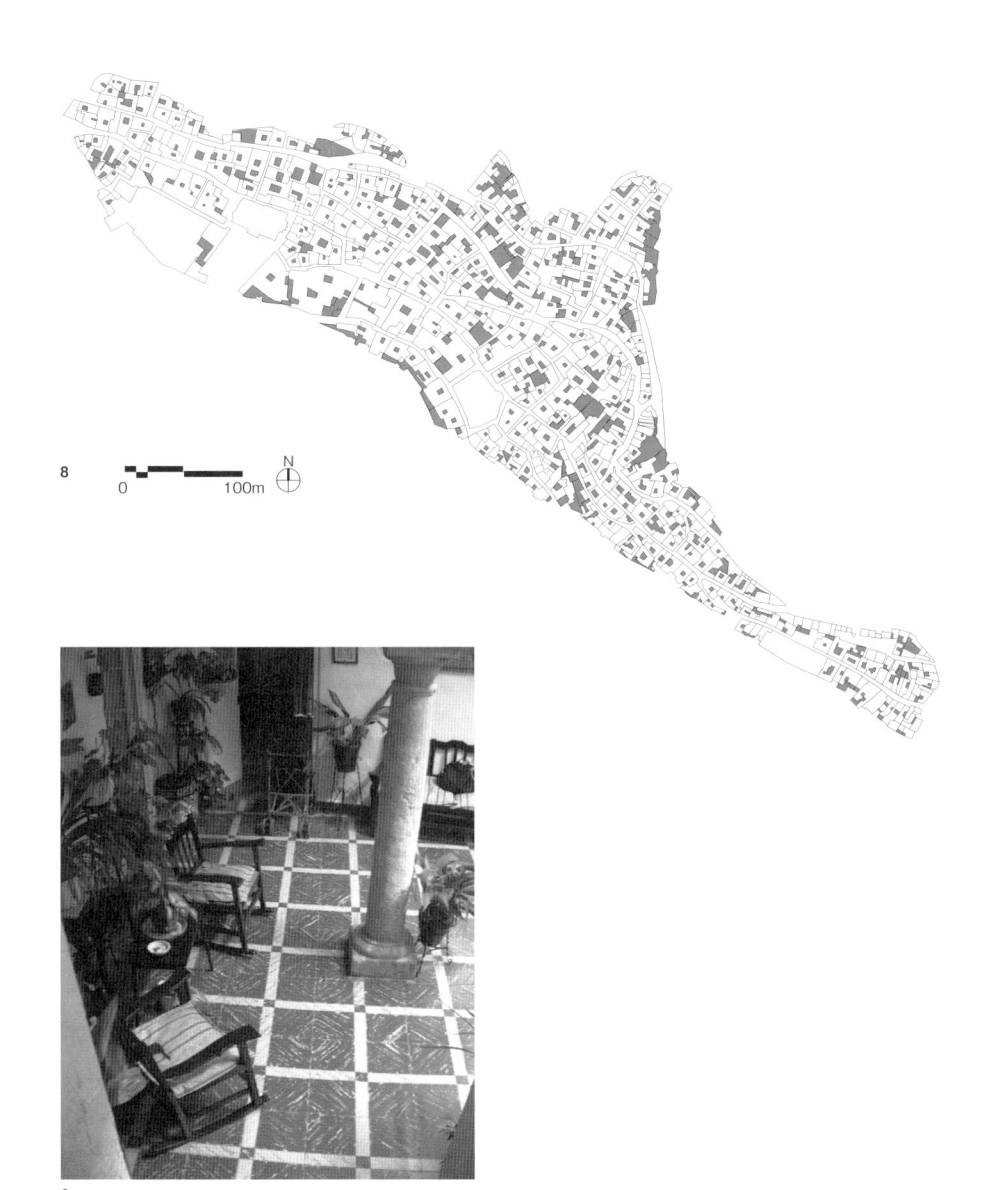

8. 中庭型住宅で構成されているアルコスの歴史的市街地
9. アルコスの住宅の中庭。アルコスの住宅は、アラブ・イスラーム文化が育んだ空間的価値を受け継ぎ、美しく快適な中庭をもつ

293

文化が育んだ中庭を囲む居住形態の空間的価値を受け継いでいるといえる。

　一方、カサレスにも、わずかではあるが中庭をもつ住宅がある。富裕層が暮らした大規模住宅である。しかし、カサレスの住宅内にある中庭は、洗濯物干し場や物置、階段室などになっていることが多く、アルコスのように中庭を居室の一部とする認識はほとんど見られない。

　また、アルコスでは、外的環境に干渉されない静寂な私的空間を尊重するアラブ・イスラームと共通する意識が見られる。それは、パラシオも庶民住宅も家族の私的な空間であるサロンをなるべく街路から遠ざけて設ける点や、入口をメインストリートからではなく静かな路地から取る点に表れている(10)。しかし、カサレスでは、中庭があってもサロンは街路側に面して設けられる(11)。カサレスで中庭をもつ住宅は、アラブ・イスラームの思想とは別物のようである。

　これらの違いは、カサレスがアルコスよりも急勾配の斜面上に立地することに由来するのだろう。中庭を取るのにプライベートな戸外空間として使用しうる充分な広さを確保できず、中庭を設けるのは採光や通気が主な目的と考えられる。また、サロンを中庭の奥に設けないのも、おそらく敷地が狭いためであろう。

都市空間に対する価値認識の変容

　しかし、一室積層型の庶民住宅の空間構成、そして都市構造も含めた都市空間全体に目を向けると、中庭の様相の違いは、単なる地形的要因だけではないことに気づく。それは、カサレス全体の基底にある街路を軸とする認識である。カサレスの中庭のある住宅が、中庭に関係なく街路に面してサロンを設けるのは、カサレスの住宅のほぼすべてがそうであるように、サロンは街路に面して取るという意識が強いためである。

　カサレスでは、外的環境に干渉されないプライバシーが保たれた空間を尊重するのではなく、外部との積極的な接触を好み、街路に面した対面的な暮らしを送ることに価値が置かれている。プライバシーは最低限寝室などに保たれていれば十分であり、サロンは街路に面していることが望まれる。街路を通した人びととの交流に価値が置かれており、そこに日々

●パラシオ

断面図

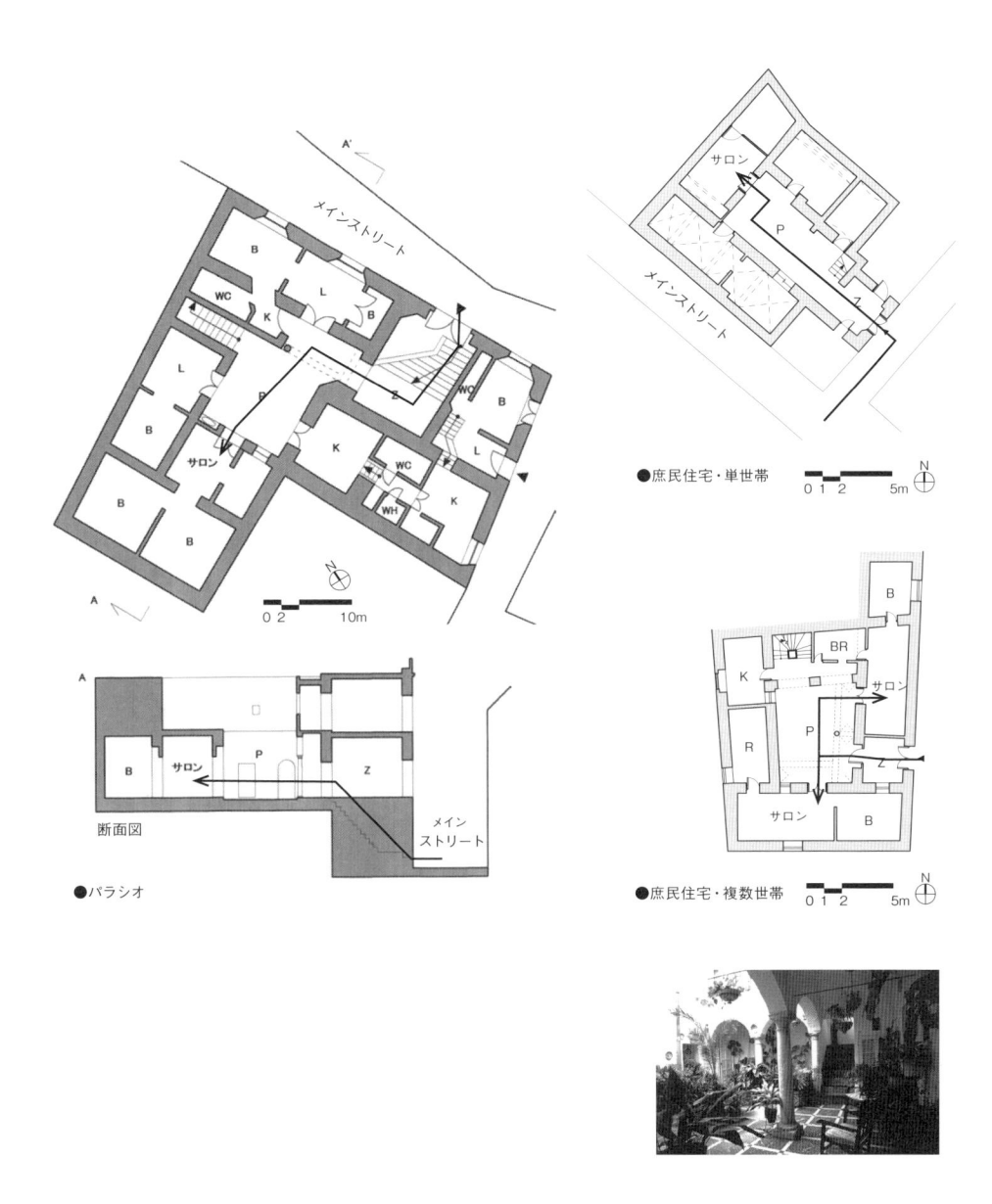

●庶民住宅・単世帯

●庶民住宅・複数世帯

10. アルコスの住宅の平面図。中庭が生活空間の中心となっているアルコスでは、外的環境に干渉されない私的空間を尊重しサロンをなるべく街路から離して設ける

の楽しみや生活の豊かさを見出しているのだ(12)。

　こうしたカサレスの都市空間は、周辺の街とのつながりのなかで成立していた街のあり方を象徴している。他の街の大土地所有者に雇われていた農業従事者が集住し、街道沿いの交易地として商業活動が盛んに行われ職人や商人が多く暮らしていたカサレスでは、街路は外部とつながるための重要な動脈であった。人びとの生活は街路に立脚していたことが、街路に面した生活空間をもつ住宅の空間構成から、広場を中心に放射状に広がる都市構造にまで表れている。レコンキスタ後、16世紀から17世紀にかけての社会における都市は、周囲とのネットワークの中に位置づけられ、そこにおいてそれぞれの街が成り立っていた。

　アルコスでは、ラティフンディオにおける支配層である貴族たちが、イスラーム時代の伝統であるパティオを象徴的に造形する堂々たるパラシオを16世紀から18世紀に次々と建設した。一方、貧しい農民たちは、それなりの規模をもつ中庭型住宅の一角に入り込み、さらにはそれを改築、分割し、集合住宅化しつつ住んでいた。こうしてイスラームによって形成されていた中庭を中心とした住宅形態が持続していたのだろう(13)。

3階平面図

2階平面図

1階平面図

● 大規模住宅

2階平面図

1階平面図

断面図

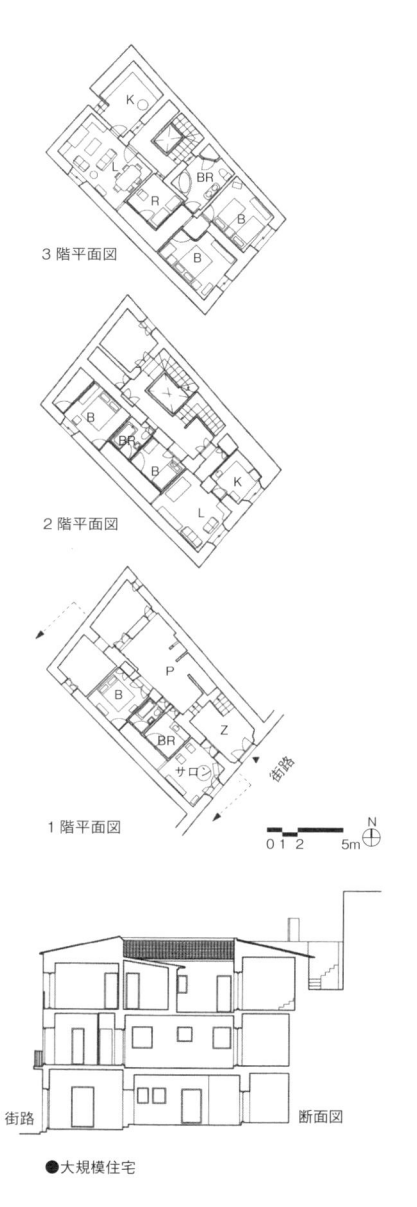

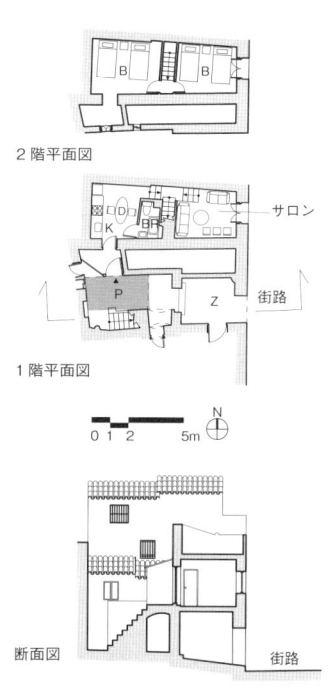

● 元・大規模住宅

中庭は洗濯物干し場や階段室となっており、居室の一部としての認識は見られない

11. カサレスの住宅。カサレスでは中庭があってもサロンは街路に面して設けられる

297

12. 街路で過ごすカサレスの住民

13. 中庭で過ごすアルコスの住民

裏庭型住宅との比較

　地形的制約がなかった場合、中庭型住宅は受け継がれたのであろうか。そこで推測できるのが裏庭型住宅の存在である。事例として、グラサレーマ Grazalema を取り上げる(14)。

　グラサレーマは、8世紀にローマの集落跡にアラブ・イスラームが築いた街で、1485年にアルコス公爵によって征服された。16世紀にはモリスコの追放が行われ、モスクが教会に建て替えられている。18世紀には織物産業による隆盛期を向かえ、かつては牧畜業も盛んであった◆13。

グラサレーマの裏庭型住宅

　グラサレーマのなかでも最も古い通りに面して建つパラシオを見てみよう(15)。緩やかな傾斜のある街区の角に立地しており、メインストリートからは居室への入口、脇道からは家畜小屋への入口が取られ、人と家畜の動線を分けている。そして、メインストリートより上階に居室を、地階には家畜小屋を設けている。

　紋章を飾った石造りのエントランスを入り玄関室を通ると暖炉が設けられた居間があり、玄関室の隣には応接間が置かれている。居間の奥には台所と食堂が設けられ、寝室は二階にある。そして、住宅の背後には壁で囲われた広大な庭が広がっている。住宅に中庭を設けなかった要因としては、暖炉を必要とするほどの冬の厳しい寒さが考えられる。

　次に、街の西端の庶民地区に位置する住宅を見てみる(16)。周辺地区はイスラーム期から集落が形成されていたが、後に新たに造成された街区と考えられる。この住宅は、北側と南側のふたつの街路にそれぞれ入口をもつふたつの住宅が、同じ裏庭を挟んで建っている。北側に建つ家はもともと家畜小屋があった場所に近年建てたものであり、復元的に見ると、南側に住宅があり、その裏に家畜小屋のある広い庭をもつ形態であったことがわかる。そして、ここでもやはりかつては人と家畜の入口を、面するふたつの街路から分けて設けていた。広い敷地にもかかわらず、住宅は部屋が街路に面して3室連なるのみのシンプルな形態である。入口を入るとリビングがあり、その隣に寝室が並ぶ。水まわりは裏庭に増築して設けた。こうした庶民住宅の空間構成はカサレスに近い。

14．グラサレーマ全景と全体図
［出典：© AYUNTAMIENTO DE GRAZALEMA］

北側の近年新たに建てられた住宅は、わざわざ入口前を囲って玄関室としているなど、パラシオの形式を真似るような点も見られ、パラシオの形式が格式ある住宅形式として庶民の憧れとなっていることも窺える。

生業や気候風土に合わせて再編された都市形態と住宅形態
　牧畜が盛んであったグラサレーマでは、家畜のための広い庭が必要であった。また、スペインのなかでも雨量の多いこの街では、気候風土の点から住宅内部に外部空間を設けることをやめ、中庭を囲んで暮らす方法ではなく、街路に面した居室をとることで対面的な生活を送るという生活様式へと変わっていった。
　貴族の街アルコスでは、イスラーム支配時代から存在していた中庭が、ステータス・シン

庭の様子

1階平面図

15. グラサレーマのパラシオ

302　5 アンダルシアの諸都市

ボルとして受け継がれていったが、レコンキスタ後、アルコス公爵の所領内の街となったグラサレーマではそのような意識は生まれず、自分たちの生活に必要な住空間をその地に合わせて形成していったことがわかる。

また、グラサレーマでは、街区幅がほぼ一定であるが、これは緩やかな片流れの斜面にあるグラサレーマの街では、地形的制約が少なかったため、人と家畜との動線を分けることを考慮して街区形態が決定されたと考えられる。

こうしてイスラームによって築かれた街を受け継ぎながらも、生業や気候風土に合わせて街は再編され、その結果、裏庭型住宅によって構成されることとなったと推測される。

このように、他の街の貴族の所領内にあった街では、自分たちの生活に必要な住空間をその土地に合わせて形成していった。イスラームによって築かれた街を受け継ぎながらも、

裏庭の様子

16. グラサレーマの庶民地区に位置する住宅

地形的条件や気候風土、社会構造や生業に合わせて街は再編され、その結果、アルコスとカサレスのようなタイプの間に、さまざまな中間タイプが生まれたと考えることができる。

3 複雑なレコンキスタの歴史が生み出したアンダルシアの多彩な都市

　中世イスラームの城壁の内側に、城を中心として中庭型住宅が集積するアルコスは、内側に閉じた求心的な構造をもつ中世アラブ・イスラームの都市空間の特徴を示している。一方、中世の城壁から出て、街の外へと続きさまざまな交流が行われる街路を軸に、街路に対面した住宅が建ち並んでいったカサレスは、周辺都市とのつながりのなかで成り立っていた中世後に形成された都市空間の特徴を示しているといえる。

　15世紀末のレコンキスタの完了という時代の節目は、防御の面から内側に閉じ自己完結していた中世が終わり、外部との交流が重視される時代の始まりであったことが、都市空間からも読み取ることができる。レコンキスタの完了、そして大航海時代の幕開けは、都市空間にも大きな変化をもたらしたのである。

　そして、アンダルシアでは、このようなふたつの都市空間の中間形態として、歴史、風土、地形的条件、生業、社会構造などに合わせて、多様な居住形態が生まれた。

　アンダルシアではアラブ・イスラーム時代から育まれた都市文化が見られる一方で、複雑なレコンキスタの歴史が多彩な都市を生み出していたのだ。

農業形態と都市の関係

　バリエーション豊かなこれらの都市の背景には、レコンキスタの情勢とその後の社会的位置づけによって形成されたアンダルシア特有のラティフンディオに基づく農業形態が大きく関係している。レコンキスタ後のアンダルシアの都市は、周囲の田園との強い関係性のなかで成り立っていた。アンダルシアの都市を理解するうえで、田園との関係を見落とすことはできない。次章では、都市と田園に着目して、アンダルシアのアグロタウンに目を向けてみたい。

COLUMN
モンテフリオの案内人

　山頂の古城から山裾にかけて白壁の家々が比類なきシルエットを描くモンテフリオの遠景は、カサレスと並んで最も知られたアンダルシアの一風景だ。グラナダ空港から車で直接村に向かった私たちは、山道を蛇行しながら、突然その光景が目に飛び込んできたとき、「ここだ！」と思わず声を上げた。イメージと一寸違わない美しい姿を目に焼き付け、市街地をめざす。ほぼすべての白い村に共通することだが、遠くから全体を視界に収めるときと、実際に街中を散策するときの印象は、大いに異なるものだ。

　村の中心にある広場に到着すると、先発組の調査メンバーが街路の立面図を録っていた。その横に、わらわらと子どもが集まり、図面を覗き込んでいる。よく見ると、褐色の肌に南アジアの人びとに似た顔立ちで、カラフルだがよく着込まれた衣服を纏っている。ロマ*だ。村の中心部から山頂へは、かなりの勾配がある。その一画に今でも洞窟住居を構えるロマのコミュニティが存在する。1930年代には約14,000人いた住民も、内戦とその後の移住により、半分以下に激減した。内陸のためアクセスも悪く、冬の寒さも厳しいため、なかなか人口回復に至らないのだろう。実際に村を歩き、住民と話してみると、割合高齢のスペイン人、別荘を購入した外国人、ロマの大家族で、大まかなすみ分けがあるようだった。そ

んなモンテフリオの行く先々で出くわすロマの青年がいた。トレンドを意識した髪形が河童の皿のようだったので、彼は調査チームに"河童"と命名されてしまった。最初は挨拶するだけだったが、そのうちに道を教えてもらったり、立ち話をしたりするようになり、ついには自宅まで実測させてもらうことになった。興味深い洞窟住居、限られた空間に片手で数え切れない家族が住む。そのうえ、叔父叔母いとこにはとこ、この狭い村にひしめき合って暮らしているようだ。

スペインの少子化傾向は日本のレベルに匹敵するが、河童の子だくさん一族を見ていると、まるで他の国に足を踏み入れたような気がした。山間の静かな村に、ロマの子どもたちの笑い声が響く。眉を顰める老人もいるが、この村には彼らの居場所がある。それまでどの調査地にも見られなかった光景だが、これもまたアンダルシアの一面なのだ。

調査の最終日、朝早くから他の村に働きに行くと言っていた河童が、またも広場に姿を見せた。私たちを見ると、一瞬バツの悪い表情が浮かんだように見えたが、ニッと笑って足早に去っていった。（鈴木亜衣子）

＊いわゆるジプシーのこと。ヒターノという別称が用いられる場合もあるが、差別的なニュアンスが含まれるため、本書ではロマで統一した。

第6章

アンダルシアの都市と田園

1 田舎の再評価

アグロタウンとラティフンディオ

　アンダルシアには、白い小さな街がたくさんある。古くから多くの民族が行き交い、絶え間なく争いが続くなかで、起伏の激しいこの地域に城壁で守られた居住地を築くことは、防御上も都合がよかったに違いない。農業経営においても、集住という手段を取ることで、それぞれの社会階層の住民が、ときには共同体を形成して、自分たちの立場を守っていた。これらの白い街は、社会学や経済学の分野においてアグロタウンと呼ばれてきた大集落である。住民の大半は農業従事者であり、周辺の広大な農地で働き、生計を立てていた。

　アグロタウンの最も大きな特徴は、富の不平等配分を生んだラティフンディオ（大土地所有制）との関連にある。その形成には、さまざまな段階があった。13世紀半ばに、アンダルシアの大部分がキリスト教徒によって再征服された際、ムスリムから取り戻された土地は、直接キリスト教徒の大土地所有者に分配されたわけではない。大貴族が大きな富を手にして南部に新たな中心を築くことを恐れた国王が、中小貴族に土地を分配し、小土地所有者を支援した。こうして王領の大半は小土地所有者に与えられ、大貴族は最初、並みの保有地しか手に入らなかった。その後、入植者との土地の売買や横領を繰り返し、自分の土地の範囲を広げていったのである。14～15世紀にかけて貴族や教会がその領地を拡大し、16世紀以後アンダルシアの大土地所有者として発展していった。

　1960年代のアグロタウンにおけるラティフンディオの下での社会階層は、大地主、中間階層、日雇い労働者と、大きく3つに分けられる。大地主と日雇い労働者の中間に位置づけられる中間階層は中小規模の土地を所有する自営農や借地農を営む人をいう。アンダルシア住民の大半を占めていたのは日雇い労働者である。街の付近に田園が広がる地域では、日雇い労働者は日帰りで働きに出かけていたが、山に囲まれた地域では、家族を街に残し、あるいは家族とともに遠く離れた田園まで出向いて住み込みで働き、10日に一度しか街に帰ることが許されないという生活を繰り返していた。彼らは安い賃金で雇われ、生きるためにどんな仕事でも引き受け、悪条件のなか、必死に働いていた。農場では、オリー

ブやブドウ、小麦などを栽培し、これらの収穫の時期にはたくさんの労働者が必要になるが、それ以外の季節はそれほど必要とされなかった。そのため、日雇い労働者は失業に苦しみ、賃金の引き上げや土地所有の可能性などを求め、しばしば紛争を引き起こした。他方、ラティフンディオの下での、日雇い労働者の低賃金での雇用は、大土地所有者にとって、富の蓄積を支える強固な経済基盤となった。

高度経済成長と海辺の観光ブーム

　スペインは20世紀最初の30年間、工業とサービス業において大きく発展し、経済成長を遂げた。他のヨーロッパ諸国に比べれば明らかに遅れてはいたものの、一種の産業社会への道を着実に歩み出していた。最初の10年間はそれほどの変化がなかったが、第1次世界大戦で中立を維持したために、1915年から1919年まで交易収支で例外的な好景気を経験した。人口はこの30年間に1,860万人から2,360万人に増大し、さらに居住地の移動が著しく起こった。

　その後、スペイン内戦（1936〜39）、内戦後のフランコ独裁政権下での国際社会からの孤立によって、スペイン経済は停滞したが、1960年代に入り再び著しい高度経済成長を遂げた。それまでスペインの経済を支えていた第1次産業（農業・牧畜業・林業など）は、第2次産業（建築・水道・電気といった工業）や第3次産業（商業・運輸・通信・金融・公務・サービス業）に移行していった。それはアンダルシアでも例外ではなく、都市と田園の間の唯一の移動手段であった馬や、荷物を運ぶためのロバやラバが姿を消し、バイクや車が普及し始めた。

　また、このころ、ヨーロッパ全体が第1次観光ブームを迎えた。スペインはイスラーム文化と結びついた歴史的遺産に富み、また闘牛・フラメンコなどの民族スポーツや芸能が盛んだったことや、フランコ政権によって非ヨーロッパ的なこの国のイメージが強調されたことも手伝って、観光ブームの大きな影響を受けた。1978年には1年間の外国人観光客の数がスペインの総人口を上回るほどで、観光収入は国際収支、とくに経常収支の均衡に大きな役割を果たし、スペインの高度成長を支えた。観光客、および巨額の観光収入を得たス

ペインにおいて、観光ブームの創出した需要は大きく、ホテル、レストランなどの産業を肥大化させた。アンダルシアでも沿岸部でリゾート開発が急速に進行し、高層のホテルやレストランが瞬く間に建設され、アンダルシアの経済は潤うようになった。とくにコスタ・デル・ソル（太陽の海岸）は、スペインの代表的なリゾート地として、夏のバカンスシーズンになると世界各国から観光客が集まる。冬場も温暖な気候であることから、日本人も含めリタイアした後に家族で移住してくる外国人も多く、リゾート開発は現在も拡張し続けている。

一方、人気が最高潮に達した海沿いや大都市の裏側で忘れ去られたものがあった。内陸の白い街と田園である。政府は都会の観光化に専念し、田舎に目を向けることは全くなかった。農業は、機械による合理化で労働力の必要性が減り、全体的に衰退していった。一部の大土地所有者は企業的な大農場経営に成功したが、それに失敗し農業経営に見切りをつけた上流階級はアグロタウンにパラシオ（邸宅）を残し、新たな経済基盤を求めて大都市に移住した。農業を生活の基盤としていた日雇い労働者は、オリーブの収穫時期には大量に必要とされるが、それ以外は機械に頼るようになったため、失業率は高まった。その結果、失業した農民のなかには、故郷を離れ大都市やヨーロッパの他の国へ出稼ぎに行く者が増えた。また、海辺で急速に進められるリゾート開発が多くの働き手を必要としたため、農業を捨て、条件のよい建設業に従事する人びとが急増した。さらに、アグロタウンで成功し農場経営を続けていた大土地所有者も、後に企業家となり大都市に移住していった。若者は大学や専門学校などの教育施設がない小さな街から大都市へ出た。こうしてアグロタウンでは過疎化が進み、それまでの活力が失われていったのである。

ルーラル・ツーリズムと白い街の再評価

アンダルシアのビーチは世界でも有数のリゾート地にまで発展したが、華やかな印象の傍らで否定的影響が問題となってきた。夏季に需要が集中するために起きる水不足、交通渋滞、海岸の汚染、ホテルなどの観光施設の老朽化、その地域の伝統的な建築様式と著しい不調和をもたらすセカンドハウスの増加など、さまざまな問題を抱えることになった。急速に進められてきたリゾート開発もやり尽くされて、限界に達してきたのである。ここで、再

び魅力を取り戻し始めたのが、過疎化に悩んでいた内陸の白い街だった。

　それまでも、内陸の田舎で休暇を過ごすというツーリズムがなかったわけではなく、ビーチから日帰りで内陸の小さな街などを訪れる観光形態が、1970年代から一般化していた。それが今では白い街をめぐるルートができ、またセビーリャやグラナダといった大きな都市を拠点として、その近郊の小さな街を訪れるような、白い街めぐりを目的とする観光客が増えている。

田園の再評価

　イタリアのアグロツーリズモ、イギリスのグリーン・ツーリズムのように、都会で疲れた身体を休めるため、長期休暇を田舎でゆっくりと過ごす動きがヨーロッパ全体で見られる。スペインでは、そういった動きをアグロトゥリスモと呼んでいたが、おおよそ2000年前後に少しずつ呼び方が変わり、現在はトゥリスモ・ルラール(以下、ルーラル・ツーリズム)と呼ばれる。

　そもそも、ルーラルとは「田園の」「田舎の」という意味であり、通常田園のみを指すが、2003年ごろからは街の中のレストランやホテルの看板など、至るところでこの言葉を目にするようになった。実際に、私たちが宿泊したカサレスのホテルは街中にあったが、看板には大きく「Hotel Rural de Casares(カサレスのルーラルホテル)」と書かれていた。さらに、フロントに置かれていた「Asociación de Hoteles Rurales de Andalucía(アンダルシアのルーラルホテル協会)」という、ルーラルホテルの情報が掲載されているカタログにも、そのホテルが紹介されていた。これは、田園だけでなく都市も含めたルーラル・ツーリズムを意味することとなる。

　観光ブームに伴い、アンダルシアの白い街では住宅の修復が急速に進み、過疎化の問題も解決に近づいた。また、その街で生まれ育った者だけでなく、都会に住む人や外国人がセカンドハウスとして家を買うケースも増え、世界中から白い街めぐりを目的に訪れる観光客もますます増えてきている。さらにそこから田園へ出かける人、または逆のパターンも多く見られるようになった。アンダルシアのルーラル・ツーリズムは、この地を訪れる外国人観光

客ばかりか、スペイン人の余暇の楽しみにもなっている。セビーリャで働く若者のなかにはアンダルシアの小さな街の出身者が数多くおり、週末には仲間たちで彼らの出身地の街を訪れたり、コルティホcortijo（農場）に滞在して近くの小さな街を散策したり、シーズンオフにはセカンドハウスを借りて朝まで踊り明かすこともある。都会に住むスペイン人も、田舎を好む。このように、田舎の魅力を生かしたアンダルシアならではのルーラル・ツーリズムがおおいに発展している。

　田園そのものの見直しも進んでいる。もともとの土地所有者の家族が田園に戻り、かつての住居兼仕事場であったコルティホを宿泊施設に改装しているものが多く見られる。ヒアリングによると、アルコス周辺にはこのようなルーラルホテルが5、6ヵ所あり、政府からは井戸の水をきれいにすること、緊急用の光源を備えておくこと、歴史的建築物は壊さず保存することなどが義務づけられ、バス、トイレなどの整備についても基準が制定されている。

　また、田園の魅力の虜になった都市の住人が、農村の土地を買い、ワインやオリーブオイルの工場を建設することで、新たな観光スポットになっている施設も見られる。アンダルシアの住民に限らず、他の国から夢を追い求めて移住して来た者もいる。調査で訪れた、ホテルに改装したコルティホの近くでは、移住してきたフランス人が観光客のための乗馬教室を開くビジネスを行っていた。

1. ホテルに転用したアルコスのコルティホ

田園に広がりを見せた新たな観光スタイルは、賑やかなリゾート地のそれとは全く違った色をもっている。その理由は、リゾート開発が政府の後押しで進められたのに対し、ルーラル・ツーリズムは土地に愛着を抱く住民の手でつくられているところにあるのではないだろうか。田園は時代とともにその役割を変えて今、再び人びとから必要とされているのである。

コルティホからホテルへ
　ひと言でルーラル・ツーリズムといっても、そのなかにはさまざまなケースがある。ここではその事例を紹介する。
〈Cortijo Barranco〉
　アルコスの街の東側に位置するこの建物は、1754年に建設されたコルティホで、入口の紋章にも年代が刻まれている(1.2)。1995年から97年にかけて改装してホテルとなり、男性とその母親、および叔母で経営している。われわれが訪れた夏場には7人の従業員がいたが、シーズンによって異なる。このコルティホは100年ほど前から彼らの家族の所有物で、現在まで代々受け継がれてきた。かつては労働者が住み込む農場で、オリーブを中心に、赤カブやアーモンドなども栽培していた。
　家族で守り続けてきたこのコルティホには、現在は母親と叔母が常住している。息子は

2. ホテルに転用したアルコスのコルティホのパティオ(左)と入口の紋章(右)

アルコスの街の中に家をもつが、このホテル経営のため、実際にはほとんどここで寝泊まりしている。南西側の2階の穀物倉庫を1997年に改装してホテルの部屋にした。現在、ホテルの部屋数は14で、そのうち5部屋はキッチンやサロン付き。イギリス人の宿泊客が最も多く、次に多いのはドイツ人だという。すぐ近くでフランス人が運営している乗馬教室が、このホテルの売りになっている。このように農家や農場を改装してホテルにしている例は、アルコスには5、6ヵ所あり、ここが最も古い。

〈Huerta Nazarí〉

　グラナダ県のイリョラ Íllora という街の近郊にあるコルティホ(3-6)。現在はリフォームし、アンヘラという女性がホテルを経営している。緑豊かで大きなパティオを囲む建物の隣には、地主が使っていた建物が残っている。彼女の祖父も農場を経営していたが、彼のコルティホは別のところにあり、ここは親戚が所有していたそうだ。19世紀前半に第8代ウェリントン公爵がこの周辺の土地をすべて所有しており、20世紀半ばから農場として機能していた。労働者は近くのアロマルテス Alomartes という村から来ていた。

　その後、医者であり農場が好きな彼女の父がここを買い取り、2002年に彼女がリフォームを開始。約2年半かけて工事を終え、2005年からホテルを経営している。比較的リーズナブルな値段で宿泊でき、ここで栽培されたオリーブは、オイルに精製して販売している。

　建物自体はオリジナルだが、屋根、部屋割り、ブラインドで仕切られた出入口に扉を付けるなど、細かいところまで現代的なリフォームが行き届いている。パティオには3面柱廊がめぐっているが、改装したときにデザインを統一してつくり直した。家具は、アンダルシアの古いアンティークをリサイクルして使っている。1階のバスルームはかつての穀物倉庫で、現在アラブ風浴場になっている。イリョラは、グラナダが没落したときに最後まで残った街だったことから、その記憶としてアラブ風の要素を取り入れたという。暖炉がある部屋は、かつてオリーブの圧搾場であった。小礼拝堂はリフォームの2年前につくられた。レストランはかつて機関室で、図書館はヤギ小屋、入口から見て奥の部屋は元々豚小屋であった。現在、これらの部屋の前には当時の部屋の用途が書かれたタイルが張られ、かつての雰囲

エントランス

パティオ

柱廊

オーナーによるアンティークコレクション

アラブ風にデザインされた浴場

3. イリョラのホテル

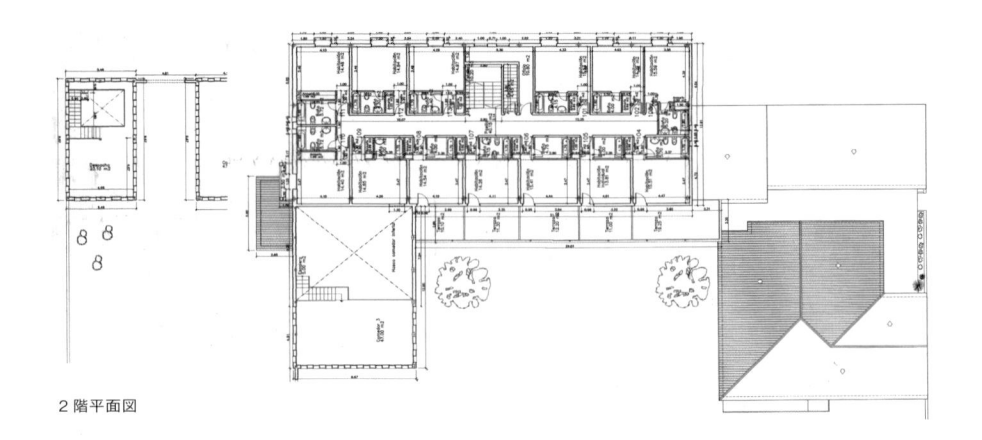

2階平面図

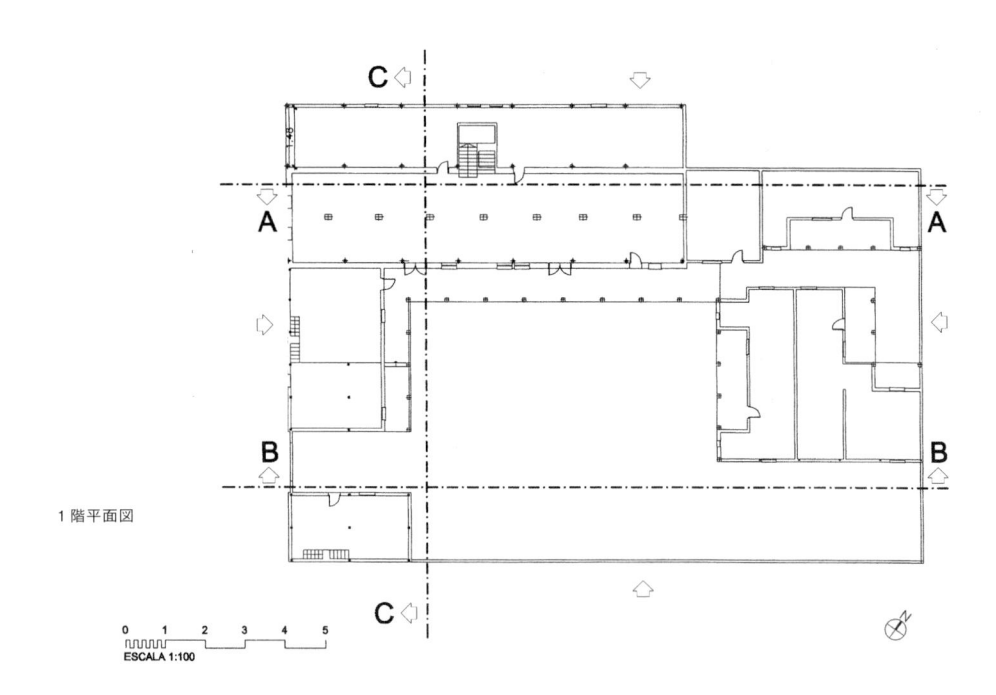

1階平面図

0 1 2 3 4 5
ESCALA 1:100

4. イリョラのホテル平面図

気が想像できる。2階はもともとすべて穀物倉庫で（ウサギも飼っていた）、現在は間仕切りをつくりホテルの部屋にしている。下のパティオの柱廊に日陰をつくるように、2階を張り出すつくりになっている。梁にはポプラの木が使われている。パティオには昔、井戸があった。

ワイン・オリーブオイル工場の例
〈Regantío Viejo〉
　アルコス周辺にある複合施設で、門を入ると高く積まれたワインの樽に囲まれた一本道のアプローチが壮観だ。道を抜けると、正面に主人の住居、右側にワインの店や試飲などを

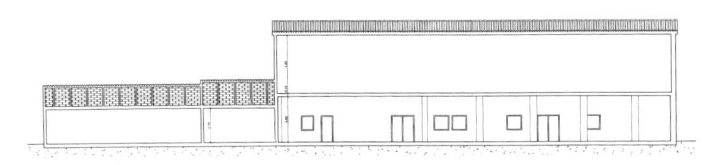

断面図 A

断面図 B

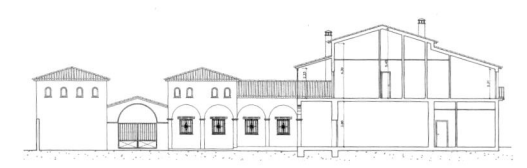

断面図 C

5. イリョラのホテル断面図

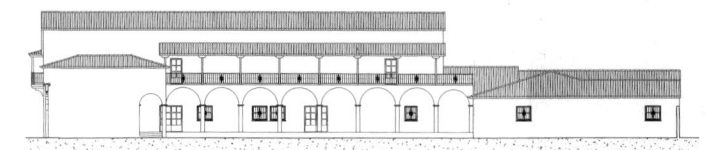

南東側立面図

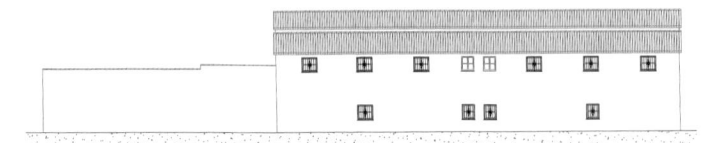

北西側立面図

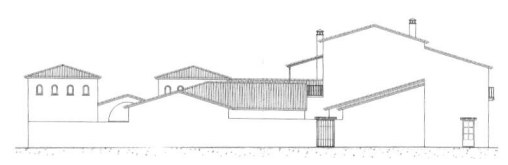

北東側立面図

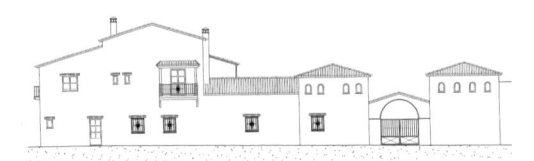

南西側立面図

6. イリョラのホテル立面図

する建物、その奥にワイン工場と、3つの建物が並んでいる(7)。敷地は32ha、ブドウ畑は65haの広さである。ワイン工場の建物が完成したのは2002年。現在、宴会場も併設された。今後は周辺にオリーブを植える予定だそうだ。遠くには、ボルノスという街が見える。

　主人はコルドバ生まれで、酒づくりの仕事をしていたが、10年前に、アルコスに可能性を求めてここに移住して来た。調査当時はこの工場をひとりで経営し、従業員は20人ほどいた。彼にはひとつの夢がある。ここで栽培したブドウでワインをつくって販売し、観光客が宿泊できるように周りにバンガローを建て、目の前に広がる湖には船を浮かべるというものだ。これもまた、ワイン文化と結びつくルーラル・ツーリズムのひとつのかたちなのである。

正面が所有者の住居、右の建物はワインの試飲・販売所

ワインの試飲・販売所

アプローチ

7. ワイン・オリーブオイル工場に転用したコルティホ

COLUMN
国際都市（？）ベヘールの人びと

　北ヨーロッパでは、1年の半分をどんよりした灰色の空の下で過ごさなければならない。イギリスをはじめとする欧米各国の人びとが、降り注ぐ太陽と地中海のビーチを求めてアンダルシアに移住する現象が、もう何年も前から続いている。アルコスやアンテケーラのようなアンダルシア内陸部は、真夏の体感気温が45℃を超し、ビーチからも遠く、彼らの欲求を満たすにはいささか魅力が足りない。それに比べて、パルマルのビーチからわずか9kmの高台に位置するベヘールは、真夏でも過ごしやすく、宿泊施設や乗馬などのレジャーも豊富に用意されているため、彼らにとってはまさに"地上の楽園"なのである。

　そんなベヘール調査の初日、街路ですれ違い様に、「おい君たち、家を買いたいんだろう？いい物件を紹介するぞ！」と英語で呼び止められたのは印象的だった。ベヘールの気品漂う街並みの美しさを前にすると、住民に声をかけるのも思わずためらってしまう。しかし勇気を出して家の戸をたたくと、婦人方は心からの笑顔で「さあ、入って」ともてなしてくれた。外国人にためらいを見せるアルコスの人びととは対照的である。

この村にはスペイン語の語学学校もあり、普段からアジア人を含む長期滞在の外国人や、永住組のヨーロッパ人と生活をともにすることに、住民が非常に慣れている印象を受ける。彼らは、街が外国人であふれかえるのを疎ましく思うことなく、むしろ、外貨を得られ、ツーリズムの仕事が増えることが大歓迎のようだ。確かにベヘールでは、不動産や観光案内が充実し、街全体で外国人にアピールしようとする姿勢を感じる。しかし、気候や立地のよさを謳う一方で、単なる観光地に陥らないよう、イスラームの遺産のミステリアスな雰囲気や白い村の素朴さ、といった本来の魅力を保ち続けているのだ。

　人口12,000人という小さな街ながら、見せてもらった家々は個性的なパティオやテラスをもち、住民はみんな気さくでフレンドリーだった。手入れの行き届いた白壁や植栽を見ていると、彼らの街に対する美意識の高さがうかがえる。そんなベヘールに魅了され、定住を決める外国人があとを立たないのもうなずける。（鈴木亜衣子）

2 アンダルシアのアグロタウン

　アンダルシアでは、アグロタウンの周りにラティフンディオに基づく農業景観が広がる点に大きな特徴がある。しかし、歴史的発展過程、風土、気候によって、地域ごとにさまざまな性格の違いが見られ、大別すると、低地アンダルシアと高地アンダルシアに分けることができる(8)。歴史的条件と自然条件の層の重なり方の違いから、異なる景観が生まれたのである。

　アンダルシアの都市と田園のつながりを見ていくには、この低地アンダルシアと高地アンダルシアのふたつに注目する必要がある。なお、こうした観点からアンダルシアの田園、農業のあり方を歴史的に考察するうえで、芝修身氏の著作からじつに多くの貴重な情報を得ることができた◆1。

低地アンダルシア

　低地アンダルシアは、ウエルバ県、カディス県、セビーリャ県、コルドバ県、ハエン県の範囲にあたる。われわれがフィールド調査を行った街のなかでは、カディス県のアルコスがこの低地のエリア内である。険しい山脈地帯ではなく比較的平らな地形が続いており、その広大な土地をひとりの大貴族が所有するラティフンディオが最も展開された地域である。ムスリムは、小土地でも生産力の高い見事な農地を築いていたが、再征服後に彼らの農法を学ばず追放したキリスト教徒の入植者は、自分たちの思うままに耕作を進めたため、一旦農地を荒廃させてしまった。大貴族は、14世紀に起きた干ばつや疫病などの影響で農民が手放した土地の購入と、さらに16世紀に行われた共有地の購入によって、この平らな低地アンダルシアで自分の所有地を拡大させた。

　住宅の形式は、アルコスのように中庭を囲むプランが一般的である。

高地アンダルシア

　高地アンダルシアは、現在のマラガ県、グラナダ県、そしてアルメリア県の3県からなる。

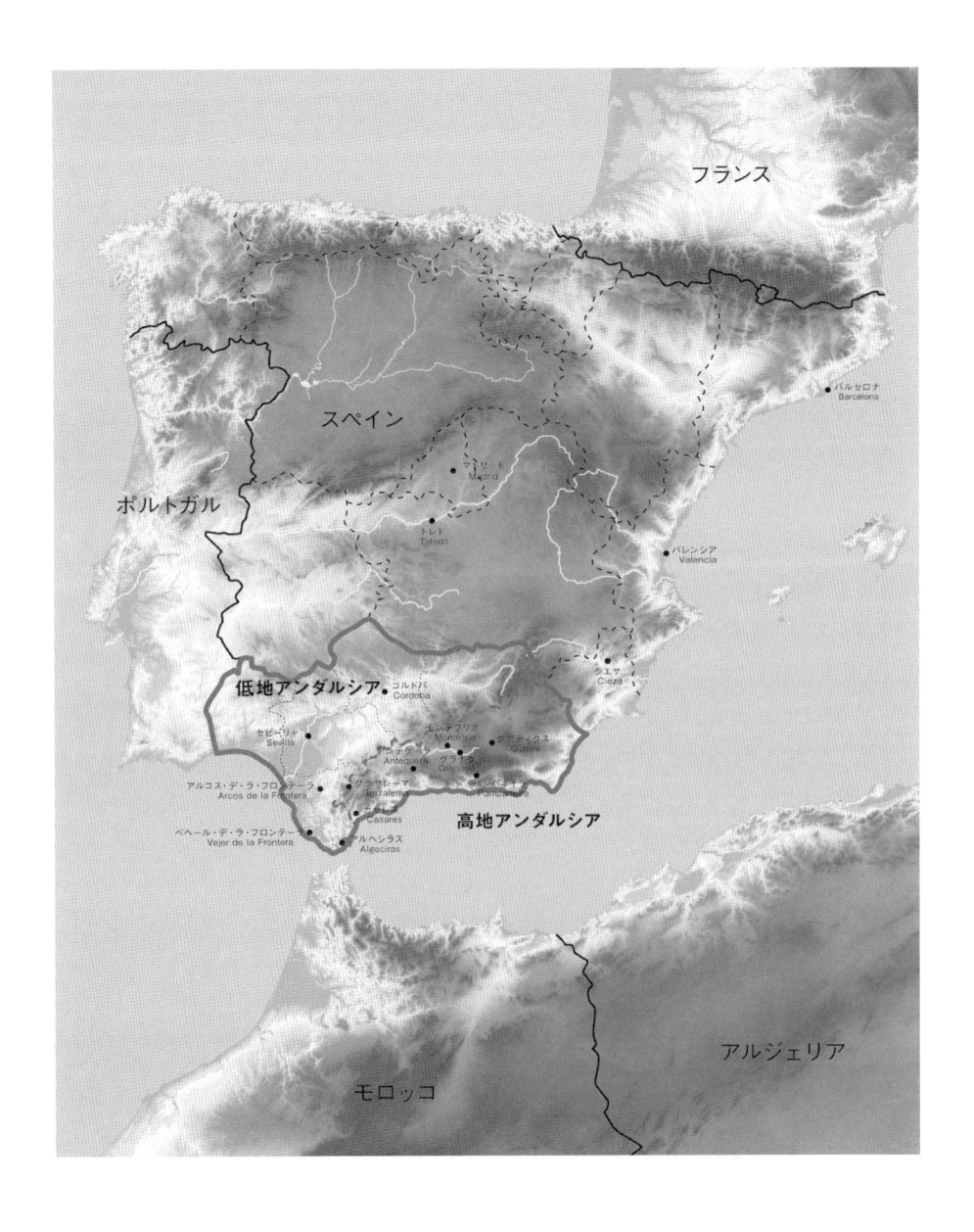

8. スペイン地図（地形・低地と高地）

これは旧ナスル朝グラナダ王国の領土と重なる。この地域はアンダルシアのなかでもとくに複雑な地形をもっている。起伏の激しい山地であるため気候の変化も大きく、乾燥した平野もあれば緑豊かな森林も多く、山に降った雨水が絶えず流れ出て谷をつくっている。

約800年に渡りイベリア半島を支配したムスリムが開発した灌漑技術は、多彩な農業形態を誇り、小さな土地からでも高度な生産力を生み出した。それは1492年にグラナダ王国が滅亡するまで続いたが、キリスト教徒による伝統的農法がもち込まれ、それまでの農業景観は変化した。とはいっても、再征服後に一気にムスリムを追い払ってしまった低地アンダルシアに対し、多くのムスリムがムデハル、そして後にモリスコとしてしばらく留まり、キリスト教徒が新たな農業を始めるかたわらでムスリムは農業を続けた。モリスコ追放後にキリスト教入植者への土地の引き継ぎがしっかりと行われたため、彼らの伝統は低地よりも深く根付いていると考えられる。それゆえに、低地で失敗が続いた入植政策が高地では比較的順調に進み、その後の富農が所有する小土地が大貴族に吸収されることなく現在まで機能し続けたのである。

低地と高地の特徴の違いは、現在の街の分布を見てもはっきりとわかる。低地は、ムスリムを一気に追放し、またその後の入植もうまくいかなかったため、多くの小さな村落が消滅した。そのため田園を含む現在の市域は広くなっている。貴族が土地を拡大しやすかったのも、市域が広かったためであろう。一方、高地は長期に渡りムスリムが残留し、彼らの集約農業を続けた。さらに、宗教統一によるモリスコ追放の際に、キリスト教徒への集落の引き継ぎがしっかりなされたために、小さな村落は生き続け、今でもその多くが存在する。

高地アンダルシアについて本書では、マラガ県のカサレス、同県のアンテケーラ、そしてグラナダ県のモンテフリオでの調査内容を収録している。

マラガ県アンテケーラ

アンダルシアの中央よりやや南寄り、マラガ県の北部に位置するアンテケーラは人口約4万人の比較的小さな都市だが、アルコスやカサレスと比較するとその規模はやや大きい。ローマ帝国の支配下にあったアンテケーラは、通商路が交差する交通の拠点として繁栄し

た。8世紀に始まったイスラーム時代には、グラナダとの境界線をおく要塞都市であった。アンテケーラの街は、巨大な磐石の連なるトルカル山脈の山裾に、張り付くように広がっている。街の名はラテン語の「古代の」「古い」(スペイン語では Antiguo) に由来し、かつてローマ人はこの街を「アンティカリア Antikaria」と呼んでいた。街の頂にはムスリムにより築かれた城であるアルカサーバを冠し、そこから北方に街が展開している(9)。この高台にあるアルカサーバは、1410年にキリスト教徒がグラナダ王国を攻めた際に、最初に陥落させた城塞である。以来キリスト教徒とムスリムの両勢力が接する辺境の街として、グラナダ王国の陥落まで軍事的に重要な役割を果たした。北のコルドバ、南のマラガ、西のセビーリャ、そして東のグラナダから延びる道のちょうど交差点に位置し、レコンキスタにおける戦略上の拠点だったのである。この時期から「アンテケーラ」と呼ばれるようになった。街の中には並外れた規模のパラシオや修道院、そして30以上もの立派な教会があることから、その大きな繁栄ぶりがうかがえる。

このころアンダルシアでは、ムスリムの追放により多くの集落が過疎地帯となった。それに伴い、政府が立てた入植政策によって、北のカスティーリャ王国から多くの貴族が移住した。アンテケーラに入植した貴族のなかには、この街の宗教施設の数から見て、世俗貴族

9. 16世紀中葉のアンテケーラ [G. Braun & F. Hogenberg, *Citivatis orbis terrarum*, vol.2, 1575 © Historic Cities Research Project (historic-cities.huji.ac.il).]

だけでなく高位聖職者層も多かったと考えられる。彼らは街の中でも斜面が緩く、立地条件のよい場所にパラシオを構え、広場をつくり、教会や修道院を次々と建設した。アンテケーラもかつては農業で発展したアグロタウンであり、マラガ県のなかでも最も大土地所有者が多く存在した地域であった。大土地所有者の住むパラシオは、まるで修道院のような壮大さを誇る。16〜17世紀にかけて、アンテケーラの文化は頂点に達した。

アルカサーバの敷地内には、1514年〜1550年にかけて建設されたサンタ・マリア・ラ・マヨール教会(10)が建つ。この教会はアンダルシアで最初のルネサンス様式の教会で、大聖堂としての風格を備えている。教会前の広場にはアンケテーラが生んだ詩人ペドロ・エスピノーサの像が立っている。

アルカサーバの下からはローマの公共浴場跡が発掘されている。反対側には、城壁に沿うようにアルコ・デ・ロス・ヒガンテス（巨人の門）がある(11)。その外にはサン・セバスティアン教区教会(12)が建ち、とくに午前中の教会前は、年輩の男性たちの憩いの場となっている。周辺にはバルが密集し、観光客も多く訪れる(13)。

アルカサーバの近くには、巨人の門の他にもうひとつ、ポスティーゴ・デ・ラ・エストレーリャ（星の小門）がある(14)。さらに東に進むと、16世紀に建てられたカルメンの聖母教会が見える。内陣の格子天井はムデハル様式で、バロック様式の主祭壇装飾とともに絢爛たる内観をつくり上げている。

アンテケーラの住宅［一般住宅＝裏庭型／パラシオ＝中庭型］

アンテケーラの街は、アルカサーバを頂上とし、北側に流れるように住宅が展開する。城壁付近、つまり街の上部は平屋または2層の住宅が連なる。下の傾斜が緩やかなところには、3層や4層の建物が並ぶ。車が通れる幅の道が多く、街の中心にあるサン・セバスティアン広場にも車が絶えず行き交う。

アンテケーラの一般住宅は裏庭型住宅である。サグアンを通り住宅にアプローチするが、私的な要素の大きいリビングや寝室が置かれるため、サグアンとリビングを隔てる扉は締め切っている。平屋の場合は、入口付近の部屋を寝室とする場合がある。複数層では1階に

10. サンタ・マリア・ラ・マヨール教会
11. 巨人の門
12. サン・セバスティアン教会
13. 広場に集まる人びと
14. 星の小門

リビングや台所を配し、上階を寝室としている。

　そして、住宅の最も奥には裏庭をもつ。かつて住民が農業を生業としていたころはこの裏庭はコラールと呼ばれ、ここで家畜を飼っていたが、農業が衰退し家畜もいなくなってからはパティオと呼ばれ、美しい空間へと変容した。パティオは、必ずしも住宅の中心に位置する中庭だけを意味するというわけではない。

　〈15,16〉の住宅は、「星の小門」を入った城壁のすぐ内側に位置する平屋の住宅で、裏庭の壁は城壁そのものの一部である。1985年ごろまでは、サグアン横にある寝室と台所のみが居室で、あとはすべてパティオであった。そこでは家畜を飼っていたそうだ。サグアン―寝室―リビング―パティオという配置だが、サグアンからまっすぐ廊下が延びるため、鉢植えできれいに飾られた奥のパティオが街路から見える。

　〈17〉の住宅は2層の一般住宅で、サグアンを通ると最初にリビングがあり、上階に寝室が置かれる。この住宅は裏庭をふたつもっている。もともとこの住宅がふたつに分かれていたためで、1992年ごろにひとつに統合されたという。この裏庭も以前はコラールと呼び家畜を飼っていたが、現在はパティオと呼んでいる。この住宅もまた、「巨人の門」につながる城壁の一部をパティオの壁に使用している。

　以上のふたつの住宅を見ると、どちらも人と家畜が同じ動線を使っていたことがわかる。

15

16

15. アンテケーラの庶民の住宅
16. 城壁の一部がそのまま利用されているパティオ

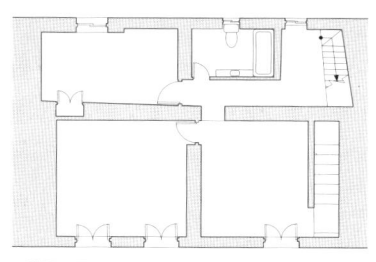

2階平面図

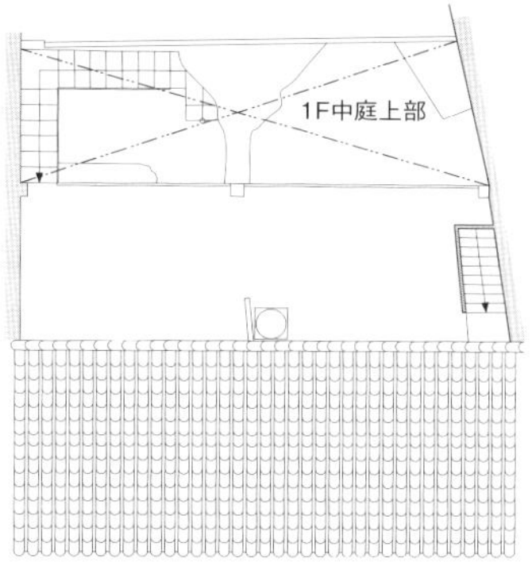

屋上平面図

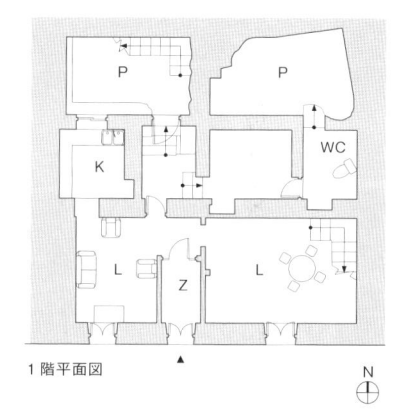

1階平面図

裏庭

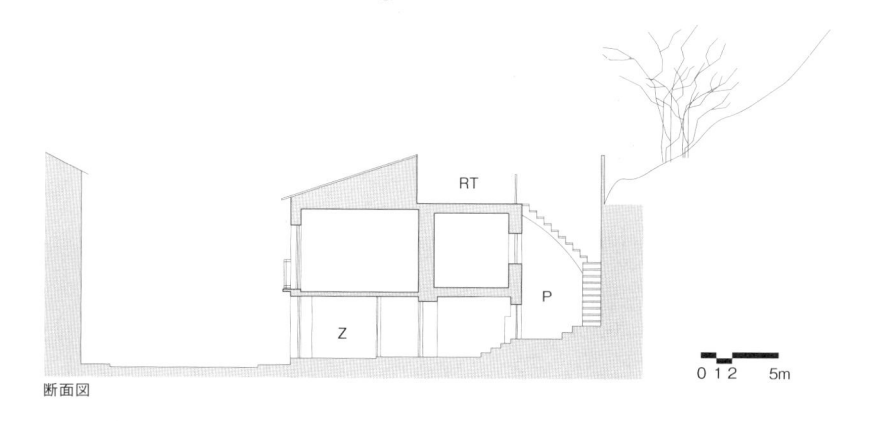

断面図

0 1 2 5m

17. アンテケーラの庶民の住宅

この街にも農・牧畜業の要素が色濃く存在していたのである。

　また、アンテケーラの住宅で特筆すべきは、街の低地に数多く分布するパラシオの存在である。アルコスにも、紋章や装飾が施された入口と、柱廊がめぐる大きなパティオをもつパラシオが存在するが、アンテケーラのパラシオにはそのスケールを上回る裕福さが感じられる。まず外観で目に留まるのは塔の存在である。住宅の角の目立つ場所に、富を主張するかのごとくそびえる大きな塔は、街を誇らしげに見下ろしているかのようである(18.19)。装飾が施された大きな開口部が並び、入口には紋章が飾られ、ファサードはきれいなシンメトリーになっている。

　一般の住宅が裏庭型なのに対し、パラシオは中庭型となる。サグアンを通りパティオに一歩踏み入れると、空間の不思議なずれが感じられる。シンメトリーの中央にあるエントランスを入ると、パティオでは軸をずらし、右の隅に出るのである。ルネサンス以後のヨーロッパ文化とは明らかに異なっており、アラブ・イスラーム文化の名残が見て取れる。アルコスのパラシオも、パティオの中心から外れた場所にサグアンがあり、軸をずらして街路からの視線を遮ることで、街路に対しパティオを私的な空間としている。しかし、アンテケーラのように、シンメトリーのファサードを確保できるほど贅沢ではない。主要都市を行き交う中継地点に位置するアンテケーラの立地は、レコンキスタ後も繁栄を続ける大きな要因となっ

18

19

18. アンテケーラのパラシオ
19. アンテケーラの街。在する立派な塔はパラシオのもの

たのだろう。パティオは4面に柱廊がめぐり、噴水をもつものもあった。現在、これらのパラシオは美術館や集合住宅、ホテルとして使われている。以上のように、アンテケーラでは急斜面の上の方に小さな裏庭型住宅が集まり、パラシオは街の下の方に集中しているのである。以前は、城壁付近の急斜面に立地する小さな家々は労働者の住む貧しい住宅で、下のパラシオが点在する地区に住むことは裕福な証拠とされてきた。

しかし今日、状況は大きく変化している。パラシオをはじめとする大きな住宅が集合住宅化された現在、かつて条件が悪いとされていた城壁付近の住宅が見直されてきたのである。上部の小さな住宅は、テラスから眺望が開け、また1世帯で住むことができ、プライベートなパティオを所有することもできるため、人びとはみな、そこに住むことを誇りに思っている。

アンテケーラの街路には、所々に泉が湧いている。ここもカサレスと同様、住居に貯水槽をもたず、給水設備が整うまでは泉の水が重要な水資源であった。住民は皆近くの泉へ生活用水を汲みに行き、毎日行列をつくっていたそうだ。現在も残っている最も大きな泉は巨人の門の近くにあり、「アンテケーラに太陽が昇りますように」という文字が刻まれている[20]。

グラナダ県モンテフリオ

グラナダのすぐ北西側にある人口7,100人の小さな街、モンテフリオ[21]。グアダルキビ

20. アンテケーラの泉
21. モンテフリオの街

ル渓谷からグラナダに向かう旅行者にとっても重要な交通の結節点となる。周辺は一面オリーブ畑に囲まれており、街の外れにはオリーブオイルの工場がある。この地域には新石器時代から人が住み始めた。イスラーム支配時代には、グラナダ王国の砦とされ、たび重なる攻撃にも耐えてきたが、1486年6月26日にキリスト教徒の手に渡った。街の頂上にはビリャ教会が堂々と建つ。かつてアラブの要塞であったところに、キリスト教の勝利を記念して16世紀に建てられたゴシック・ルネサンス様式の教会である。

そこからまっすぐ東に延びる斜面を下りて行くと、エスパーニャ広場とビルヘン・デ・ロス・レメディオス広場が連なる細長い広場に辿り着く。これらの広場は街の最も低い場所に位置し、美しく計画されているというよりも、街路が集まった中心部として存在するが、シエスタの時間帯を除けば一日中老若男女が集まる憩いの場となっている。子どもたちにとっても、山地に囲まれ娯楽施設の少ないこの街では、広場は格好の遊び場となる。エスパーニャ広場には16世紀に建てられた旧市役所があり、現在は観光案内所として使われている。また、ビルヘン・デ・ロス・レメディオス広場には18世紀末に建てられた新古典様式の壮大なエンカルナシオン教会がある。頂上から広場の手前までが18世紀までに広がった地域とされる。

モンテフリオには、アルコスやアンテケーラに見られるパラシオは存在しない。なぜなら、複雑な地形をもつ高地アンダルシアでは、低地のようなラティフンディオは定着しなかったためである。高地ではイスラーム支配時代から田園が細分化されており、小土地所有者が数多く存在するのである。

モンテフリオの住宅［裏庭型］

　モンテフリオの住宅は、アンテケーラの一般住宅と同様、裏庭型の構成を取っている(22)。入口を入るとすぐリビングがあり、この部屋に上階へ上る階段を設けている場合が多い。その一番奥に設けられた裏庭は、かつてコラールと呼ばれ、家畜が飼われるスペースであったが、家畜小屋としての機能を果たさなくなってからパティオと呼ばれるようになった。寝室は奥の部屋、または上階に置かれる。

エントランス  裏庭  裏庭に置かれたテーブルとイス

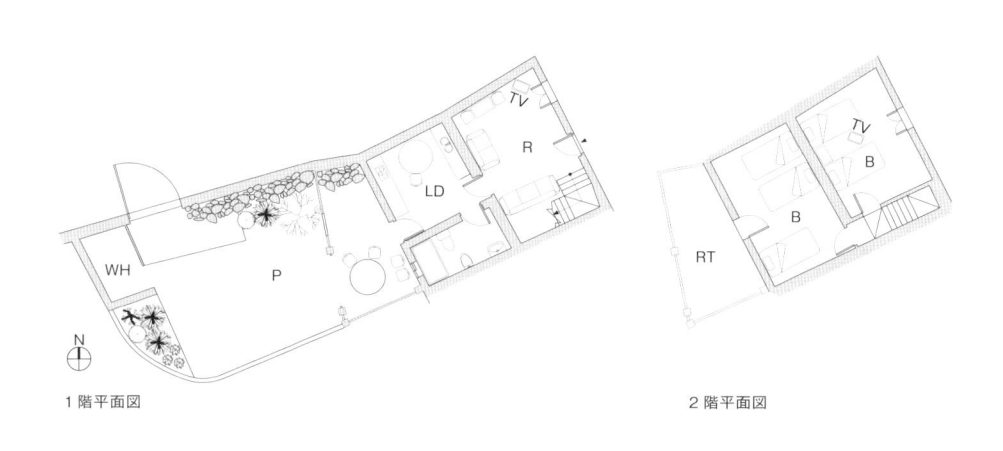

1階平面図

2階平面図

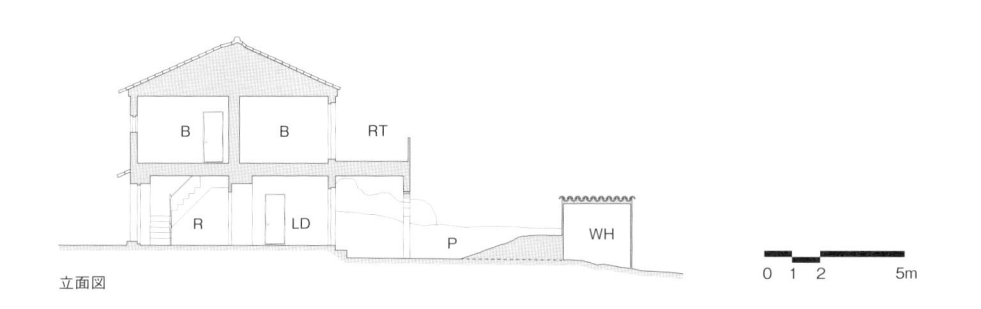

立面図

0 1 2 5m

22. モンテフリオの住宅

モンテフリオの最も大きな特徴は、他の調査対象の街には存在しなかった小土地所有者が数多く存在したことである。彼らは貴族階級ではなくコルティヘーロ cortijero と呼ばれる富農であるため、彼らの住んでいた住宅は、どんなに規模が大きくてもパラシオに見られる入口の紋章などはない。広場に隣接するとくに裕福なものはパラシオに近い贅沢さが感じられるが、その他は一般住宅と大きな差はない。農業を営んでいたころ、これらの富農は主にコルティホに住み、都市の住居には重きを置かなかったのである。とはいえ、街路と居住空間を仲介するサグアンがあり、そこに富農らしい小さな贅沢が感じられる。

　また、街の中に、現在は崩れて屋根のない、古い時代のものと思われる廃屋が残っている。4×2.5mほどしかない小さな1室のみの住居で、暖炉の跡もある。この住居は現在建ち並ぶ住宅の原型に近いものと考えられる。これを現在の住宅の最小単位とし、その後奥にひと部屋、そしてさらにプライベートな家畜小屋として裏庭をつくり、上階に居室が増築されていったと推測できる[23]。

　モンテフリオにも、広場や街路に泉がある。現在は上下水道が通っているが、中庭型ではないためもともと住宅に貯水槽はもっておらず、昔はみな近くの泉まで生活用水を汲みに行っていた。

　低地アンダルシアのアルコスでは、どの住宅にも雨水を集める貯水槽や井戸があるが、高地アンダルシアの街にはそれがなく、共同の泉を水資源としている。山から流れる豊富な水があるため、こうした泉が湧くのである。

3 コルティホの空間構成

位置づけと分類

　アンダルシアの調査で、バスに乗り街から街へと移動していると、白い建物がぽつんと1軒姿を現し、しばらく走るとまた1軒と、乾燥した大地に点々と現れる。これが都市周縁部の田園に立地する農場建築であり、現在もその多くが保存されている。かつてアンダルシアの都市がアグロタウンの性格を強くもっていたころ、農業経営を目的として大土地所有者

によって建てられ、農民はそこで主にオリーブやブドウ、麦などを栽培し、収穫した農産物で、オリーブオイルの生産、ワインの製造や麦の製粉などを行っていた。牧畜業を営むところでは、ヤギ、羊、豚、鳥などを飼い、雇われた農民は都市から日帰り、または住み込みで働いていた。

　アンダルシアの農揚は、栽培している農作物によって一般的に3つに分類されていた。まず、コルティホと呼ばれる、主に穀物栽培を行う非灌漑耕地で経営されるもの。ふたつ目

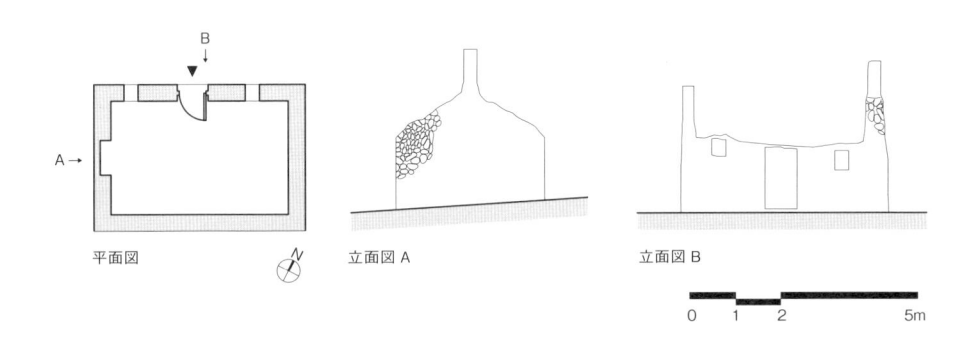

平面図　　立面図 A　　立面図 B

0　1　2　　　5m

23. 廃屋となったモンテフリオ最小単位の家

に、アシエンダ hacienda と呼ばれる、オリーブ、ブドウを栽培する農地。そして3つ目に、デエサ dehesa と呼ばれる、闘牛用の牛のための放牧地である。これらはすべて、500～5,000ha に至る大規模な面積を所有している。しかし近年、人びとの間では、コルティホ、アシエンダ、デエサの3つを一般的に「コルティホ」と呼び、アンダルシア特有の田園という意味づけがされているようである。

コルティホの使われ方の例として、例えばシェリー酒で有名なヘレス・デ・ラ・フロンテーラ周辺には、ブドウ栽培を専門に行うコルティホが他の地域に比べて圧倒的に多く、住居には酒造りの施設がある。アルコスでは、複数の作目を栽培している場合が多く、とくにブドウとオリーブの収穫時期が都合よくずれているため、両方の栽培を行うところが多い。そのためオリーブオイルを生産するための圧搾場も多く見られる。ワイン用のブドウの収穫時期の8月から、ワインが完成する3月までの間を利用し、11月にオリーブの収穫を始め、1月にはオイルが完成するという。

機能と空間構成

都市部の住居が人びとの生活を第一の目的とするのに対し、コルティホは農・牧畜業を主要な目的とした空間構成を取る。また、広大な土地に立地するため、都市の密集した住宅とは違って、ゆとりのあるプランが可能になる。アンダルシア州政府により県ごとに出版されているコルティホに関する資料には、数百軒ものコルティホのプランが掲載されている◆2。これにより、その多様な空間構成について知ることができた。

コルティホの最も重要なスペースは労働空間であり、通常建物の大半を占めることになる。まず必要なのは家畜小屋である。農場において、動物は役畜、食用、そして移動手段としても重要で、家畜小屋の占める割合は大きい。都市の住居にもコラールと呼ばれる家畜小屋があるが、コルティホにおける家畜のためのスペースは都市のそれとは比較にならないほど広い。さらに家畜の種類別に複数の部屋が設けられる。

農地が広ければ、収穫物を貯蔵するスペースも必要となる。とくに穀物栽培が盛んに行われていた低地アンダルシアのカディス県では、ほとんどのコルティホが穀物倉庫をもって

いる。2層構成の場合はパティオにスロープを設置し、2階へ荷車ごと運び上げる。また、筒状のサイロをいくつか連ねる形式も、マラガ県北部のとくにアンテケーラ近辺に見られる。調査で訪れたコルティホでは、穀物や家畜用の飼葉を貯蔵するために使用し、とりわけ食料が不足する冬に備えて蓄えるそうだ。

　オイル用のオリーブの実やワインのためのブドウを圧搾し、また小麦を製粉する圧搾場・製粉所もある。オリーブは、現在は機械で圧搾しているが、昔は円錐型や円柱型の石を回して実をつぶしていた。

　コルティホには、高くそびえたつ塔をもつものがある。塔には3つの役割があった。ひとつ目は、「防御としての塔」で、争いの絶えなかったこの地では、つねに自分の領土を見張り、敵から守らなければならなかった。ふたつ目は「鳩小屋としての塔」である。鳩の糞は菜園にとって非常によい肥料になる。3つ目は、「オリーブの圧搾装置としての塔」で、石で挽いた後にオイルを搾り出す装置が塔の下にあった。オリーブの生産で名高いアンダルシアでは、とくにこの塔が多く見られる。

　その他に、信仰心が厚く経済的に豊かな所有者は、敷地の中に礼拝堂を設けた。

中庭と柱廊

　コルティホのプランにはさまざまなタイプがある。仕事のための部屋があるだけの単純なもの、中庭をもつもの、大きな柱廊をもつもの、複数の建物が分散して成り立っているもの、その他地域によって色々な特徴が見られる。都市部の住宅のなかにも中庭をもつものがあるが、農・牧畜業を主要な目的としているコルティホでは、中庭はくつろぐ空間というよりもひとつの大きな労働空間となる。家畜も中庭を通ってアプローチするのが普通で、圧搾場や倉庫も中庭に接しているため、収穫した農産物や生産品を運び入れたり出荷したりする。

　中庭をふたつ、またはそれ以上もつパターンが数多くある。それは、仕事の用途によって分けている場合と、所有者が贅沢に過ごすために作業場とは別に設けている場合もある。

　中庭をもたないコルティホは、仕事場としての外部空間を、外部に向けた大きな柱廊に設けているものが目立つ。

COLUMN
コルティホからホテルへ

　私はその日、モンテフリオのホテルレセプションで、かつてのコルティホ（農場）を観光施設に転用したものが近郊にあるかどうか、相談に乗ってもらっていた。アンダルシアのルーラルツーリズムの動向を探るためだ。急な話だったのですんなりいかなかったものの、数件目の電話で偶然OKをもらったところに鮮烈な出会いが待ち構えているのだから、人生分からない。

　タクシーに揺られ、なだらかな丘陵地を横目に見ながら辿り着いた先には、なんと立派な門構え。ホテルの等級を示す星が3つ、太陽の照り返しに負けじと輝いていた。「すみません……朝連絡した者ですが……。」と多少緊張しながら中に入ると、そこにたたずむのは乾ききった大地の対極にある、水と緑が織りなすアンダルシア式庭園。アルハンブラ宮殿のヘネラリフェ庭園が脳裏に蘇る。

　私たちを迎えてくれたのは、アンヘラという快活な女性だった。自分と同年代の彼女がホテルのオーナーと知ったとき、私の目は皿のようになっていたに違いない。「じつは研究目的で……」と切り出すものの、彼女にはプロモーションと同義語だったようで、ショールームかのごとく1室ずつ説明しながら逐次通訳という異例のパターンとなった。というのも、話

す速さと情報量が桁外れなのだ。客室や付帯施設をじっくり吟味する余裕があったかといえば怪しいものだが、次第に彼女の熱とホテルの魅力に吸い込まれていった。

　ここでは 20 ある客室すべてにおいて、デザインや調度品が異なる。すでに他界されたお父さまが、コルティホをホテルにするという夢を温める間、マドリッドの骨董市やロマの物売り商人からせっせと買い集めたコレクションは、タンスや鏡、ランタンやドアノブに至り、なかにはモロッコあたりからはるばるやってきた逸品もあるそうだ。おもちゃ箱の宝石は、それぞれが魅惑的でありながら不思議な調和を保っていた。かつて異文化が共存したアル・アンダルス最後の砦、グラナダになんともふさわしい。

　しかし、真に私の胸を打ったのは、アンヘラという人物に他ならない。オリーブ畑が広がるグラナダ市郊外で、どう見積もっても収支のバランスが危ういといわざるをえない投資。医療から翻訳、ツーリズムとキャリア転換し、「父の夢をどうしても形にしたかった」とさらりと語る彼女の目に宿るのは、パッション（情熱）そのものだった。翌年、若干の不安を胸にホテルを再訪すると、なんと屋外にバンケットスペースができていた。「シエラ・ネバダ山脈を見ながらの結婚式さ！」と胸を張るスタッフに、情熱は健在だ、と羨望を抱かずにいられなかった。（鈴木亜衣子）

居住空間

　コルティホは、所有者あるいは管理人と、そこで働く人びとにとっての居住のための場所でもある。雇用者側と労働者側の領域を分ける境界線は、規模が大きくなればなるほどはっきりと見える。例えば、中庭をふたつ所有していて、南側を所有者、北側を労働者用と区別するなど、所有者の居住空間は庭園と中庭に面した衛生的にも条件のよい場所に置かれている。所有者が利用する正面の入り口は、都市の中のパラシオと同様、装飾がなされ、マリア像が祀られたり紋章が掲げられたりもする。一方、労働者の居住空間は、メインの入口の裏側に位置する。

　〈24〉は、アルコス周辺のコルティホである。南東側の入口を入ると、サグアンの両脇に管理人の居住空間、さらに進むと管理人のためのパティオがあり、両脇には見張りの塔がある。さらに反対側にも入口が設けられ、サグアンの両脇は労働者のための居住空間となっている。その奥にあるもうひとつのパティオは仕事のために使われ、ここから労働者の部屋や馬小屋、倉庫にアプローチする。管理人の生活空間と、労働用の空間とふたつの大きな用途に分けられるようなプランとなっていて、それらをふたつの入口によって分けているのである。ふたつのパティオは互いにつながってはいるものの、管理人の豊かな生活を、家畜や仕事場とできる限り切り離すように空間が隔てられている。北西側のパティオにあるスロープは、2階の穀物倉庫へ上がるためのものである。

　このように、所有者や労働者を監督する責任者の居住空間は、コルティホの中でも最も条件のよい位置に置かれる。中庭型の構成をもつ場合は、サグアンの横や2階といった場所に置かれ、そうでない場合でも美しく手入れされた庭園に面した部屋が彼らの居住空間となっている。対して労働者の居住空間はそうではなく、彼らにとってはむしろ、寝泊りする専用の空間があるだけで贅沢なことであった。都市に住居を構えながらもコルティホに住み込みで働いていたかつての労働者のヒアリングによると、彼らの部屋という特定の場所はなく、わら置き場や倉庫、鳥小屋で寝泊りするという非常に不衛生な生活を強いられていたそうだ。これは珍しいことではなく、コルティホの数多くのプランを見ても、労働者の居室が設けられていないものは多い。

所有者用のエントランス

■ 所有者の居室
▨ 労働者の居室

1. パティオ
2. 塔
3. オリーブの圧搾場
4. 倉庫
5. 馬小屋

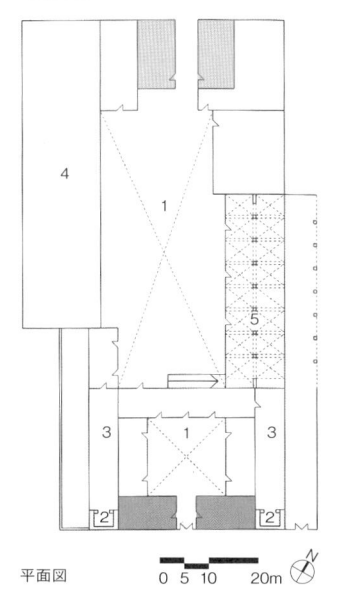

労働者用のエントランス

平面図　0 5 10　20m

24. アルコスのコルティホ

低地と高地のコルティホの違い

低地アンダルシア——カディス県

　低地アンダルシアは、とくにラティフンディオが展開していた地域である。険しい山脈がなく基本的に平地であり、貴族は自分の土地を拡大しやすかった。広いパティオを確保し、重要だが不衛生な家畜小屋は所有者や管理人の居住空間から離して一部のコルティホでは、日雇い労働者に番をさせていた。小礼拝堂をもつほどの贅沢ぶりであった。田園の住居には人びとの理想のかたちを垣間見ることができるのである。

　カディス県のコルティホは、ほぼすべてが中庭型の構成を取っている。平らな土地が広がるこの地域では、中庭を軸に理想的なシンメトリーのプランを展開することが可能であった。入口を入ると玄関ホールのサグアンがあり、そこを抜けるとパティオと呼ばれる中庭へ出るといったプランだ。農業経営を目的とするコルティホでは、中庭は家畜を通したり荷車で穀物を運び入れたりするため、都市のものとは比べものにならないほど広い面積を占める。とくに規模の大きいコルティホでは、タイル張りで美しく装飾された管理人の生活空間としてのパティオと、舗装もされていないような仕事場としての中庭が別に置かれ、入口も別々に設けている場合もある。家畜や収穫した生産物は、この時代の人びとにとって生きていくために最も重要であったためか、家畜小屋や穀物倉庫は入口からなるべく離れた奥に配置され、それを外敵から守るようにして、サグアンの隣に居住空間が置かれている。この場合、労働用中庭は街路側ではなく、広大な農地側に開いている。

　ラティフンディオのコルティホは低地アンダルシアを代表する空間構成で、大きなパティオをもつ。数種類の農作物を栽培していて、そのためのさまざまな機能をもつ部屋がパティオを囲んでいる。所有者やそのコルティホで働く労働者を監督する人の居住空間があり、入口に紋章を掲げているものや小礼拝堂をもっているものも多い。

　次に、これらの空間構成や用途について高地アンダルシアと比較してみる。

高地アンダルシア——マラガ県、グラナダ県、アルメリア県

　低地アンダルシアはラティフンディオが広がる平地で、大土地所有者と日雇い労働者の

階級の差が顕著に現れた地域であったが、高地アンダルシアはそれとは大きく異なる。まず、山地が多いため地形が非常に複雑であることがいえる。そして、この地域には旧グラナダ王国を築き上げたムスリムが最も長く残留していたことも重要な特徴である。勤勉であった彼らは、その土地に適した労働集約農業を開発し、山地において小さな土地でも高い生産力を維持することができた。低地ではレコンキスタが完了して完全にキリスト教徒が住み着いたころ、高地ではキリスト教徒が彼らの伝統農業を営む傍らで依然としてムスリムが効率的な集約農業を営んでいたため、低地に比べれば彼らの農法を多少は受け継いでいる。また、起伏が激しいために貴族は自分の所有地を拡大することが難しく、所有者がキリスト教徒に代わった後も低地で見られるほどの大土地所有制は不向きであった。実際に、モンテフリオでは田園に農地を所有する小土地所有者が多かった。

　高地アンダルシアは全体的に見て、旧グラナダ王国の範囲であるということと、山脈地帯であるということでまとめられるが、県ごとに分けると少しずつ違う特徴が浮かび上がってくる。

　マラガ県やグラナダ県のコルティホにも、パティオをもつものがある。しかし、低地のカディス県で一般的な、屋根の架かったサグアンを通りアプローチする空間構成とは異なり、外壁をくり抜き、パティオと外部が直結するような開口部が見られる。入口のそばには所有者または労働者の居住空間が置かれる。そしてパティオを通り労働空間へアプローチする。

　また、入口の壁のないものも多い。パティオと呼ばれる場合とそうでない場合があるが、複数の建物で囲まれて生まれた、周縁とは切り離された前庭のようなものは、マラガ県の平面構成の特徴である。

　〈25〉は、アンテケーラにあるコルティホで、やはり外部からダイレクトに中庭へ入る構成が取られている。道路から向かって正面に労働のためのパティオ、ヤギ小屋などを置き、奥に所有者の居室がある(26.27)。主な入口は3つで、労働者や家畜が使う入口と、所有者が使う入口がふたつある。このことから、馬車で到着した来客や家族を横の通路で降ろして彼らはそこから入り、馬車は奥のパティオの入口から出入りしていたと推測できる。南側の通

所有者用住居へのアプローチ

労働者用のパティオ

遠くに白いサイロが見える

ヤギの放牧風景

25. アンテケーラのコルティホ

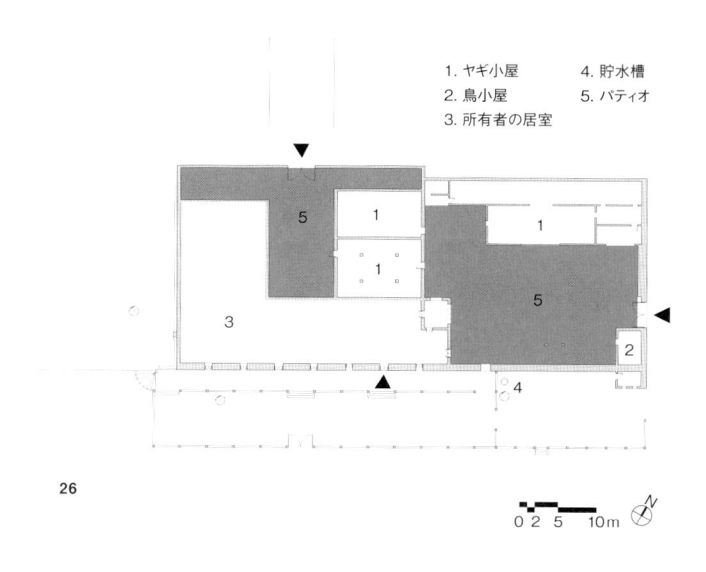

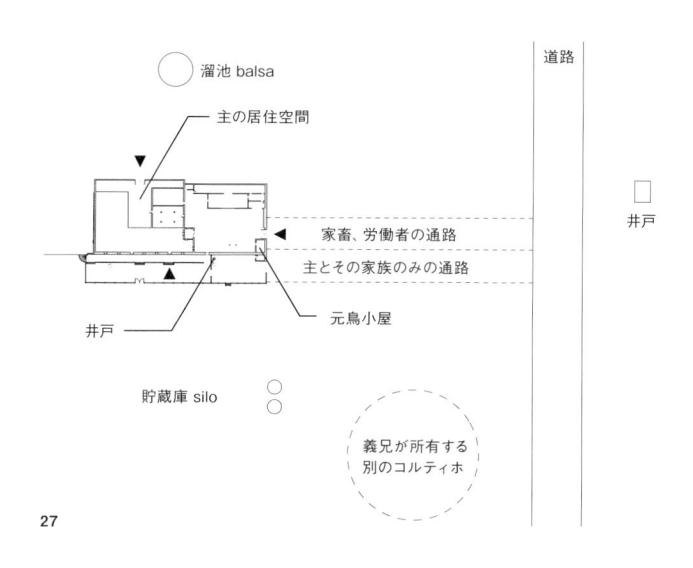

1. ヤギ小屋　　4. 貯水槽
2. 鳥小屋　　　5. パティオ
3. 所有者の居室

26

0 2 5 10m

溜池 balsa
主の居住空間
道路
家畜、労働者の通路
主とその家族のみの通路
井戸
元鳥小屋
井戸
貯蔵庫 silo
義兄が所有する別のコルティホ

27

26. ヤギ小屋があるコルティホ
27. ヤギ小屋があるコルティホの配置

路には所有者の居住空間への出入口があり、きれいに舗装され植栽も豊かである。パティオはふたつあり、手前は労働用で非常に広く、舗装はされていない。少し離れた場所にある白い筒状のサイロは、冬に備えてのヤギの牧草や穀物を貯蔵するのに使われている。

アルメリア県は、グラナダと同様にシエラ・ネバダ山脈をはじめ起伏の激しい山地が広がる。したがって、中庭を設けられるだけの広い平地を確保しにくい。この地域では、中庭型の平面構成はあまり定着していないようだ。しかし、田園において仕事をするための中庭のような外部空間は必要であった。そこで、中庭の代用として考えられるのが、外部に向けて設けられた大きな柱廊である。その大半は居室に隣接しているが、仕事場として使用することもあった。

低地アンダルシアでは広大な平地を確保することができるために、パティオを囲んだ非常に大規模なプランが可能であるが、起伏の多い高地では適しておらず、ひとつの大きなコルティホを構えるよりも、いくつかの施設を地形に沿って設ける傾向がある。

4 都市と田園の関係

同じ地域にある都市の住居と田園のコルティホでは、歴史的条件や地理的条件が共通するために、しばしば同じような空間構成が見られる。

アルコスでは、都市の住居はパラシオも一般住宅もパティオをもっていた。そしてアルコスを含むカディス県のコルティホもサグアンを通りパティオを中心として居室や労働空間が展開していた。コルティホのパティオは、パラシオのパティオがさらに拡大したものといえる。なぜなら、コルティホの所有者は都市のパラシオに住む大貴族であると考えられるからだ。大規模なコルティホに見られる立派な装飾や紋章は、都市のパラシオと同じである。

カサレスにおいては、かつての住民は日雇い労働者であり、彼らはマニルバという他の街のコルティホに出稼ぎに行っていた。カサレスにも土地所有者はいたが、街から離れた場所に田園をもっており、さらにカサレスの住民を雇う大土地所有者はマニルバに集中していたため、カサレスにおいての都市と田園の空間構成について述べることは難しい。

アンテケーラの都市の住居では、かつて労働者が暮らした一般住宅は、元コラールをパティオとして使う裏庭型住宅であり、大土地所有者のパラシオは中庭型であった。この都市はマラガ県のなかでも最も大土地所有者が多かった地域のひとつである。コルティホを所有する人びとは都市部ではパラシオを所有する大貴族であったため、アンテケーラにおいてはパラシオとコルティホを比較することができる。

　都市のパラシオは美しいシンメトリーのファサードをもつ。しかし、外観において中心にあるサグアンを通り抜けると、パティオの隅に出る。密集して住む都市の住居において、ファサードと内部の軸をずらすことで、視線が直接パティオに入るのを防ぐ工夫がされているのである。また、アンテケーラのパラシオには立派な塔が建っている。このように豪華なパラシオはアルコスでは見られない。このことから、アンテケーラの大土地所有者がいかに大富豪であったかがわかる。一方コルティホは、パラシオに見られるような軸のずれは必ずしもあるわけではない。しかし、外観はパラシオと同様で、できるだけ左右対称にバランスを取る傾向が見られる。また、オリーブの圧搾装置としての塔が建つコルティホが、他の地域に比べて圧倒的に多かった。パラシオの塔は、自らの権力を強調するかのように、人の目に入りやすい角地に建つが、広大な田園に建つコルティホでは遠くからでも強い印象を与えるように、最も権力を主張する正面の入口に建っている。

　都市と田園の空間構成を述べたところで、次にそこに住む人びとの社会階層について見てみる。現地調査のなかで、数々の都市の住居と田園のコルティホについてヒアリングを行った結果、地域によってさまざまな社会階層が見えてきた。これらを大まかに整理すると、次の4つに分けられる。

1. 都市のパラシオに住み、さらに田園にもコルティホを所有する大貴族
2. 都市に住み田園に小土地を所有する、あるいは都市に住居をもたず、田園に小土地を所有し、そこに住む富農
3. 借地をして農業を経営する労働者（そこで成功して小土地所有者となる者もいた）
4. 都市に住み、田園に通う日雇い労働者

このうち、1と2が土地所有者階級で、3と4が労働者階級となる。
　低地アンダルシアはラティフンディオの地として名高く、とくにグアダルキビル川流域地方での大貴族の地位は他の地域に比べると圧倒的なものであった。アルコスの都市には、パラシオとその周りに一般住宅が存在した。大土地を所有する貴族と、その土地を手入れする大勢の労働者で成り立っていたのである。したがって、低地アンダルシアにおいての主な社会階層は、大貴族(1)と日雇い労働者(4)であった。大貴族が所有するコルティホも贅沢な中庭型であり、その豊かさが読み取れる。
　高地アンダルシアは、山地が多く地形が複雑なため、低地アンダルシアのような何百haにも及ぶラティフンディオが存在しなかった。またイスラーム時代からの土地所有関係の影響もあって、小・中の土地が多く存在した。
　カサレスにも土地所有者がおり、彼は広場の近くの立地条件のよい場所に、大きな住宅を構えている。開口部は装飾された鉄格子で飾られ、周辺の庶民の住宅とは異なる趣を見せているが、パラシオではない。彼は貴族階級ではなく、都市に住居を構え土地を所有する、富農(2)なのである。前述したとおり、カサレスの周辺は山地であり、コルティホはそれほど多く存在しない。貴族もこのような地形で自分の土地を拡大することは不可能である。またカサレスに住む(4)の階級の労働者はみな、高い賃金が支払われるマニルバへ出稼ぎに行っていた。カサレスにパラシオがないのはこういった理由からである。
　モンテフリオでは、小土地所有者(2)が数多く存在したことがわかった。彼らは都市に住居をもたず、コルティホに住んでいたそうだ。都市と両方に住まいをもてることは非常に裕福なことであり、以前は小土地所有者はみな田園に住み、買い物や収穫物を売りに行くときのみ、都市に出向いていた。彼らは農業をやめてから都市に移住したそうだ。広場付近には、中庭をもつ大きな住宅が点在するが、その他の住宅においては、あまりヒエラルキーを感じない。
　アンテケーラは、高地アンダルシアのなかでもとくに大貴族が集中する都市である。都市のパラシオも田園のコルティホも大きな塔を建て、そのスケールは他の都市とは比較にならないほどの豪華さである。アルコスと同様で大貴族(1)と日雇い労働者(4)が共存する

都市であったことから、低地の要素に近いと考えられる。

　以上のように、低地はラティフンディオにより階級の差が明確に分かれていた。これに対し高地は、1492年までイスラームの支配下にあったため、また解放後のキリスト教徒の入植に伴う小土地分配が行われたことによって、低地とは異なる農民土地所有構造が出現した。高地はその地形や伝統により、大きな土地を所有する大貴族よりも小土地所有者が多く存在したため、ヒエラルキーはそれほど大きくなかったと考えられる。

　このように、都市と田園の空間構成を地域別に見ると、その地域の人びとの社会階層が深く関わっていることがわかる。

都市と田園の対比

　スペイン・アンダルシア州の都市と田園を考察した結果、これらは古くから深い関わりをもち、そのすべての特徴は歴史、社会階層、地形、風土などに強く影響していることがわかった。アンダルシアのラティフンディオにおいて世間一般に知られる社会階層は、少数の大土地所有者と大勢の日雇い労働者であった。しかし、農業形態は地域によって大きく異なり、とくに低地アンダルシアと高地アンダルシアでは明確な違いがあった。

　低地アンダルシアは、ラティフンディオがとくに展開した地域であった。この農業形態の形成過程は次の通りである。

　まず、キリスト教徒の再征服の成功により、ムスリムが一気に追放された。地主のいなくなった土地には北部のカスティーリャ王国から多くの農民が入植したが、粗放農業や牧畜を主とする彼らの伝統農業は、ムスリムが築いた集約農業に馴染まなかった。ゆえに、田園は荒廃し、同時に散在していた小さな街が消滅してしまった。次第に大・中規模のアグロタウンに人口が集中し、大貴族は土地を統括して大土地所有者となったのである。平らな地形も、ラティフンディオが展開する大きな要因のひとつであった。そこに建つコルティホは、都市と同じ中庭型の構成を取り、屋根に落ちた雨水を貯水槽に溜めて、生活用水として使用した。

　高地アンダルシアは、旧グラナダ王国が滅亡するまで多くのムスリムが残留していたため、

彼らの灌漑農業を受け継ぐことができた。大きなバルサと呼ばれる溜池や貯水槽などが現在でも残っている。複雑な地形ゆえに農業は細分化しており、入植したときに下賜された小土地を大貴族に吸収されずに守り抜くことができたため、多くの小土地所有者が農業経営を保障された。彼らのコルティホは、山地においてもその険しい地形を克服して、高地ならではの空間構成を生み出した。このように、低地と高地でふたつの異なるアンダルシアの顔を見ることができた。

さらに、アグロタウン単体に焦点を絞り込み、アルコス、カサレス、アンテケーラ、モンテフリオの、4つの街において、そこに住む人の社会階層とその住宅タイプを見出した。

アルコスとアンテケーラは、大土地所有者と日雇い労働者が共存する街であった。街の中で、立地条件のよい場所に中庭型のパラシオが点在し、その周りにアルコスでは同じ中庭型、アンテケーラは裏庭型の一般住宅が展開した。

高地アンダルシアの範囲に入るモンテフリオは、小土地所有者が多く住む街であった。彼らは当時、都市に家をもたずコルティホに住み、少数の労働者を雇っていた。低地ほどの権力はなく、後に都市に移住したため、その規模は庶民の住宅とそれほど大きな差はなく、どれも裏庭型住宅であった。

カサレスは、主に労働者の住む街であった。急斜面の地形のために細かい敷地割りとなることから、上に重ねることで居住空間を確保している。労働者は遠くのコルティホに住み込みで働き、家族は街で家を守っていた。数人の土地所有者はいたが、その経済的な豊かさは低地のラティフンディオのレベルにはほど遠かったであろう。したがって、モンテフリオもカサレスも、貴族階級の大土地所有者はいなかったため、パラシオは存在しないのである。

以上のように、アンダルシアでは歴史や風土の違いが多様な建築タイプを生み出し、都市と田園は密接な関係をもってきた。コルティホを見ることで、その地域における人びとの生活の基盤を描き出すことができた。また、都市を見ることによって、さまざまな社会階層の存在を知ることができ、それが住宅タイプに現れていることがわかった。それゆえに、同じ白い街でも歴史的、地理的背景が独自性を生み、街路を歩くだけで訪れた者にさまざまな印象を与え、周りを見渡せば多種多様な田園景観を楽しむことができるのである。

註

序文

- 1 芝修身『近世スペイン農業──帝国の発展と衰退の分析』昭和堂、2003

1章

- 1 板垣雄三・後藤明編『事典イスラームの都市性』亜紀書房、1992
- 2 芝『近世スペイン農業』
- 3 ヨシュア記2:15-16、フェルナン・ブローデル著、浜名優美訳『地中海1』藤原書店、1999、p.43
- 4 前掲書、p.99
- 5 ルイス・フェドゥッチは、アンダルシアの住居を6つのタイプに類型した（Luis Feduchi, *Itinerarios de arquitectura popular española*, Vol.4, Editorial Blume, Barcelona, 1974）。①セビーリャの湿原など に古くからあった粗末な草葺きの小屋、②クエバス型。断崖の壁や小高い丘の斜面を利用した横穴住居、③田舎の切妻屋根をもつカサ casa、④都市を中心に広く分布するパティオ、⑤平屋根をもつカサ、⑥広大な農園の中に位置する地主の家。本項では、街としての集合を見せない①や⑥は対象外とする。
- 6 Carlos Flores, *Arquitectura popular española*, Vol.4, Aguilar, 1973.
- 7 前掲書
- 8 寿里順平・原輝史編『スペインの社会──変容する文化と伝統』早稲田大学出版部、1998

2章

- 1 アルコスの都市の成り立ちについては以下を参照。*Arcos de la Frontera: Informe-diagnóstico del conjunto histórico*, Junta de Andalucia, Ayuntamiento de Arcos de la Frontera, 1998.
- 2 雪が降った日のアルコスの風景を撮影したビクトル・F・マリン・ソラーノ氏の写真集。Víctor F. Marín Solano, *ARCOS NEVADO (Febrero de 1954)*, Ayuntamiento de Arcos de la Frontera, 1997.
- 3 Manuel Pérez Regordán, *Arcos de la Frontera: Guía turística – Tourist Guide*, Arcos de la Frontera, 1998.
- 4 塩見千加子「1960年代アンダルシーアのアグロタウンの社会構造と住民の共同性」『スペイン史研究』第11号、スペイン史学会、1997、pp.13-28。農業を生業とするアグロタウンでは、社会階層ごとに住み分けが明確に定まっており、上流階級の人びとは広場や役所、教区教会などがある街の中心部に居住する傾向が見られる。中心部は、伝統的に都市的な要素が集中する社会生活の中核であり、ここに居住することは、富や社会的地位をもち都市的な生活様式を享受することを意味していた。
- 5 藤塚光政写真、L・アリサバラガほか文『パティオ──スペイン・魅惑の小宇宙』建築資料研究社、1991
- 6 スペインの住宅バブル崩壊後の2012年に筆者のひとりが訪れた際、住人にアルコスの現状を伺ったところ、バブル時に多くの若者が手っ取り早く高額の収入を得られる瓦葺き（tejero）となったが、現在は失業しているとのことであった。

3章

- 1 カサレスにおける歴史的事実に関する記述は、以下を参照した。Carmen Martí, *Desarrollo histórico de Casares*, Ayuntamiento de Casares y la EPSA de la Junta de Andalucía, 1990.

  A. Torremocha Silva & A. Saez Rodríguez, "Fortificaciones islámicas en la orilla norte del Estrecho", *I Congreso Internacional Fortificaciones en al-Andalus*, Ayuntamiento de Algeciras, 1998, pp.169-268.
- 2 塩見「1960年代アンダルシーアのアグロタウンの社会構造と住民の共同性」
- 3 Martí, *Desarrollo histórico de Casares*.
- 4 1999年に法政大学茶谷研究室に所属していた森田健太郎氏が行ったカサレスの住宅についての実測調査、およびそれに基づく分析をもとに、都市の形成段階との関係を視点に加えながら分類、考察した。なお、以下の図は森田氏の提供である。25, 28, 30, 33, 34, 35, 36, 45, 48, 50, 52.
- 5 レコンキスタ以後のキリスト教徒が暮らしたカサレスの住宅は、アラブ・イスラーム時代の拡大家族が暮らした中庭住宅とは異なり、核家族で暮らすことから小規模なものとなっている。サロンはカサレスの住宅のなかでも主要な空間として位置づけられながら、

前面道路とも接し、台所が付加されるなど多目的に使用される空間となっている。

4章

◆1　ポール・ズッカー著、加藤晃規・三浦金作共訳『都市と広場——アゴラからヴィレッジ・グリーンまで』鹿島出版会、1975、pp.30-54

　　レオナルド・ベネーヴォロ著、佐野敬彦・林寛治訳『図説都市の世界史 1 古代』相模書房、1983、pp.55-134

　　陣内秀信・三谷徹・糸井孝雄執筆『広場』S.D.S.（スペース・デザイン・シリーズ）第7巻、新日本法規出版、1994、pp.10-11

　　Luis Cervera Vera, *Plazas mayores de España*, t.I, Espasa Calpe, Madrid, 1990, pp.21-22

◆2　スピロ・コストフ著、鈴木博之監訳『建築全史——背景と意味』住まいの図書館出版局、1990、pp.256-260

　　ズッカー『都市と広場』p.51、ベネーヴォロ『図説都市の世界史1』pp.90-93

◆3　加藤晃規著『南欧の広場』プロセス・アーキテクチュア、第二版、1993、pp.33-37

　　ズッカー『都市と広場』pp.54-73、ベネーヴォロ『図説都市の世界史1』pp.135-252、コストフ『建築全史』pp.342-343、陣内『広場』pp.10-11、Cervera, *Plazas mayores*, pp.22-23

◆4　森田慶一訳注『ウィトルーウィウス建築書』東海大学出版会、1979、p.113

◆5　*San Isidoro de Sevilla, Etimologías*, Madrid, 1993, p.1062, 1234

◆6　*Tesoro de la lengua castellana o española*, Fondo Antiguo, Universidad de Sevilla (fondosdigitales.us.es).

◆7　ベネーヴォロ『図説都市の世界史2』、陣内『広場』、pp.17-18、加藤『南欧の広場』、pp.11-12

◆8　ズッカー『都市と広場』pp.147-234、加藤『南欧の広場』pp.14-22、ベネーヴォロ『図説都市の世界史3』、陣内『広場』pp.13-15 ほか

◆9　Cervera, *Plazas mayores*, pp.37-41

　　Antonio Bonet Correa, *El urbanismo en España e hispanoamérica*, Cátedra, Madrid, 1991, p.39

◆10　Cervera, *Plazas mayores*, pp.238-241

　　Wilfredo Rincón, *Plazas de España*, Espasa-Calpe, Madrid, 1999, pp.108-111

◆11　Cervera, *Plazas mayores*, pp.189-192

◆12　Cervera, *Plazas mayores*, pp.339-345、Rincón, *Plazas de España*, pp.137-143

◆13　A. García y Bellido, L. Torres Balbás, L. Cervera Vera, F. Chueca & P. Bidagor, *Resumen histórico del urbanismo en España*, Madrid, 1954, 1968. p.164 & 196-199

　　Bonet, pp.89-115

　　Manuel Montero Vallejo, *Historia del urbanismo en España I. Del eneolítico a la Baja Edad Media*, Cátedra, Madrid, 1996, pp.335-337

　　M. del Mar Lozano Bartolozzi, *Historia del urbanismo en España II. Siglos XVI, XVII y XVIII*, Cátedra, Madrid, 2011, pp.206-209

　　Jesús Escobar, *The Plaza Mayor and the Shaping of Baroque Madrid*, Cambridge University Press, 2004

◆14　Cervera, *Plazas mayores*, pp.349-353
　　Rincón, *Plazas de España*, pp.113-115

◆15　J. Navarro Palazón & P. Jiménez Castillo, *Las Ciudades de Alandalús. Nuevas perspectivas*, Instituto de Estudios Islámicos y del Oriente Próximo, Zaragoza, 2007, pp.37-48

◆16　*Resumen histórico*, pp.95-96

◆17　Navarro & Jiménez, *Las Ciudades de Alandalús*, pp.30-31. Idem, "Algunas reflexiones sobre el urbanismo islámico", *Artigrama*, no.22, 2007, pp.259-298

◆18　Montero, *Historia del urbanismo en España* I, p.290

◆19　"Bibarrambla Andalusí y Cristiana", Fundación Pública Andaluza El legado andalusí (www.legadoandalusi.es)

◆20　J. M. Escobar Camacho, *Córdoba en la Baja Edad Media (Evolución urbana de la ciudad)*, Córdoba, 1989, p.127

◆21　前掲書、pp.218-219

◆22　Bonet, *El urbanismo*, p.40

◆23　Basilio Pavón Maldonado, *Ciudades hispano-musulmanas*, Editorial MAPFRE, Madrid, 1992, pp.95-96

◆24　Manuel Pérez Regordán, *La historia de Arcos a través de sus calles*, Vol.1, 2002, pp.339-369

◆25　前掲書、pp.339-369

5章

◆1　D・W・ローマックス著、林邦夫訳『レコンキスタ——中世スペインの国土回復運動』刀水書房、1996、p.133
◆2　前掲書、pp.217-219
◆3　前掲書、p.230
◆4　前掲書、p.212
◆5　*Arcos de la Frontera: Informe-diagnóstico del conjunto histórico*
◆6　ローマックス『レコンキスタ』p.230
◆7　アントニオ・ミゲル著、太田尚樹ほか訳『ラティフンディオの経済と歴史——スペイン南部大土地所有制の研究』食糧・農業政策研究センター、1993、p.33
◆8　ローマックス『レコンキスタ』p.230
◆9　塩見「1960年代アンダルシーアのアグロタウンの社会構造と住民の共同性」p.15
◆10　前掲書、p.21
◆11　パラドールとは、城、修道院、宮殿、貴族の邸宅など由緒ある建物を、近代的設備を備えた一流ホテルに改装したスペインの国営宿泊施設。
◆12　コレヒドールは下級貴族や文官のなかから王権が任命した都市の最高役人。1479年から始まるカトリック両王の治世では、王権強化と統治機構の整備が進められた。その一環として、都市に対してはコレヒドールを恒常的に派遣し、都市自治の弱体化を進めた。立石博高編『スペイン・ポルトガル史』山川出版社、2000、pp.122, 144, 186
　　『スペイン ハンドブック』三省堂、1985、p.53
◆13　板倉元幸『スペイン——民家探訪』ARTBOXインターナショナル、2004、p.210

6章

◆1　芝『近世スペイン農業』
◆2　*Cortijos, haciendas y lagares*, Junta de Andalucía, 2000-2004.

おわりに

　スペインのアンダルシアは、誰もが旅したくなる世界でも最も魅力的な地方のひとつだ。とくに、丘陵の上に立地する白い小都市の美しい佇まいは、人びとの心をとらえて離さない。ところが意外にも、この地方のそうした都市や住居に関するくわしい調査研究は、わが国ばかりか、スペイン国内でも行われてこなかった。

　長い歴史のなかで育まれた、イスラーム圏も含む地中海世界の居住空間の姿を比較研究してきた陣内研究室にとって、アンダルシアを調査の対象とすることは、ひとつの念願だった。幸い、それが1999年に実現したのも、人びとの生活空間に入って調査するわれわれにとって最大の課題である、すぐれた通訳者を見つけることができたためである。メキシコをフィールドとする文化人類学者の禪野美帆氏（当時、慶応義塾大学講師で、現在は関西学院大学准教授）の参加を得て、通訳の仕事ばかりか、専門の経験を活かした聞き取りに大活躍していただいた。

　調査対象の街としてこれに勝るものはないアルコス・デ・ラ・フロンテーラを発見した功績は、アンダルシアに惚れ込んでいた坂田菜穂子氏（当時修士2年、現在パリ在住）に帰する。限られた情報からじつに適確にアルコスを探し当てて、1999年夏に、彼女を中心にそのフィールド調査が実施できたのである。アラブ・イスラーム文化の影響を物語るパティオの住宅が特徴のこの街は、われわれの関心にぴたりとはまった。初年度の調査成果は、「天空に開くパティオの街／アルコス」（『SD』2000年4月号）として発表された。

　以来、2004年までの6年間、アンダルシアへフィールド調査に出かけるのが、陣内研究室の夏の恒例行事となった。アルコスにはまず、誰もが惹き付けられる美しいパティオ型住宅と迷宮的な都市空間が待ち受けていた。嬉しいことに、人びとはホスピタリティをいかんなく発揮してくれる。しかも、食事やワインは格別。われわれにとってフィールド調査を進めるに必要な条件が、ここにはすべて揃っていたのだ。

　このような調査には毎年の積み重ねがとても重要だ。2年目（2000年）、3年目（2001

年）は、初年から参加した富川倫弘氏がリーダーとなった。イスラーム都市に関心をもっていた彼は、武蔵野美術大学を卒業後、陣内研究室に入り、アルコスと出会った。2年目は、陣内自身が不参加となったが、富川氏のもと、チームワークよく調査が実施され、やはり大きな成果を上げた。とくに、市役所を訪ね、建築家フランシスコ・ヒメネス・ルイス Francisco Jiménez Ruiz 氏にお世話になりながら、旧市街の建築物に関する調査報告書（セビーリャの建築家によって作成された）の複写を入手できたのが大きかった。実測によるものでなく、不動産台帳として登録されている税金用の簡略化した住宅図面をベースとする資料ではあったが、そこに記された建物の分類、年代に関する情報には有益なものが多かった。

　行政が歴史的街区の保存修復に向けてこうした報告書を作成しているとはいえ、都市空間の構造や住宅建築の構成を分析・考察する調査・研究となると、アルコスのみか、アンダルシアの都市全般についてもほとんど存在しないのが実情である。セビーリャに関しては、セビーリャ大学建築学部の手になる報告書（J. R. Sierra, *La Casa en Sevilla*, 1996）が出版されているが、あるカテゴリーの住宅建築の実測・分析だけに限られているし、都市空間との関係で考察するものではない。その意味でも、住宅・都市空間の総体を実測・図化し、その空間構造を分析・考察するわれわれのようなグループの研究は、大きな価値をもちうるに違いない。2年目、3年目の成果は、「白の迷宮とパティオの空――アンダルシアの丘上都市　アルコス」『SPAZIO』（NTTデータ ジェトロニクス、No.61、2002年）に掲載された。

　3年目（2001年）、引き続き4年目（2002年）には、幸いにも地元の歴史家マヌエル・ペレス・レゴルダン Manuel Pérez Regordán 氏と親しくなり、ご自宅の書斎で、アルコスの歴史に関する貴重なレクチャーを受け、この街に関するわれわれのイメージを大きく膨らませることができた。

　ちなみに3年目は、テーマをいくつか設定し、より突っ込んだ調査を行った。斜面都市としての特徴、集合住宅化のプロセス、中庭型住宅における外部と内部の関係、迷宮空間におけるシークエンスの変化、ライフスタイルと外部空間（街路、広場など）との関係、といったテーマ群にしたがって調査が行われ、それぞれ調査メンバーの修論、卒論としてまとめられた。

　建築・都市の骨格についてはおおむね理解できていた4年目（2002年）には、よりソフ

トな領域に取り組むことになった。2年目から参加し、人びとの住まい方に関心を寄せていた井手敦子氏がリーダーとなり、本来は血縁関係にある大家族で住んでいた中庭（パティオ）型住宅が集合住宅化するプロセスや、そのメカニズムについて調査分析を行った。集合住宅の歴史が浅い日本の状況をよりよくするにも、興味深い知見が得られた。その成果は、『地中海世界の歴史的な集合住宅に関する研究』の「第一部　パティオを囲むアルコスの集合住宅」（財団法人　第一住宅建設協会・調査研究報告書、2003年）にまとめられている。

　数年続けて調査に通うことで、地元の人びとからの信頼も得られ、顔なじみも増えた。行政担当者、歴史家からもわれわれの調査成果に対する期待が寄せられ、毎年の成果である報告書や出版物を贈呈するのが楽しみにもなった。2002年の夏には、街の中心にそびえる立派な市役所のホールで、副市長、文化担当助役のはからいでわれわれを歓迎するセレモニーと立食パーティが催され、地元の方々との交流を深められたのは嬉しい経験であった。

　続く2003年の調査では、岸上剛士氏がリーダーとなり、アルコスの魅力的な都市空間をつくり出している造形原理についてまとめた。このように、アルコスに関する研究が着実に蓄積されてきた。また、早坂有希子氏によってアンダルシアに分布する多様な都市と住居形態に関して全般的な考察が行われ、これらをきっかけとし、アルコスだけにとどまらず、より対象を広げて研究を発展させていくことになった。そして、岸上、早坂両氏が中心となり、アンダルシアに関する陣内研究室の最初の報告書『アンダルシアの丘上都市――アルコス』（2003年）が完成したのである。

　こうしてアンダルシアのパティオを特徴とする街の代表として、アルコス・デ・ラ・フロンテーラを深く研究できたわれわれにとって、気になる街が同じアンダルシアにあった。それこそがカサレスであり、パティオをもたない小ぶりで垂直に発展した庶民的な白い住宅が斜面にぎっしり建ち並び、迫力あるじつに美しい都市風景を見せていた。

　法政大学茶谷研究室に所属していた森田健太郎氏が、このカサレスに数ヵ月住み込み、伝統的な住宅に関する興味深い研究を修士論文としてまとめており、その面白さをよく聞かされていた。そこで陣内研究室でも、彼のレクチャーを受けながら、2003年に予備調査を行った。そこには、アラブ・イスラーム文化の伝統を受け継いだ中庭を囲む暮らしは見られない。じつ

は、アンダルシアには中庭型住宅以外の住宅で構成された街も数多く存在する。そのような居住形態をもつ典型的な例としてカサレスを挙げることができ、アルコスとの比較研究にとって格好の対象となることを確信した。

　そして2004年、これまた念願だったカサレスの本調査を実施したのである。丘の頂上に残るイスラーム時代の城砦部分が、レコンキスタ以後、キリスト教の教会堂と墓地に転じ、その斜面の裾にアラブの伝統から解かれ、中庭をもたず外へ窓を大きく開けた庶民の住宅群が大きく伸びやかに広がっている姿はじつに興味深かった。住宅の構成、都市の風景が対極的なアルコスとカサレス。この両者を比較することで、それぞれの特徴をより明確につかむことができた。そしてこの作業を通じて、アンダルシアの経験してきた歴史が、大きく都市空間にも影響を与えていることが読み取れたのは、単に建築史、都市史の研究領域を越えてスペインの歴史学全体にも問題提起できる、大きな収穫だった。

　この調査の前に、調査の経験を通してスペインにはまり、語学研修で半年、セビーリャに留学した奈須友美氏が、その期間中に友人たちによって企画された田園のコルティホ（農場）でのパーティに招かれ、素敵な経験をしたのがきっかけで、自分の修士論文のテーマに、アンダルシアの田園のコルティホを選んだ。そのことが、わが研究室にとっても、もうひとつの大きな可能性を開いてくれた。

　そもそも陣内研究室では長年、南イタリア都市を研究するなかで、都市と田園との密接な関係を理解することの重要性に気づいていたし、近年、田園が再評価され、マッセリア（農場）がアグリトゥリズモに転用されているのに注目してきた。それとよく似た興味深い現象が、アンダルシアでも生まれていることを、奈須氏の体験を通じて知ったのだ。

　最終年となるこの2004年には、カサレス調査とともに、田園をめぐり、いくつものコルティホを訪ねることができた。都市だけでなくその周囲に広がる田園にまで目を向け、アンダルシアでの都市と田園との関係に着目し、田園に立地する農場の調査も行った。また、近年盛んになっているトゥリスモ・ルラールという観点から地域再生を考察するという視点まで持つことができたのである。さらに、アンテケーラ、モンテフリオなど、いくつかの小都市も訪ね、都市形態、住居形式、都市と田園の関係のバリエーションを観察した。これらの調査

成果は、小﨑晶子氏が中心となって、報告書『アンダルシアのアグロタウン──CASARES・ARCOS・田園』（2005年）として刊行された。

その間にも、この地方が大きくは低地アンダルシアと高地アンダルシアに分けられることを、芝修身氏の研究書『近世スペイン農業──帝国の発展と衰退の分析』（昭和堂、2003年）から学び、その考え方を応用してアルコスとカサレスの都市構造や住宅の構成の違い、それぞれの地域での都市と田園の関係の違いもより複合的に理解することができるようになった。

2005年には奈須友美、斉藤悠太両氏が、自身の修士論文のテーマであるアルコス周辺の田園、アンダルシア小都市の広場に関し、さらに詳細な調査をそれぞれ個人的に実施した。

以上のように6、7年間継続して取り組み、さまざまな観点から得られた多くの研究成果を1冊の本に集大成することを計画し、2002年以後の調査に主体的に関わり、研究を大いに発展させてくれた5名のメンバー（早坂有希子、岸上剛士、小﨑晶子、奈須友美、斉藤悠太の諸氏）と、出版に向けての執筆、図版の整理作成などの作業を開始した。だが、なにぶんにも社会に出て実務に忙しいOB、OGにとって、集中して時間をとることは簡単ではなく、その作業はゆっくり進まざるを得なかった。

じつはその遅れが逆に幸いし、東京大学で博士号を取得した中世スペイン建築史を専門とする伊藤喜彦氏が、日本学術振興会特別研究員として折良く2010年度から陣内研究室に所属することになった。スペイン語に堪能な人材がいないなかで作業を進めていたわれわれグループにとって、伊藤氏の出現は誠に心強い援軍となった。すでに書き上がっていたすべての原稿の固有名詞や訳語のチェックなどに加え、スペインの歴史、文化全般への理解に関する誤りなどを指摘していただくことができた。伊藤氏自身は本来の専門である教会建築の様式史からさらに研究対象の枠を広げ、住宅や都市空間、とくにスペインにおける広場の歴史的系譜に関する研究にも取り組んでおり、本書でもその成果の一部を執筆していただいた。また、図版、絵画資料の探索などにも尽力いただいたことも付け加えたい。こうしてスペイン研究の集大成を公刊するうえで、最高の条件が整った。

以上のとおり、本書は陣内研究室で、調査研究に参加した多くの方々の貢献をベースに成り立っている。上記の早坂、岸上、小﨑、奈須、斉藤、伊藤の諸氏が最終的には責任をもっ

て各章を執筆しているが、実際にはその先輩にあたる世代の方々の研究成果が反映されている。その意味で、「協力者」というかたちで、それぞれの方々の貢献に関しても明記することにした。

さらに現地での濃密な調査を実施するのに大きく貢献して下さったのは、通訳者の方々である。2002年から3年間に渡って通訳を務め、さらにカサレスの現地資料の翻訳を快く引き受けてくださった鈴木亜衣子氏、また、2003年の調査に通訳として同行し、スペインに関することだけでなく、建築についてまでさまざまな助言をくださった石川新太郎氏には、とくにお世話になった。鈴木亜衣子氏には、人びとの暮らしを綴ったコラムも寄稿していただいた。初年度（1999年）の禪野美帆氏、2、3年目（2000-2001年）の仲野美櫻氏、3年目（2001年）の間宮千典氏も含め、これら通訳者の方々に心より感謝申し上げる。

この一連の調査を進めるにあたって、すでに述べたとおり、地元の建築家フランシスコ・ヒメネス・ルイス氏、歴史家マヌエル・ペレス・レゴルダン氏にはたいへんお世話になった。また、アルコスにおける私たちの常宿となったPensión Callejón de las Monjasのご主人にはひとかたならぬ面倒を見ていただいた。調査に際しては、住民の方々の暖かい協力を得ることができた。お世話になった方々に心からお礼を述べたい。

そして、本書を企画、編集して下さった鹿島出版会の川尻大介氏には格別にお世話になった。幸い、川尻氏も著者たちとまさに同時期に陣内研究室で学んだ仲間であり、息の合ったやりとりで、膨大な図版や写真、原稿を整理・編集し、1冊の本にまとめ上げて下さった。最も重要な終盤の校正と原稿整理では同社の土屋沙希氏にたいへんお世話になった。おふたりには衷心よりお礼申し上げる。

なお、2001年度の調査は財団法人ユニオン造形文化財団、2002年度の調査は財団法人第一住宅建設協会からの研究助成に基づいて実施された。記して感謝申し上げる。

2013年1月1日
陣内 秀信

参考文献

過去の研究成果

法政大学陣内研究室＋襌野美帆「天空に開くパティオの街／アルコス」『SD』2000年4月号、鹿島出版会、pp.17-36

法政大学陣内研究室「白の迷宮とパティオの空　アンダルシアの丘上都市　アルコス」『SPAZIO』No.61、ジェトロニクス、2002、pp.7-26

法政大学陣内研究室・アルコス班『ARCOS DE LA FRONTERA 1999-2003──アンダルシアの丘上都市アルコス』2003

法政大学陣内研究室『地中海世界の歴史的な集合住宅に関する研究』財団法人第一住宅建設協会、2003

法政大学大学院エコ地域デザイン研究所・法政大学陣内研究室歴史プロジェクト・スペイン班『アンダルシアのアグロタウン──CASARES・ARCOS・田園』2005

スペイン及びアンダルシアの歴史と社会

Gran Enciclopedia RIALP, RIALP, Madrid, 1979.

F. Morales Padrón (dir.), *Historia de Sevilla*, 5 Vols., Sevilla, 1976-1991.

Nueva Enciclopedia Larousse, Editorial Planeta, Barcelona, 1984.

余部福三『アラブとしてのスペイン』第三書館、1992

石井陽一・戸門一衛著『スペイン──その国土と市場』科学新聞社出版局、1983

黒田悦子『スペインの民族文化』平凡社、1991

Ph・コンラ著、有田忠郎訳『レコンキスタの歴史』白水社、2000

C・サンチェス＝アルボルノス著、北田よ志子訳『スペインとイスラム──あるヨーロッパ中世─』八千代出版、1988

芝紘子『スペインの社会・家族・心性──中世盛期に源をもとめて』ミネルヴァ書房、2001

寿里順平・原輝史編『スペインの社会──変容する文化と伝統』早稲田大学出版部、1998

原誠・小林利郎・エンリーケ・コントレーラス・牛島信明・黒田清彦編『スペイン ハンドブック』三省堂、1985

立石博高編『新版　世界各国史16　スペイン・ポルトガル史』山川出版社、2000

F・チュエッカ著、鳥居徳敏訳『スペイン建築の特質』鹿島出版会、1991

永川玲二『アンダルシーア風土記』岩波書店、1999

野々山真輝帆『すがおのスペイン文化史──ライフスタイルと価値観の変遷』東洋書店、1994

J・A・ピット＝リバーズ著、野村雅一訳『シエラの人々──スペイン・アンダルシアの民俗誌』弘文堂、1980

D・W・ローマックス著、林邦夫訳『レコンキスタ──中世スペインの国土回復運動』刀水書房、1996

スペイン及びアンダルシアの建築、都市、住宅

Actas del II Congreso Internacional "La ciudad en al-Andalus y el Magreb" (Algeciras, 1999), Fundación El legado andalusí, Granada, 2002.

Análisis Urbanístico de Centros Históricos de Andalucía: ciudades medias y pequeñas, Junta de Andalucía, Sevilla, 2002.

Marianne Barrucand & Achim Bednorz, *Moorish Architecture in Andalusia*, Taschen, Köln, 1992.

André Bazzana, *Maisons d'Al-Andalus. Habitat médiéval et structures du peuplement dans l'Espagne orientale*, 2 Vols., Casa de Velázquez, Madrid, 1992.

Antonio Bonet Correa, *Andalucía barroca. Arquitectura y urbanismo*, Ediciones Polígrafa, Barcelona, 1978.

Idem, *El urbanismo en España e hispanoamérica*, Cátedra, Madrid, 1991.

Luis Feduchi, *Itinerarios de arquitectura popular española*, Vol.4, Editorial Blume, Barcelona, 1974.

Carlos Flores, *Arquitectura popular española*, Vol.4, Aguilar, Madrid, 1973.

A. Gallego y Burín, *Granada. An Artistic and Historical Guide to the City*, Granada, 1992.

A. García y Bellido, L. Torres Balbás, L. Cervera Vera, F. Chueca & P. Bidagor, *Resumen histórico del urbanismo en España*, Madrid, 1954, 1968.

Óscar Garcinuño Callejo, "El Urbanismo hispanomusulmán", A. Momplet Míguez, *El arte hispanomusulmán*, Madrid, 2004, pp.187-241.

Jean Gautier Dalché, *Historia urbana de León y Castilla en la Edad Media (siglos IX-XIII)*, Madrid, 1979.

Guía turística de Grazalema, Ayuntamiento de Grazalema, Litografías del Sur.

Oskar Jürgens, *Ciudades Españolas. Su desarrollo y*

configuración urbanística, Madrid, 1992 (*Spanische Städte*, Hamburg, 1926).
La Casa Meridional, Junta de Andalucía, Sevilla, 2001.
Miguel Ángel Ladero Quesada, *Ciudades de la España medieval*, Madrid, 2010.
María del Mar Lozano Bartolozzi, *Historia del urbanismo en España II. Siglos XVI, XVII y XVIII*, Cátedra, Madrid, 2011.
C. Mazzoli-Guintard, *Ciudades de Al-Andalus. España y Portugal en la época musulmana (s.VIII-XV)*, Granada, 2000.
Manuel Montero Vallejo, *Historia del urbanismo en España I. Del eneolítico a la Baja Edad Media*, Cátedra, Madrid, 1996.
Julio Navarro Palazón (ed.), *Casas y palacios de Al-Andalus: siglos XII-XIII*, Lunwerg Editores, Barcelona-Madrid, 1995.
J. Navarro Palazón & P. Jiménez Castillo, "Algunas reflexiones sobre el urbanismo islámico", *Artigrama*, no.22, 2007, pp.259-298.
Idem, *Las ciudades de Alandalús. Nuevas perspectivas*, Instituto de Estudios Islámicos y del Oriente Próximo, Zaragoza, 2007.
Basilio Pavón Maldonado, *Ciudades hispanomusulmanas*, Editorial MAPFRE, Madrid, 1992.
José Ramón Sierra, *La Casa en Sevilla 1976-1996*, Fundación El Monte, Electa, Sevilla, 1996.
Fernando de Terán, *Historia del urbanismo en España III. Siglos XIX y XX*, Cátedra, Madrid, 1999.
A. Torremocha Silva & A. Sáez Rodríguez, "Fortificaciones islámicas en la orilla norte del Estrecho", *I Congreso Internacional Fortificaciones en al-Andalus*, Ayuntamiento de Algeciras, 1998, pp.169-268.
Leopoldo Torres Balbás, *Ciudades hispano-musulmanas*, Madrid, 1970.
板倉元幸『スペイン——民家探訪』ARTBOXインターナショナル、2004
藤塚光政写真、L・アリサバラガほか文『パティオ——スペイン・魅惑の小宇宙』建築資料研究社、1991
山本正之ほか『マジョリカタイル——イベリアのきらめき』INAX出版、1988
特集「モロッコ、スペイン、ポルトガル〈いえ〉と〈まち〉調査紀行」『SD』1985年6月号、鹿島出版会、1985

『週刊 地球旅行 スペイン アルハンブラ宮殿とアンダルシア』講談社、1998.9.10.

アルコス・デ・ラ・フロンテーラ

Arcos de la Frontera: informe-diagnóstico del conjunto histórico, Junta de Andalucía, Ayuntamiento de Arcos de la Frontera, 1998.
V. F. Marín Solano, *ARCOS NEVADO (Febrero de 1954)*, Ayuntamiento de Arcos de la Frontera, 1997.
Manuel Pérez Regordán, *Arcos de la Frontera: Guía turística - Tourist Guide*, Arcos de la Frontera, 1998.
Idem, *La historia de Arcos a través de sus calles*, 4 Vols., Arcos de la Frontera, 2002.
Pablo Diánez Rubio, *Plan especial de protección del conjunto histórico y catálogo de elementos protegidos de Arcos de la frontera*, Junta de Andalucía, 1998.
Plan especial de protección del conjunto histórico y catálogo, Ayuntamiento de Arcos de la Frontera, Junta de Andalucía, 2007.

カサレス

Carmen Martí, *Desarrollo histórico de Casares*, Ayuntamiento de Casares y la EPSA de la Junta de Andalucía, 1990.

イスラーム都市

Genèse de la ville islamique en al-Andalus et au Maghreb occidental, Casa de Velázquez, Madrid, 1998.
Simposio internacional sobre la ciudad islámica, Institución Fernando el Católico, Zaragoza, 1991.
板垣雄三・後藤明編『事典イスラームの都市性』亜紀書房、1992
佐藤次高・鈴木董編『都市の文明イスラーム』講談社、1993
陣内秀信・新井勇治編『イスラーム世界の都市空間』法政大学出版局、2002
羽田正・三浦徹編『イスラム都市研究[歴史と展望]』東京大学出版会、1991

ベシーム・S・ハキーム著、佐藤次高監訳『イスラーム都市　アラブのまちづくりの原理』第三書館、1990

田園

Cortijos, haciendas y lagares: Provincia de Almería, Junta de Andalucía, 2004.
Cortijos, haciendas y lagares: Provincia de Cádiz, Junta de Andalucía, 2004.
Cortijos, haciendas y lagares: Provincia de Granada, Junta de Andalucía, 2003.
Cortijos, haciendas y lagares: Provincia de Málaga, Junta de Andalucía, 2000.
A・ミゲル・ベルナル著、太田尚樹ほか訳『ラティフンディオの経済と歴史——スペイン南部大土地所有制の研究』食料・農業政策研究センター、1993
塩見千加子「1960年代アンダルシーアのアグロタウンの社会構造と住民の共同性」『スペイン史研究』第11号、スペイン史学会、1997、pp.13-28
芝修身『近世スペイン農業——帝国の発展と衰退の分析』昭和堂、2003

広場

Teresa Avellanosa, Plazas mayores de España, Rueda, Madrid, 1993.
Luis Cervera Vera, Plazas mayores de España, t.I, Espasa Calpe, Madrid, 1990.
Jesús Escobar, The Plaza Mayor and the Shaping of Baroque Madrid, Cambridge University Press, 2004.
José Manuel Escobar Camacho, Córdoba en la Baja Edad Media (Evolución urbana de la ciudad), Córdoba, 1989.
Forum et Plaza Mayor dans le monde hispanique, Colloque (1976), Casa de Velázquez, Madrid, 1978.
Vicenç Frau i Espona, "La plaça major de Vic: estudi del seu procés de formació", AUSA, XIV, 125, 1990, pp.163-180.
Julio Porres Martín-Cleto, "Pequeña historia de Zocodover", PROVINCIA, no.55, Toledo, 1966, pp.5-31.
Wilfredo Rincón García, Plazas de España, Espasa Calpe, Madrid, 1999.
R.Vioque Cubero, et al., Apuntes sobre el origen y evolución morfológica de las plazas del casco histórico de Sevilla, Sevilla, 1987.
加藤晃規『南欧の広場』プロセス・アーキテクチュア、第2版、1993
C・ジッテ著、大石敏雄訳『広場の造形』鹿島出版会、1983
陣内秀信・三谷徹・糸井孝雄執筆『広場』S.D.S.（スペース・デザイン・シリーズ）、第7巻、新日本法規出版、1994
P・ズッカー著・加藤晃規・三浦金作共訳『都市と広場——アゴラからヴィレッジ・グリーンまで』鹿島出版会、1975

編者略歴

執筆＋編集委員

陣内秀信　Hidenobu Jinnai
……監修、序文
法政大学デザイン工学部教授、イタリア建築史・都市史
1947年福岡県生まれ。東京大学大学院工学系研究科博士課程修了。イタリア政府給費留学生としてヴェネツィア建築大学に留学、ユネスコのローマ・センターで研修。パレルモ大学、トレント大学、ローマ大学にて契約教授を勤めた。
主著に『イタリア海洋都市の精神』（講談社、2008）、『地中海世界の都市と住居』（山川出版社、2007）、『ヴェネツィア――都市のコンテクストを読む』（鹿島出版会、1986）、『東京の空間人類学』（筑摩書房、1985）、『水の郷　日野――農ある風景の価値とその継承』（共著、鹿島出版会、2010）ほか多数。
主な受賞にサントリー学芸賞、建築史学会賞、地中海学会賞、イタリア共和国功労勲章（ウッフィチャーレ章）、日本建築学会賞、パルマ「水の書物」国際賞、ローマ大学名誉学士号、サルデーニャ建築賞2008、アマルフィ名誉市民ほか。

伊藤喜彦　Yoshihiko Ito
……コラム pp.37-44、第4章 pp.222-261
1978年東京都生まれ。2008年東京大学大学院博士課程修了。博士（工学）。2002-05年マドリッド留学。2011-12年マドリッド・アウトノマ大学美術史学科客員講師・研究員。専門分野はスペイン初期中世建築。主な論文に「スペイン十世紀レオン王国の建築と社会」（2008年博士論文）。現在、日本学術振興会特別研究員PDとして法政大学陣内秀信研究室にて研究をつづけている。

岸上剛士　Tsuyoshi Kishigami
……第2章、アルコス住宅実測図集
1979年大阪府生まれ。2004年法政大学大学院修士課程修了。論文に「アルコスの造形原理――美しいアンダルシアの丘上都市」（2003年度修士論文）。現在は、文化財をテーマとした展覧会・プラネタリウム等文化施設向け大型展示映像の企画・プロデュースを手掛けている。

早坂有希子　Yukiko Hayasaka
……第1章 pp.45-56、第2章、アルコス住宅実測図集、コラム pp.92-93, 115-117
1980年東京都生まれ。2004年法政大学大学院修士課程修了。論文に「アンダルシアの都市と住居――地中海文化圏の都市との比較」。現在、横浜市勤務。

小﨑晶子　Akiko Kozaki
……第1章 pp.24-36、第3章、第5章
1979年東京都生まれ。2005年法政大学大学院修士課程修了。論文に「カサレスの居住空間に関する研究――アンダルシア諸都市との比較の視点から」（2004年度修士論文）。現在、株式会社アルテップ勤務。

奈須友美　Tomomi Nasu
……第6章
1980年ブラジル、バイア州生まれ。2006年法政大学大学院修士課程修了。2003-04年にスペイン・セビーリャに留学。論文に「アンダルシアの都市と田園――住居と農業施設の成立背景に関する比較考察」（2005年度修士論文）。現在、マンションディベロッパーに勤務。

斉藤悠太　Yuta Saito
……第4章 pp.264-276
1981年東京都生まれ。2006年法政大学大学院修士課程修了。論文に「アンダルシア都市における外部空間の構成――人が集う場所の解明」（2005年度修士論文）。コミュニケーションデザイナー、リフォームインテリアコーディネーターを経て、現在は店舗のデザイン、ブランディングを担当。

鈴木亜衣子　Aiko Suzuki
……コラム (pp.37-44, 92-93のぞく)
1978年愛知県生まれ。2000年広島市立大学国際学部修了。卒業後、2000-04年にスペインバルセロナ留学。2002-05年に陣内研究室のスペイン調査に通訳として同行。現在、名古屋市でメーカー勤務。

執筆協力

坂田菜穂子　Naoko Sakata
……第2章
論文に「スペイン・アンダルシアにおける住宅の空間構成に関する研究」(1999年度修士論文)、「白の迷宮とパティオの空――アンダルシアの丘上都市アルコス」(共同執筆、『SPAZIO』No.61、2002)。リビングデザインセンターOZONE勤務の後、現在パリ在住。デザイン・ファッション関係の現地通訳・コーディネーターを務める。

森田健太郎　Kentaro Morita
……第3章
論文に「スペイン・マラガ県カサレス集落における住まい方に関する研究」(1999年度修士論文)。黒川紀章建築都市設計事務所勤務を経て、現在、森田アトリエ一級建築士事務所代表。魅力ある島づくりに取り組む、壱岐市勝本浦ツーリズム推進協議会主宰。

富川倫弘　Michihiro Tomikawa
……第2章
論文に「アンダルシアの都市と住宅の基礎――アラブ・イスラーム都市との比較の視点から」(2001年度修士論文)、『南スペイン・アンダルシアの風景』(共著、丸善出版、2005)。現在、不動産会社勤務。

井手敦子　Atsuko Ide
……第2章
論文に「アンダルシア州アルコスにおける中庭型住宅とその住居に関する研究」(2002年度修士論文)、報告書『地中海世界の歴史的な集合住宅に関する研究』(共同執筆)、第一住宅建設協会、2003年。不動産会社勤務を経て、現在子育て中。

調査メンバー

1999年
(調査地＝アルコス・デ・ラ・フロンテーラ、カサレス)
陣内秀信、坂田菜穂子、富川倫弘、米田圭吾、柳瀬有志、谷村正幸、荒木進、池田晃代(以上、アルコス・デ・ラ・フロンテーラ)森田健太郎、牧野一郎、三橋正義、宮川亮、清野里子、浜田知恵(以上、カサレス)

2000年
(調査地＝アルコス・デ・ラ・フロンテーラ)
富川倫弘、飴田蔵、井手敦子、遠藤順、小松紀明

2001年
(調査地＝アルコス・デ・ラ・フロンテーラ)
陣内秀信、富川倫弘、飴田蔵、井手敦子、半田恵子、小松紀明、三橋葉子、鴻野彩、吉氏亜貴子、鶴谷真衣、舘友美

2002年
(調査地＝アルコス・デ・ラ・フロンテーラ)
陣内秀信、井手敦子、早坂有希子、岸上剛士、吉田紀子、伊藤哲也、小崎晶子、奈須友美、斉藤悠太、坂田菜穂子、岩井桃子

2003年
(調査地＝アルコス・デ・ラ・フロンテーラ、カサレス、ベヘール・デ・ラ・フロンテーラ)
陣内秀信、岸上剛士、小崎晶子、斉藤悠太、足立敬吾、反町真理香

2004年
(調査地＝アルコス・デ・ラ・フロンテーラ、カサレス、グラサレーマ)
陣内秀信、小崎晶子、醍醐史明、山田絵里、斉藤悠太、中杉路子、奈須友美、高橋亨

2005年
(調査地＝アルコス・デ・ラ・フロンテーラ、モンテフリオ、アンテケーラ)
陣内秀信、奈須友美、斉藤悠太、國分拓郎、小森薫

調査協力

ジョルジョ・ジャニギャン　Giorgio Gianighian
(ヴェネツィア建築大学教授)
福井憲彦(学習院大学教授)
禪野美帆(関西学院大学准教授)

調査協力(通訳)

仲野美櫻(2000-02年)
高田文(2000年)
野地睦子(2000年)
丸山ひかり(2000年)
間宮千典(2001年)
鈴木亜衣子(2002-05年)
石川新太郎(2003年)

索引

《ア行》

アーチ　arco
　　8, 9, 41-44, 80, 81, 83, 84, 86, 87, 94, 95, 117, 137, 139, 141, 144, 145, 147, 149, 155, 211

アグロタウン　Agro-town
　　34, 76, 88, 124, 128, 169, 174, 175, 284, 285, 304, 308, 310, 322, 326, 334, 349, 350

アシエンダ　hacienda
　　336

アスレホ　azulejo
　　270

アフリカ　África
　　3, 5, 8, 24, 26, 29, 50, 54, 61, 172, 224

アラゴン　Aragón
　　30, 40-43, 232

アラバル　Arrabal
　　178, 179, 193-195, 240

アル・アンダルス　Al-Andalus
　　26, 28, 29, 38, 244, 246, 248, 254, 339

アルカイセリア　alcaicería
　　10, 244, 248

アルカサーバ　alcazaba
　　325, 326

アルカサル　alcázar
　　7, 8, 41, 42, 62, 66, 179, 252, 258

アルコス・デ・ラ・フロンテーラ　Arcos de la Frontera
　　1, 14-16, 18-20, 29, 47, 56, 58-170, 172, 174, 184, 185, 190, 191, 219, 220, 248, 256, 258, 260, 263, 274, 276, 278-284, 288-296, 299, 300, 303, 304, 312-314, 317, 319, 320, 322, 324, 330, 332, 336, 341, 346-348, 350

アルハンブラ　Alhambra
　　5, 7, 9, 41, 338

アルプハラス　Alpujarras
　　39, 40, 49, 54

アルメリア　Almería
　　32, 54, 322, 342, 346

アンテケーラ　Antequera
　　17, 204, 238, 279, 286, 287, 320, 324-326, 328-332, 337, 343, 344, 347-349

ウエルバ　Huelva
　　322

ヴォールト　vault
　　63, 96, 149, 151, 154, 155, 161

馬小屋　establo
　　90, 91, 93, 98, 100, 101, 133, 139, 161, 162, 191, 340, 341

裏庭型住宅
　　50, 52, 55, 56, 279, 300, 303, 326, 331, 347, 350

エスパーニャ広場　Plaza de España
　　18, 176, 181-183, 186, 193, 206, 207, 256, 264, 266, 284, 289, 291, 332

《カ行》

カサ・ルラール　casa rural
　　128

カサレス　Casares
　　2, 8, 18, 19, 29, 115, 131, 170,
　　172-220, 263, 266, 272, 274, 276,
　　278-285, 288-292, 294, 296-298,
　　300, 304, 305, 311, 324, 331, 346,
　　348, 350

カスティーリャ　Castilla
　　29, 30, 38-41, 222, 228, 232, 238,
　　242, 250, 252, 254, 258, 279, 280,
　　325, 349

カディス　Cádiz
　　24, 25, 32, 45, 56, 58, 115, 280,
　　282, 322, 336, 342, 343, 346

カトリック両王　Reyes Católicos
　　30, 39, 43, 232, 234, 248, 256, 258

カナネオ広場　Cananeo (Plaza del)
　　71, 73, 91, 104-106, 124, 125, 146,
　　148

カビルド広場　Cabildo (Plaza del)
　　65, 72, 168, 256, 260, 284,
　　288-290

カルモナ門　Carmona (Puerta de)
　　63

カルロス3世　Carlos III
　　181-183, 288, 289

カンセーラ　cancela
　　126, 270, 272

グアダルキビル川　Guadalquivir (Río)
　　3, 24, 32, 45, 348

グアダレーテ川　Guadalete (Río)
　　47, 64

グアディクス　Guadix
　　48, 52, 54, 272

グラサレーマ　Grazalema
　　47, 55, 56, 279, 300-303

グラナダ　Granada
　　5, 9-11, 29-32, 34, 37, 39-41, 43,
　　44, 49, 54, 248, 249, 264, 266,
　　280, 282, 283, 286, 305, 311, 314,
　　322, 324, 325, 331, 332, 339, 342,
　　343, 346, 349

後ウマイヤ朝　Califato Omeya de Córdoba
　　5, 26-28, 37

高地アンダルシア　Alta Andalucía
　　3, 5, 18, 19, 32, 34, 282, 284, 322,
　　324, 332, 334, 342, 343, 348-350

ゴシック様式　gótico
　　9, 41, 42, 72, 73, 106, 135, 236

コスタ・デル・ソル　Costa del Sol
　　18, 35, 172, 175, 310

コラール　corral
　　74, 75, 88, 89, 118, 133, 153, 191,
　　254, 256, 269, 328, 332, 336, 347

コルティホ　cortijo
　　6, 16, 18, 34, 76, 191, 312-314,
　　319, 334-350

コルドバ　Córdoba
　　5, 8, 9, 11-13, 25-27, 29, 30, 37, 38,
　　45, 46, 51, 56, 126, 226, 245-247,
　　250, 254, 257, 258, 278, 286, 319,
　　322, 325

《サ行》

サーバート　Sabat
　　116

サグアン　zaguán
　　52, 82, 88, 93, 100-107, 125, 133,135,
　　137, 139, 141, 143, 147, 149, 151, 155,
　　159, 167, 216, 270, 271, 274, 326, 328,
　　330, 334, 340, 342, 343, 346, 347
サラオンダ（地区）　Zarahonda (Barrio de)
　　65, 70, 72, 74, 157-161, 168
サラマンカ　Salamanca
　　242, 243, 252
サロン　salón
　　50, 93, 198, 200-202, 210, 214, 294,
　　295, 297, 314, 328
サン・アグスティン（地区、教会）　San Agustín (Barrio de / Iglesia de)
　　63, 66, 68-70, 72, 74, 96, 157,
　　162-165, 168, 290
サン・ペドロ（地区、教会）　San Pedro (Barrio de / Iglesia de)
　　63, 66, 68, 70-75, 88, 98, 108, 112,
　　168, 256, 290
サンタ・マリア地区（教会）　Santa María (Barrio de / Iglesia de)
　　14, 58, 62, 65, 66, 68, 72, 75, 80, 88,
　　105-107, 168, 170, 258, 284, 289, 290
サンティアゴ・デ・コンポステーラ　Santiago de Compostela
　　232, 233
シエサ　Cieza
　　84, 92, 93, 124, 246
シエラ・ネバダ　Sierra Nevada
　　3, 7, 30, 32, 35, 54, 339, 346
ジブラルタル　Gibraltar
　　3, 174
スーク　zoco
　　10, 244, 245, 248, 250, 252, 254, 292

セビーリャ　Sevilla
　　5, 7-9, 12-14, 25, 29, 30, 32, 33, 41,
　　42, 45, 46, 51, 56, 58, 76, 77, 126, 127,
　　226, 228, 246, 248, 254, 255, 258,
　　278, 280, 283, 286, 311, 312, 322, 325

《タ行》

タイル　azulejo
　　7, 41, 43, 44, 82, 94-97, 119, 126, 128,
　　137, 152, 155, 270, 291, 314, 342
チュニジア　Túnez
　　3, 11, 46, 126, 127
貯水槽　aljibe
　　16, 82, 83, 96-99, 110, 120, 133, 137,
　　138, 143, 153, 161, 166-168, 179, 269,
　　331, 334, 345, 349, 350
チンチョン　Chinchón
　　236, 237
低地アンダルシア　Baja Andalucía
　　3, 5, 14, 19, 32, 34, 56, 76, 191, 282,
　　322-324, 334, 336, 342, 346, 348, 349
ティナオ　tinao
　　54, 266-268
デエサ　dehesa
　　336
洞窟住居　Cueva
　　50, 52-55, 68, 194, 305, 306
トゥリスモ・ルラール（ルーラル・ツーリズム）　Turismo Rural (Rural Tourism)
　　170, 175, 310-313, 319
トレド　Toledo
　　5, 25, 26, 38, 39, 41-43, 234, 248,
　　250-254

《ナ行》

中庭型住宅　Casa con patio
　　18, 46, 50, 51, 55, 56, 58, 60, 64, 84,
　　85, 92, 98, 100, 102, 108, 110, 112,
　　118, 126, 172, 246, 279, 291, 293, 296,
　　300, 304

ナスル朝　Nazarí, Reino
　　5, 30, 37, 41, 43, 248, 324

西ゴート　Visigodo, Reino
　　24-27, 37, 38, 66, 246

《ハ行》

ハエン　Jaén
　　30, 254, 322

パティオ　patio
　　7, 11, 13, 14, 16, 18, 41, 42, 46, 50, 52,
　　53, 58-60, 82, 84, 88, 89, 93, 100, 102,
　　106, 110, 117, 124, 126, 131, 133, 135,
　　137, 139, 141-143, 156, 167, 184, 220,
　　254, 256, 260, 269, 272, 296, 313-315,
　　317, 321, 328, 330-332, 337, 340-347

バホ地区　Barrio Bajo
　　72, 166, 168

パラシオ　palacio
　　13, 16, 62, 66, 72-74, 77-79, 82, 84,
　　86, 88, 89, 94, 96, 98, 124, 134-139,
　　146, 147, 166, 168, 174, 184, 190, 254,
　　258, 269, 284, 291,
　　295, 296, 300, 302, 310, 325, 326,
　　330-332, 334, 340, 346-348, 350

パラドール　Parador
　　258, 260, 288-290

バル　bar
　　68, 90, 91, 98, 100, 101, 176, 207, 222,
　　260, 262, 263, 266, 284, 285, 288,
　　290, 291, 326

バルセロナ　Barcelona
　　35, 226, 229, 232, 233, 236, 242, 243,
　　259, 260

バロック様式　barroco
　　232-234, 254, 256, 286, 326

パンパネイラ　Pampaneira
　　17, 49, 54, 266, 268, 272

フェリペ2世　Felipe II
　　238, 240, 242

袋小路　adarve
　　11, 92, 93, 100, 101, 108-114, 124,
　　126, 149, 152, 156, 186, 188, 216, 217,
　　246, 254, 272, 292

プラサ・マヨール　Plaza Mayor
　　232, 234, 236-243, 250, 252-254, 256,
　　258

フンドゥク　alhóndiga
　　10, 256

ベティカ（バエティカ）　Baetica, Bética
　　24, 25

ベヘール・デ・ラ・フロンテーラ　Vejer de la Frontera
　　17, 48, 56, 110, 111, 113, 115-117, 185,
　　279, 320, 321

ベルベル人　beréber
　　29, 48, 54, 115

ヘレス・デ・ラ・フロンテーラ　Jerez de la Frontera
　　68, 336

ヘレス門　Jerez (Puerta de)
　　62, 68

《マ行》

マグリブ　Magrib
　　5, 8, 24, 28
マドリッド　Madrid
　　35, 44, 234, 236, 240-242, 252, 261, 339
マトレラ門　Matrera (Puerta de)
　　63, 65, 66, 68, 69, 73, 75, 167, 168
マラガ　Málaga
　　24, 32, 35, 45, 178, 254, 266, 286, 322, 324-326, 337, 342, 343, 347
マリーン朝　Benimerín
　　280
ミフラーブ　mihrab
　　14, 62
ムデハル　mudéjar
　　7, 30, 37-44, 80, 252, 254, 324, 326
ムラービト朝　Almorávide
　　29
ムラディ　muladí
　　28
ムルシア　Murcia
　　30, 84, 92, 124, 254, 255
ムワッヒド朝　Almohade
　　29, 30
メディナ　medina
　　179, 292
モサラベ　mozárabe
　　28, 38, 42, 254
モスク　mezquita
　　5, 8-10, 14, 26, 42, 58, 62, 66, 179-181, 244, 245, 248, 250, 258, 282, 292, 300

モリスコ　morisco
　　19, 30, 32, 34, 37-44, 180, 252, 254, 300, 324
モロッコ　Marruecos
　　3, 11, 14, 117, 126, 280, 339
モンテフリオ　Montefrío
　　17, 264, 265, 279, 305, 306, 324, 331-335, 338, 343, 348, 350

《ヤ行》

ユダヤ人　judío
　　11, 12, 28, 38, 41, 42

《ラ行》

ラティフンディオ　latifundio
　　19, 29, 32, 34, 60, 76, 124, 174, 284, 296, 304, 308, 309, 322, 332, 342, 348-350
ルーラル・ツーリズム → トゥリスモ・ルラールと同
歴史地区特別保護計画　Plan Especial de Protección del Conjunto Histórico
　　73, 168
レコンキスタ　Reconquista
　　5, 7, 8, 10, 11, 14, 18, 19, 28-30, 32, 34, 37-39, 48, 58, 60, 62, 66, 76, 84, 110, 115, 124, 174, 180, 207, 246, 248, 256, 258, 278-284, 286, 296, 303, 304, 325, 330, 343
ローマ　Roma
　　5, 24, 25, 32, 61, 82, 94, 95, 172, 223
ロンダ　Ronda
　　49, 94, 172, 174, 180, 224, 226-230, 234, 235, 242, 244, 246, 252, 280, 286, 300, 324- 326

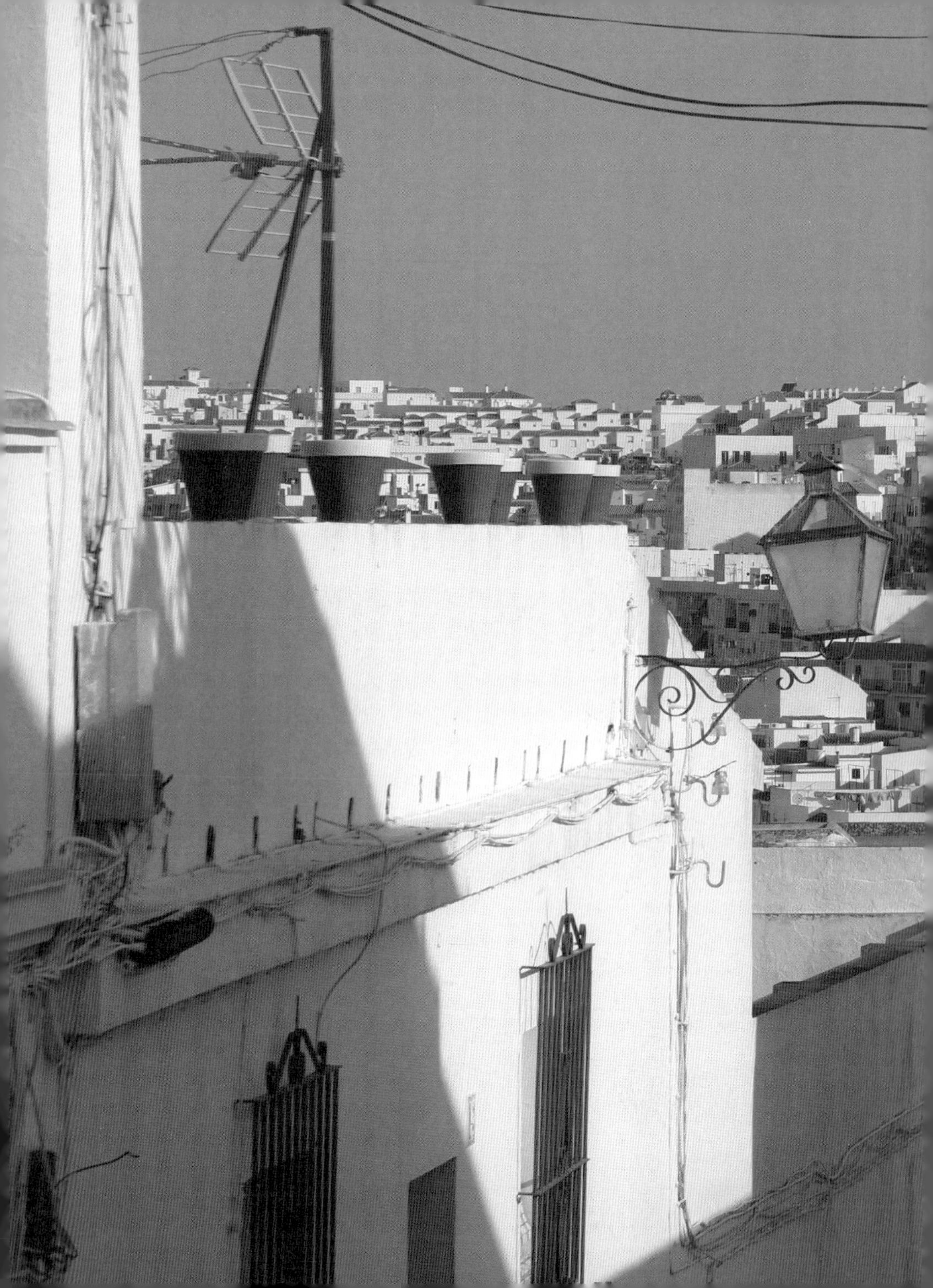

アンダルシアの都市と田園

発行日　2013年2月10日第一刷発行

編者　陣内秀信＋法政大学陣内研究室
発行者　鹿島光一
発行所　鹿島出版会

デザイン　野本綾子

印刷　三美印刷
製本　牧製本

〒104-0028　東京都中央区八重洲2-5-14
電話　03-6202-5200
振替　00160-2-180883

Printed in Japan
©Hidenobu Jinnai + Jinnai Laboratory,
Hosei University
無断転載を禁じます。
落丁・乱丁本はお取替えいたします。
ISBN978-4-306-04583-5　C3052

本書の内容に関するご意見・ご感想は下記まで
お寄せ下さい。
URL:http://www.kajima-publishing.co.jp
E-mail:info@kajima-publishing.co.jp

法政大学エコ地域デザイン研究所編

外濠
江戸東京の水回廊

激動の江戸・東京を悠久の時の中で見つめてきた
雄大な風景の骨格＝江戸城外濠。
豊かな水と緑を現代にもたらす
江戸の防御システムはいかに構想され、
築かれ、親しまれてきたか。
300年の歴史から現代的価値を説く。

B5変型、定価2,500円＋税

主要目次

第1章 外濠のなぜ
外濠前史
外濠のかたち
外濠の近代、そして未来へ

第2章 外濠を知る
つくられた外濠
外濠のまわり
外濠の文化と生活
水がもたらす環境

第3章 外濠をみる
外濠を歩く
水を楽しむ

第4章 外濠の未来
水を活かす
水をよくする
外濠を拓く

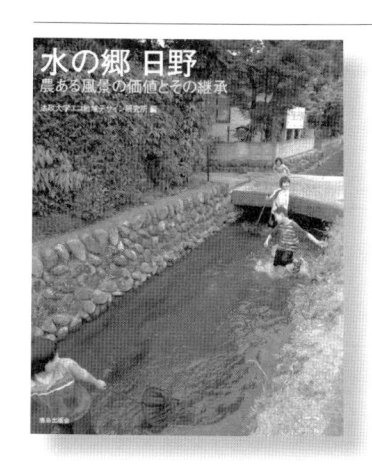

法政大学エコ地域デザイン研究所編

水の郷 日野
農ある風景の価値とその継承

都心からわずか30km。
用水路が縦横にめぐる豊かな田園と
近代的都市空間が共存する〈東京都日野市〉。
長い歴史が育んだ「農ある風景」の価値を
綿密なフィールドワークから問い直す。

B5変型、定価2,800円＋税

主要目次

第1章 日野の骨格
第2章 風景をつくる要素
第3章 水の郷を支える人たち
第4章 地域のこれから

用水路がめぐる豊かな田園と
近代的都市空間が共存する東京都日野市。
長い歴史が育んだ風景の価値を問いなおす。
「農ある風景や暮らしを調べ、記述し、
地域づくりに活かす動きが全国に広がることを願う」
（陣内秀信）

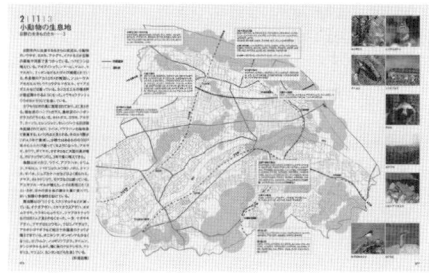

www.kajima-publishing.co.jp

好評既刊書

陣内秀信、高村雅彦、ジュ・ズーシュエン編

北京
都市空間を読む

中国の首都北京を対象にその歴史的都市空間の特質を描く。歴史地図をもとに住宅、商業空間、官庁街など様々な表情を見せる現在の北京を解読する。アジアの都市を解析するための手引書ともなる待望の一冊。
四六判、定価2,900円＋税

陣内秀信、法政大学東京のまち研究会著

江戸東京のみかた調べかた

江戸の古地図を手に、東京のまちの成り立ちや景観を調べてきた「東京のまち研究会」の著者らが、西欧都市とは本質的に異なる江戸東京のまちの基層を解き明かした研究成果の集大成。江戸東京を読むバイブル。
四六判、定価2,200円＋税

陣内秀信著
SD選書

ヴェネツィア
都市のコンテクストを読む

数世紀にわたって東西貿易の接点として華やかな都市文化を繁栄させたヴェネツィアの魅力を建築類型学的手法によって解読する。気鋭の建築史家による最新の研究成果をまとめたもので、都市形成史に新しい視点を与える。
四六判、定価1,800円＋税

三浦裕二、陣内秀信、吉川勝秀編

舟運都市
水辺からの都市再生

河川・運河を活用した都市再生という視点から、世界の事例を眺めつつ、都市の水辺と舟運のあり方を提言するもので、学生への教材、都市計画関係者、舟運関係者のバイブルとして、これまでの知見を集大成した決定版。
菊判、定価3,150円＋税

上田篤、田端修著

路地研究
もうひとつの都市の広場

都市の空間原理を読み解く、世界の路地スタディの決定版。インド、中国、プラハ、ドイツ、京都・大阪など10都市を解析していく。「大きな広場から小さな広場、そして路地へと空間の段階構成があってみんな生き生きしている」（陣内秀信）
四六判、定価3,000円＋税

www.kajima-publishing.co.jp